土建类高职高专创新型规划教材

建筑设备工程

主编 夏正兵 张珂峰
参编 （以拼音为序）
胡 颖 景连茴 罗 丹 路亚峰
解静静 张红萍 张先平 张 琴

东 南 大 学 出 版 社
·南京·

内容提要

本书内容可分为两部分，第一部分为建筑设备工程基础知识，包括流体力学及传热学基础知识、湿空气的基本知识、通风与空调系统基础知识、电工的基本知识；第二部分主要为实践部分，包括室内给排水系统、采暖系统、通风与空调系统、电气照明系统、建筑弱电系统等，介绍了各个工程的类型、组成设备、工作过程、原理、特点及简单施工图预算知识。

本书是建筑施工与管理专业的主要课程之一，除作为高职高专院校建筑类专业教材外，也可作为建筑类人员的培训用书或参考书。

图书在版编目(CIP)数据

建筑设备工程/夏正兵，张珂峰主编．—南京：东南大学出版社，2010.1(2016.1重印)

ISBN 978-7-5641-1951-5

Ⅰ.建… Ⅱ.①夏…②张… Ⅲ.①房屋建筑设备-建筑安装工程②房屋建筑设备-建筑安装工程-建筑预算定额 Ⅳ.TU8 TU723.3

中国版本图书馆CIP数据核字(2009)第216516号

建筑设备工程

出版发行：东南大学出版社出版发行
社　　址：南京四牌楼2号　邮编：210096
出 版 人：江建中
责任编辑：史建农　戴坚敏
网　　址：http://press.seu.edu.cn
电子邮件：press@seu.edu.cn
经　　销：全国各地新华书店
印　　刷：常州市武进第三印刷有限公司
开　　本：787mm×1092mm　1/16
印　　张：14
字　　数：340千字
版　　次：2010年2月第1版
印　　次：2016年1月第4次印刷
书　　号：ISBN　978-7-5641-1951-5
印　　数：6501—7500册
定　　价：26.00元

高职高专土建系列规划教材编审委员会

序

东南大学出版社以国家2010年要制定、颁布和启动实施教育规划纲要为契机，联合国内部分高职高专院校于2009年5月在东南大学召开了高职高专土建类系列规划教材编写会议，并推荐产生教材编写委员会人员。会上，大家达成共识，认为高职高专教育最核心的使命是提高人才培养质量，而提高人才培养质量要从教师的质量和教材的质量两个角度着手。在教材建设上，大会认为高职高专的教材要与实际相结合，要把实践做好，把握好过程，不能通用性太强，专业性不够；要对人才的培养有清晰的认识；要弄清高职院校服务经济社会发展的特色类型与标准。这是我们这次会议讨论教材建设的逻辑起点。同时，对于高职高专院校而言，教材建设的目标定位就是要凸显技能，摒弃纯理论化，使高职高专培养的学生更加符合社会的需要。紧接着在10月份，编写委员会召开第二次会议，并规划出第一套突出实践性和技能性的实用型优质教材；在这次会议上大家对要编写的高职高专教材的要求达成了如下共识：

一、教材编写应突出"高职、高专"特色

高职高专培养的学生是应用型人才，因而教材的编写一定要注重培养学生的实践能力，对基础理论贯彻"实用为主，必需和够用为度"的教学原则，对基本知识采用广而不深、点到为止的教学方法，将基本技能贯穿教学的始终。在教材的编写中，文字叙述要力求简明扼要、通俗易懂，形式和文字等方面要符合高职教育教和学的需要。要针对高职高专学生抽象思维能力弱的特点，突出表现形式上的直观性和多样性，做到图文并茂，以激发学生的学习兴趣。

二、教材应具有前瞻性

教材中要以介绍成熟稳定的、在实践中广泛应用的技术和以国家标准为主，同时介绍新技术、新设备，并适当介绍科技发展的趋势，使学生能够适应未来技术进步的需要。要经常与对口企业保持联系，了解生产一线的第一手资料，随时更新教材中已经过时的内容，增加市场迫切需求的新知识，使学生在毕业时能够适合企业的要求。坚决防止出现脱离实际和知识陈旧的问题。在内容安排上，要考虑高职教育的特点。理论的阐述要限于学生掌握技能的需要，不要囿于理论上的推导，要运用形象化的语言使抽象的理论易于为学生认识和掌握。对于实践性内容，要突出操作步骤，要满足学生自学和参考的需要。在内容的选择上，要注意反映生产与社会实践中的实际问题，做到有前瞻性、针对性和科学性。

三、理论讲解要简单实用

将理论讲解简单化，注重讲解理论的来源、出处以及用处，以最通俗的语言告诉学生所学的理论从哪里来用到哪里去，而不是采用烦琐的推导。参与教材编写的人员都具有丰富的课堂教学经验和一定的现场实践经验，能够开展广泛的社会调查，能够做到理论联系实

际，并且强化案例教学。

四、教材重视实践与职业挂钩

教材的编写紧密结合职业要求，且站在专业的最前沿，紧密地与生产实际相连，与相关专业的市场接轨，同时，渗透职业素质的培养。在内容上注意与专业理论课衔接和照应，把握两者之间的内在联系，突出各自的侧重点。学完理论课后，辅助一定的实习实训，训练学生实践技能，并且教材的编写内容与职业技能证书考试所要求的有关知识配套，与劳动部门颁发的技能鉴定标准衔接。这样，在学校通过课程教学的同时，可以通过职业技能考试拿到相应专业的技能证书，为就业做准备，使学生的课程学习与技能证书的获得紧密相连，相互融合，学习更具目的性。

在教材编写过程中，由于编著者的水平和知识局限，可能存在一些缺陷，恳请各位读者给予批评斧正，以便我们教材编写委员会重新审定，再版的时候进一步提升教材质量。

本套教材适用于高职高专院校土建类专业，以及各院校成人教育和网络教育，也可作为行业自学的系列教材及相关专业用书。

高职高专土建系列规划教材编审委员会

2010 年 1 月于南京

前　言

本书是高职院校土建类系列教材之一，是编者在总结多年的高职教学改革成功经验的基础上，结合我国建筑设备工程的基本情况，按照土木建筑工程相关专业高职人才培养的特点编写的。

本书共分为两部分，第一部分为建筑设备工程基础知识，包括流体力学及传热学基础知识、湿空气的基本知识、通风与空调系统基础知识、电工基本知识；第二部分主要为实践部分，包括室内给排水系统、采暖系统、通风与空调系统、电气照明系统、建筑弱电系统等，介绍了各个工程的类型、组成设备、工作过程、原理、特点及简单施工图预算知识。

本书由夏正兵、张珂峰担任主编。夏正兵拟定大纲和统稿。

本书结合了大量的图片，重基础，重实用，简理论，力求主线清晰，便于理解、记忆和查阅。

本书在编写过程中，得到了紫琅职业技术学院建筑工程系庞金昌主任、江苏城市职业学院建筑工程系顾卫扬主任的大力支持，同时，编者也参阅了大量参考文献，在此一并感谢。

由于编者水平所限，时间仓促，书中难免有不足之处，敬请读者批评指正。

编者

2010 年 1 月

目　录

上篇　基础知识

下篇　实践部分

上篇　基础知识

1　流体力学及传热学基础知识

教学要求：通过本章的学习，应当对流体主要的力学性质有所了解，掌握流体静力学基本概念；了解流动阻力与能量损失及传热学基本知识。

1.1　流体主要的力学性质

1.1.1　连续介质假设

从微观上讲，流体是由大量的彼此之间有一定间隙的单个分子所组成，而且分子总是处于随机运动状态。

从宏观上讲，流体视为由无数流体质点（或微团）组成的连续介质。

所谓质点，是指由大量分子构成的微团，其尺寸远小于设备尺寸，但却远大于分子自由程。

这些质点在流体内部紧紧相连，彼此间没有间隙，即流体充满所占空间，称为连续介质。

1.1.2　流体的主要力学性质

1）易流动性

流体这种在静止时不能承受切应力和抵抗剪切变形的性质称为易流动性。

2）质量密度

单位体积流体的质量称为流体的密度，即 $\rho = m/V$。

3）重量密度

流体单位体积内所具有的重量称为重度或容重，以 γ 表示。$\gamma = G/V$。

质量密度与重量密度的关系为

$$\gamma = G/V = mg/V = \rho g$$

4）粘性

表明流体流动时产生内摩擦力阻碍流体质点或流层间相对运动的特性称为粘性，内摩擦力称为粘滞力。

粘性是流动性的反面，流体的粘性越大，其流动性就越小。

平板间液体速度变化如图 1－1 所示。

实际流体在管内的速度分布如图 1－2 所示。

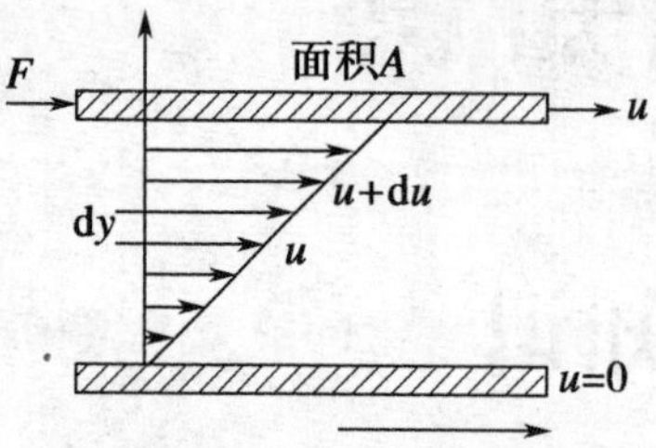

图 1-1　平板间液体速度变化

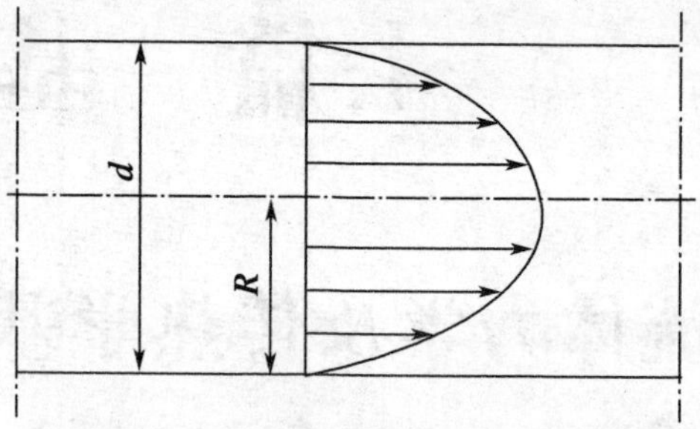

图 1-2　实际流体在管内的速度分布

实验证明，对于一定的流体，内摩擦力 F 与两流体层的速度差 $\mathrm{d}u$ 成正比，与两流体层之间的垂直距离 $\mathrm{d}y$ 成反比，与两流体层间的接触面积 A 成正比，即

$$F = \mu A \mathrm{d}u/\mathrm{d}y \tag{1-1}$$

通常情况下，单位面积上的内摩擦力称为剪应力，以 τ 表示，单位为 Pa，则式(1-1)变为

$$\tau = \mu \mathrm{d}u/\mathrm{d}y \tag{1-2}$$

式(1-1)、式(1-2)称为牛顿粘性定律，表明流体层间的内摩擦力或剪应力与法向速度梯度成正比。

5）压缩性和膨胀性

流体体积随着压力的增大而缩小的性质，称为流体的压缩性。

流体体积随着温度的增大而增大的性质，称为流体的膨胀性。

液体与气体的压缩性和膨胀性的区别：一是液体是不可压缩流体，液体具有膨胀性；二是气体具有显著的压缩性和膨胀性。

1.2　流体静力学基本概念

处于相对静止状态下的流体，由于本身的重力或其他外力的作用，在流体内部及流体与容器壁面之间存在着垂直于接触面的作用力，这种作用力称为静压力。

单体面积上流体的静压力称为流体的静压强。

若流体的密度为 ρ，重力加速度为 g，则液柱高度 h 与压力 p 的关系为

$$p = \rho g h$$

1.2.1　绝对压强、表压强和大气压强

以绝对真空为基准测得的压力称为绝对压力，它是流体的真实压力；以大气压为基准测得的压力称为表压或真空度、相对压力，它是在把大气压强视为零压强的基础上得出的。

绝对压强是以绝对真空状态下的压强（绝对零压强）为基准计量的压强；表压强简称表压，是指以当时当地大气压为起点计算的压强。两者的关系为

绝对压＝大气压＋表压

绝对压力、表压与真空度的关系见图 1-3 所示。

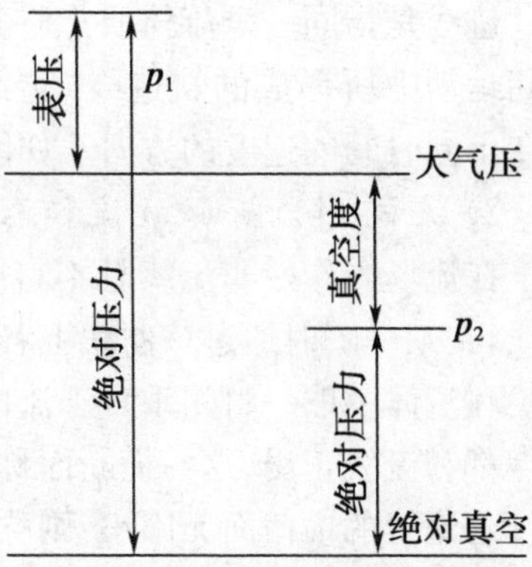

图 1-3　绝对压力、表压与真空度的关系

1.2.2　流体静力学平衡方程

1）静力学基本方程

假如一容器内装有密度为 ρ 的液体，液体可认为是不可压缩流体，其密度不随压力变化。在静止的液体中取一段液柱，其截面积为 A，以容器底面为基准水平面，液柱的上、下端面与基准水平面的垂直距离分别为 z_1 和 z_2，那么作用在上、下两端面的压力分别为 p_1 和 p_2。

重力场中在垂直方向上对液柱进行受力分析：

(1) 上端面所受总压力 $P_1=p_1A$，方向向下。

(2) 下端面所受总压力 $P_2=p_2A$，方向向上。

(3) 液柱的重力 $G=\rho gA(z_1-z_2)$，方向向下。

液柱处于静止时，上述三项力的合力应为零，即

$$p_2A-p_1A-\rho gA(z_1-z_2)=0$$

整理并消去 A，得

$$p_2=p_1+\rho g(z_1-z_2)\text{（压力形式）} \tag{1-3}$$

变形得

$$\frac{p_1}{\rho}+z_1g=\frac{p_2}{\rho}+z_2g\text{（能量形式）} \tag{1-4}$$

若将液柱的上端面取在容器内的液面上，设液面上方的压力为 p_a，液柱高度为 h，则式(1-3)可改写为

$$p_2=p_a+\rho gh \tag{1-5}$$

式(1-3)、式(1-4)及式(1-5)均称为静力学基本方程，其物理意义在于：在静止流体中任何一点的单位位能与单位压能之和（即单位势能）为常数。

2）静压强的特性

静压强的方向性流体具有各个方向上的静压强。

流体内部任意一点的静压强的大小与其作用方向无关。

流体的静压强仅与其高度或深度有关，而与容器的形状及放置位置和放置方式无关。

1.3　流体动力学基础

1.3.1　流体运动的基本概念

1）流线和迹线

流线是指同一时刻不同质点所组成的运动的方向线。

迹线是指同一个流体质点在连续时间内在空间运动中所形成的轨迹线，它给出了同一质点在不同时间的速度的方向。如图 1-4 所示。

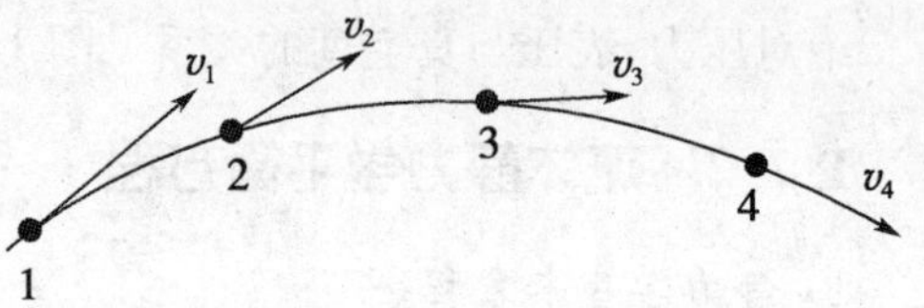

图 1-4　迹线示意图

2）流管、过流断面、元流和总流

在流场内作一非流线且不自闭相交的封闭曲线，在某一瞬时通过该曲线上各点的流线构成一个管状表面，称流管。

在流体中取一封闭垂直于流向的平面，在其中划出极微小面积，则其微小面积的周边上各点都和流线正交，这一横断面称为过流断面。

若流管的横截面无限小，则称其为流管元，亦称为元流。

过流断面内所有元流的总和称为总流。

3）流量

流体流动时，单位时间内通过过流断面的流体体积称为流体的体积流量，一般用 Q 表示，单位为“L/s”。

单位时间内流经管道任意截面的流体质量称为质量流量，以 m_s 表示，单位为“kg/s”或“kg/h”。

体积流量与质量流量的关系为

$$m_s = Q\rho$$

体积流量、过流断面面积 A 与流速 u 之间的关系为

$$Q = Au$$

1.3.2　流体运动的分类

1）根据流动要素（流速与压强）与流行时间分类

（1）恒定流

流场内任一点的流速与压强不随时间变化而仅与所处位置有关的流体流动称为恒定流。

（2）非恒定流

运动流体各质点的流动要素随时间而改变的运动称为非恒定流。

2）根据流体流速的变化分类

（1）均匀流

在给定的某一时刻，各点速度都不随位置而变化的流体运动称为均匀流。

（2）非均匀流

流体中相应点流速不相等的流体运动称为非均匀流。

3）按液流运动接触的壁面情况分类

（1）有压流

流体过流断面的周界为壁面包围，没有自由面者称为有压流或压力流。一般供水、供热管道均为压力流。

（2）无压流

流体过流断面的壁和底均为壁面包围但有自由液面者称为无压流或重力流。如河流、明渠排水管网系统等。

(3) 射流

流体经由孔口或管嘴喷射到某一空间，由于运动的流体脱离了原来限制它的固体边界，在充满流体的空间继续流动的这种流体运动称为射流。如喷泉、消火栓等喷射的水柱。

4) 流体流动的因素

(1) 过流断面

流体流动时，与其方向垂直的断面称为过流断面，单位为“m^2”。在均匀流中，过流断面为一平面。

(2) 平均流速

在不能压缩和无粘滞性的理想均匀流中，流速是不变的。

1.3.3 定态流体系统的质量守恒——连续性方程

如图 1-5 所示的定态流体系统，流体连续地从 1—1 截面进入，从 2—2 截面流出，且充满全部管道。以 1—1、2—2 截面以及管内壁为衡算范围，在管路中流体没有增加和漏失的情况下，单位时间进入截面 1—1 的流体质量与单位时间流出截面 2—2 的流体质量必然相等，即

$$m_{s_1} = m_{s_2} \tag{1-6}$$

或

$$\rho_1 u_1 A_1 = \rho_2 u_2 A_2 \tag{1-7}$$

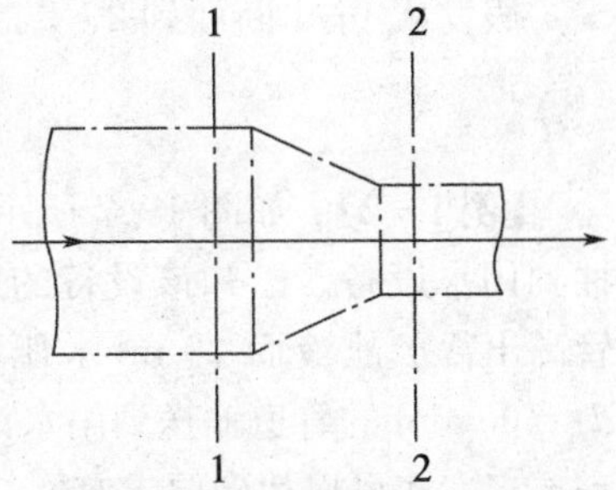

图 1-5 连续性方程的推导

推广至任意截面，有

$$m_s = \rho_1 u_1 A_1 = \rho_2 u_2 A_2 = \cdots = \rho u A = 常数 \tag{1-8}$$

式(1-6)～式(1-8)称为连续性方程，表明在定态流动系统中，流体流经各截面时的质量流量恒定。

对不可压缩流体，ρ=常数，连续性方程可写为

$$V_s = u_1 A_1 = u_2 A_2 = \cdots = uA = 常数 \tag{1-9}$$

对于圆形管道，式(1-9)可变形为

$$\frac{u_1}{u_2} = \frac{A_2}{A_1} = \left(\frac{d_2}{d_1}\right)^2 \tag{1-10}$$

【例 1-1】 如图 1-6 所示，管路由一段 ϕ89 mm×4 mm 的管 1、一段 ϕ108 mm×4 mm 的管 2 和两段 ϕ57 mm×3.5 mm 的分支管 3a 及 3b 连接而成。若水以 $9\times10^{-3}\ m^3/s$ 的体积流量流动，且在两段分支管内的流量相等，试求水在各段管内的速度。

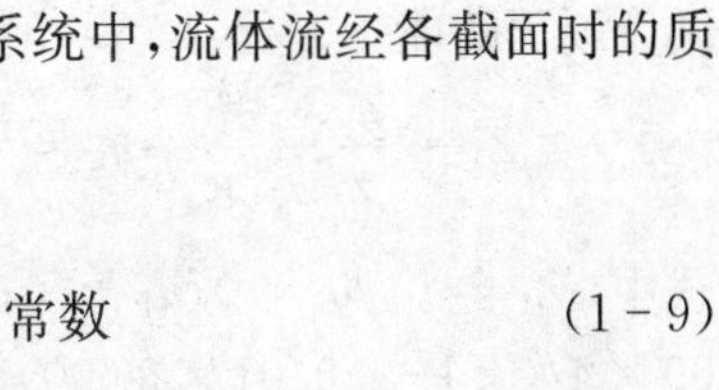

图 1-6 管路图

【解】 管 1 的内径为 d_1=89－2×4=81 mm，则水在管 1 中的流速为

$$u_1 = 1.75\ m/s$$

管 2 的内径为 d_2=108－2×4=100 mm。由式(1-10)，则水在管 2 中的流速为

$$u_2=1.15\ \text{m/s}$$

管 3a 及 3b 的内径为 $d_3=57-2\times3.5=50$ mm。因水在分支管路 3a、3b 中的流量相等,则有

$$u_2A_2=2\,u_3A_3$$

即水在管 3a 和 3b 中的流速为

$$u_3=2.30\ \text{m/s}$$

1.3.4 能量守恒定律——伯努利方程

在理想流动的管段上取两个断面 1—1 和 2—2,两个断面的能量之和相等,即

$$Z_1+\frac{p}{\gamma}+\frac{u_1^2}{2g}=Z_2+\frac{p}{\gamma}+\frac{u_2^2}{2g}$$

假设从 1—1 断面到 2—2 断面流动过程中损失为 h,则实际流体流动的伯努利方程为

$$Z_1+\frac{p}{\gamma}+\frac{u_1^2}{2g}=Z_2+\frac{p}{\gamma}+\frac{u_2^2}{2g}+h$$

【例 1-2】 如图 1-7 所示,要用水泵将水池中的水抽到用水设备。已知该设备的用水量为60 m³/h,其出水管高出蓄水池液面 20 m,水压为 200 kPa。如果用直径 $d=100$ mm 的管道输送到用水设备,试确定该水泵的扬程需要多大才可以达到要求?

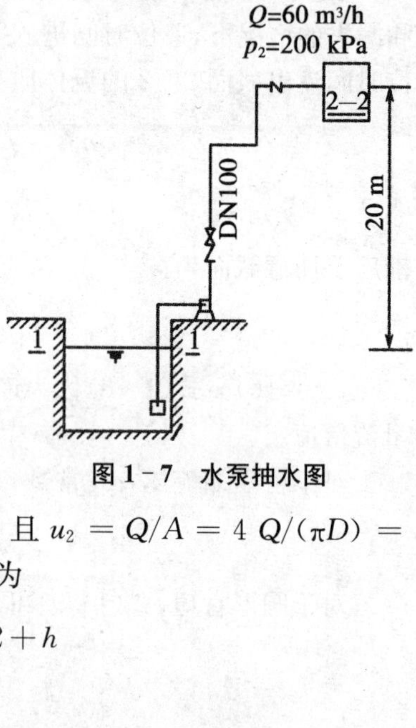

图 1-7 水泵抽水图

【解】 (1) 取蓄水池的自由液面为 1—1 断面,取用水设备出口处为 2—2 断面。

(2) 以 1—1 断面为基准液面,根据伯努利方程列出两个断面的能量方程:

$$Z_1+\frac{p_1}{\gamma}+\frac{u_1^2}{2g}+h_b=Z_2+\frac{p_2}{\gamma}+\frac{u_2^2}{2g}+h$$

式中,$Z_1=0, p_1=0, u_1=0$; $Z_2=20$ m, $p_2=200$ kPa,且 $u_2=Q/A=4\,Q/(\pi D)=60\times4/(3.14\times0.01\times3\,600)=2.12$ m/s,故水泵的扬程为

$$h_b=Z_2+\frac{p_2}{\gamma}+\frac{u_2^2}{2g}+h=40.92+h$$

1.4 流动阻力与能量损失

1.4.1 流体在管道中的流动阻力

如图 1-8 所示,流体在水平等径直管中作定态流动。在 1—1 截面和 2—2 截面间列伯努利方程,得

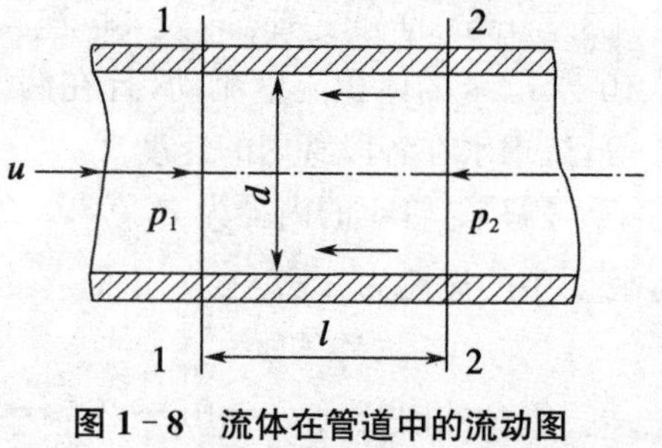

图 1-8 流体在管道中的流动图

$$Z_1g+\frac{1}{2}u_1^2+\frac{p_1}{\rho}=Z_2g+\frac{1}{2}u_2^2+\frac{p_1}{\rho}+W_f$$

因是直径相同的水平管，$u_1 = u_2$，$Z_1 = Z_2$，故

$$W_f = \frac{p_1 - p_2}{\rho} \tag{1-11}$$

若管道为倾斜管，则

$$W_f = \left(\frac{p_1}{\rho} + Z_1 g\right) - \left(\frac{p_2}{\rho} + Z_2 g\right) \tag{1-12}$$

由此可见，无论是水平安装还是倾斜安装，流体的流动阻力均表现为静压能的减少，仅当水平安装时，流动阻力恰好等于两截面的静压能之差。

1.4.2 沿程损失和局部损失

1）沿程损失

流体在直管段中流动时，管道壁面对于流体会产生一个阻碍其运动的摩擦阻力（沿程阻力），流体流动中为克服摩擦阻力而损耗的能量称为沿程损失。通常采用达西-维斯巴赫公式计算，即

$$h_l = \lambda \frac{L}{d} \cdot \frac{u^2}{2g}$$

2）局部损失

流体运动过程中通过断面变化处、转向处、分支或其他使流体流动情况发生改变时，都会有阻碍运动的局部阻力产生，为克服局部阻力所引起的能量损失称为局部损失。计算公式为

$$h_j = \frac{\xi u_2}{2g}$$

流体在流动过程中的总损失等于各个管路系统所产生的所有沿程损失和局部损失之和，即

$$h = \sum h_l + \sum h_j$$

【例 1-3】 如图 1-9 所示，若蓄水池至用水设备的输水管的总长度为 30 m，输水管的直径均为 100 mm，沿程阻力系数为 $\lambda = 0.05$，局部阻力有：水泵底阀一个，$\xi = 7.0$；90°弯头四个，$\xi = 1.5$；水泵进出口一个，$\xi = 1.0$；止回阀一个，$\xi = 2.0$；闸阀两个，$\xi = 1.0$；用水设备处管道出口一个，$\xi = 1.5$。试求：

（1）输水管路的局部损失。

（2）输水管路的沿程损失。

（3）输水管路的总水头损失。

（4）水泵扬程的大小。

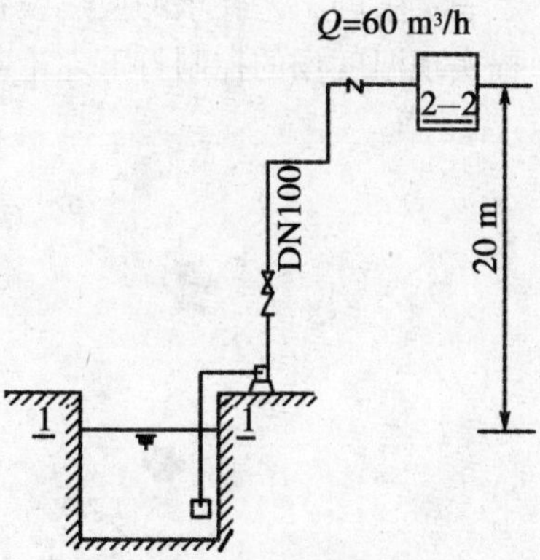

图 1-9　水泵抽水图

【解】 由于从蓄水池到用水设备的管道的管径不变，

均为 100 mm，因此，总的局部水头损失为

$$h_j = \frac{\sum \xi u_2}{2g} = 4.47\ \text{m}$$

整个管路的沿程损失为

$$h_l = \frac{\lambda L\ u_2}{d_2 g} = 3.45\ \text{m}$$

输水管路的总水头损失为

$$h = h_j + h_l = 4.47 + 3.45 = 7.92\ \text{m}$$

结合例 1-2，水泵的总扬程为

$$h_b = 40.92 + h = 40.92 + 7.92 = 48.84\ \text{m}$$

1.5 传热学基本知识

传热学是研究热量传递规律的科学。基于热力学的定义，热是一种传递中的能量。传递中的能量不外乎是处于无序状态的热和有序状态的功，它们的传递过程常常发生在能量系统处于不平衡的状态下，而系统的状态是可以用其状态参数来确定的。热力学的基本状态参数是压力 p、温度 T 以及比体积 v。对于一个不可压缩的热力学系统而言，温度的高低就反映了系统能量状态的高低和单位质量系统内热能（或称热力学能，简称内能）的多少。热力学第二定律告诉我们，能量总是自发地从高能级状态向低能级状态传递和迁移。因此，热的传递和迁移就会发生在热系统的高内能区域和低内能区域之间，也就是高温区域和低温区域之间。对于自然界的物体和系统，将其视为热力学系统时，它们常常是处于不平衡的能量状态之下，各部位存在着压力差和温度差，因而功和热的传递是一种非常普遍的自然现象。因此，凡是有温度差的地方就有热量传递。热量传递（如图 1-10）是自然界和工程领域中极为普遍的现象。我们学习传热学就是要掌握各种热量传递现象的规律，从而为设计满足一定生产工艺要求的换热设备，提高现有换热设备的操作和管理水平，或者对一定的热过程实现温度场的控制打下理论基础。

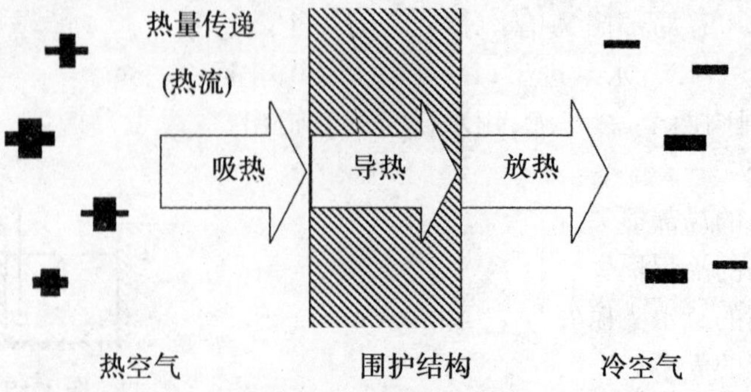

图 1-10　热量传递图

1.5.1　导热

1）定义

导热是相互接触而温度不同的物体或物体中温度不同的各部分之间不发生宏观相对位移时，依靠分子、原子、自有电子等微观粒子的热运动而产生的热传递。

2）特点

(1) 导热过程总发生在两个相互接触的物体或同一物体中温度不同的两部分之间。

(2) 在导热过程中物体各部分之间不发生宏观的相对位移。

通过垂直于平板方向上的热流量正比于平板两侧的温度差和平板面积的大小，而反比于平板的厚度。归纳如下数学关系：

$$Q = \lambda A \frac{t_1 - t_2}{\Delta x} \tag{1-13}$$

式中：Q——单位时间导热量，又称热流量(W)；

A——导热面积(m^2)；

$t_1 - t_2$——大平板两表面之间的温差(℃或 K)；

λ——相应的比例系数，称为平板材料的导热系数(或热传导率)，表示物体导热能力的大小的物性量[W/(m·℃)]。

式(1-13)亦可表示为如下形式：

$$q = \lambda \frac{t_1 - t_2}{\Delta x} \tag{1-14}$$

式中：q——单位面积热流，又称热流密度(W/m^2)。

1.5.2　对流

1）定义

一般意义上的对流，是指由于流体的微观流动，从而使液体各部分之间发生相对位移，冷热流体相互掺混所引起的热量传递过程。

2）特点

对流过程中伴随各部分流体之间的相对运动，热量从一处被带到另一处。

3）发生条件

对流换热发生在流体中，而且由于流体中的分子同时在进行着无规则的热运动，因而对流必然伴有热传导现象。

4）分类

按照流动原因，对流可分为强迫对流换热和自然对流换热。

强迫对流换热是由外因造成的，例如风机、水泵或大自然中的风。

自然对流换热是由于温度差造成密度差，产生浮升力，热流体向上运动，冷流体填充空位而形成的往复过程。

5）基本计算式——牛顿冷却公式

1701 年，牛顿提出了对流换热的基本计算公式，称为牛顿冷却公式，形式如下：

$$\Phi = Ah(t_w - t_f) \tag{1-15}$$

$$q = h(t_w - t_f) \tag{1-16}$$

式中：t_w——固体壁面温度(℃)；

t_f——流体温度(℃)；

h——对流换热的表面传热系数，习惯上称为对流换热系数[W/(m^2·K)]。

1.5.3 热辐射

1) 定义

凡温度高于 0 K 的物体都有向外发射辐射热的能力。物体会因各种原因发出辐射热，其中因辐射原因向外辐射能的现象称为热辐射。

2) 特点

(1) 冷热物体无须直接接触，辐射能可以在真空中传递。

(2) 辐射传热形式存在能量形式的转化。

3) 发生条件

热辐射可以发生在任何高于 0 K 的物体间。

4) 基本计算式——斯蒂芬-玻尔兹曼(Stefan - Boltzmann)定律

一个理想的辐射和吸收能量的物体称为黑体。黑体的辐射和吸收本领在同温度物体中是最大的。黑体向周围空间发射出去的辐射能由下式给出：

$$Q = A\sigma_0 T^4 \tag{1-17}$$

式中：Q——黑体发射的辐射能(W)；

A——物体的辐射表面积(m^2)；

T——绝对温度(K)；

σ_0——斯蒂芬-玻尔兹曼常数，其值为 5.67×10^{-8} W/(m^2·K^4)。

式(1-17)称为斯蒂芬-玻尔兹曼定律，它是从热力学理论导出并由实验证实的黑体辐射规律，又称为辐射四次方定律，是计算热辐射的基础。一切实际物体的辐射能力都小于同温度下黑体的辐射能力。实际物体发射的辐射能可以用辐射四次方定律的经验修正来计算。

$$Q = \varepsilon A\sigma T^4 \tag{1-18}$$

式中，ε 为该物体的发射率(又称黑度)，其值小于 1。一个物体的发射率与物体的温度、种类及表面状态有关。物体的 ε 值越大，则表明它越接近理想的黑体。

1.5.4 传热过程

热量从温度较高的流体经过固体壁传递给另一侧温度较低流体的过程，称为总传热过程，简称传热过程。

传热过程实际上是导热、热对流和辐射三种基本方式共同存在的复杂换热过程。传热过程的热流量可用下式表示：

$$\Phi = kA\Delta t \tag{1-19}$$

1.5.5 强化传热技术

(1) 换热器表面污垢的处理。

(2) 提高传热系数。

(3) 改善流体的流态。

(4) 改善换热器表面结构的新技术。改善换热器表面结构，主要包括：涂层表面、粗糙表面、扩展表面等一些技术手段。

1.5.6 隔热保温技术

1) 高温设备的隔热材料

常用的有多孔型隔热材料、纤维型隔热材料和粒状隔热材料。

2) 低温设备的保温材料

一般的保温材料有疏松纤维或多孔泡沫材料，常用的有聚苯乙烯泡沫塑料、硬质聚氨酯泡沫塑料等等。

复习思考题

1. 流体的主要力学性质有哪些？实际工程中是如何考虑的？
2. 简述绝对压强、表压强和大气压强之间的关系。
3. 什么是恒定流和非恒定流？
4. 压力流和无压流各有什么特点？
5. 恒定流的连续性方程是什么？
6. 恒定流的能量守恒表达式是什么？
7. 流体流动过程中有哪两种能量损失？如何计算？
8. 在稳态传热过程中，例如经过墙壁，要经历哪三个阶段？
9. 什么是导热？什么是对流换热？
10. 辐射换热有什么特点？在我们的研究范围内是如何考虑的？
11. 传热过程中的热流量如何计算？

2　湿空气的基本知识

教学要求：通过本章的学习，应当了解湿空气的基本概念；掌握空气的各项状态参数；能够识读湿空气的焓湿图。了解湿空气在实际中的应用。

2.1　湿空气的基本概念

江河中的水会汽化，湿衣服在大气中会晾干，所以通常大气中的空气总含有水蒸气。含有水蒸气的空气称为湿空气，不含有水蒸气的空气称为干空气。因此，湿空气是干空气和水蒸气的混合物。

干空气的主要成分是氮、氧、氩、二氧化碳及其他微量气体。多数成分比较稳定，少数随季节变化而有所波动，但是这种改变对于干空气的热工特性的影响很小，因此总体上可以将干空气作为一个稳定的混合物来看待。在湿空气中水蒸气的含量比较少，但其变化却对空气环境的干燥和潮湿程度产生重要影响，而且水蒸气含量的变化也对一些工业生产的产品质量产生影响。因此，研究湿空气中水蒸气含量的调节在空气调节中占有重要地位。

物料的干燥，空气温度、湿度的调节，循环水的冷却等，都与空气中所含水蒸气的状态和数量有密切关系。一般情况下所采用的湿空气都处于常压，其中所含水蒸气的分压力很低（通常不过几百帕），而湿空气可作为理想气体来处理。对湿空气的分析，一般也用类似于理想气体混合物的分析方法，但也不尽相同，因为理想气体混合物的各组成成分总是保持不变，而湿空气中水蒸气的含量随着温度的变化一般也在改变，且水蒸气的压力状态是由其分压力和温度来确定的，即水蒸气有其特殊的物性。

在许多工程实际中都要利用湿空气，因此有必要对湿空气的热力性质、参数的确定、湿空气的工程应用计算等做专门研究。

2.2　湿空气的状态参数

湿空气的状态参数有很多，现将与空气调节最密切的几个主要状态参数绘制在焓湿图（$i-d$ 图）上（见图 2-1）。

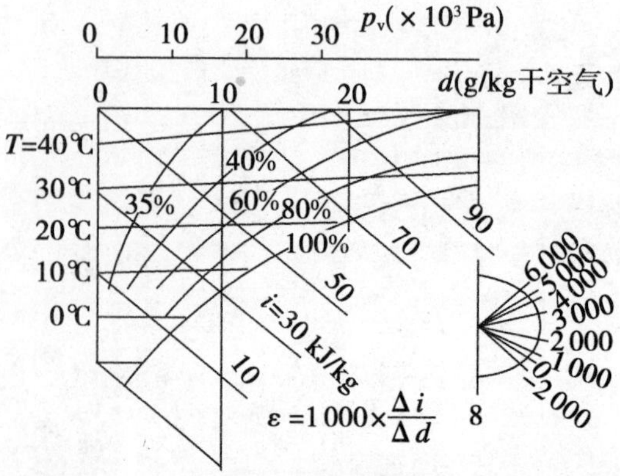

图 2-1　焓湿图

2.2.1　温度

温度是反映空气冷热程度的状态参数。温度值的高低用温标表示。常用的温标有绝

对温标(T)和摄氏温标(t),二者之间的关系为

$$t = T - 273℃ \tag{2-1}$$

2.2.2 压力

1) 大气压力 p_b

地球表面单位面积上所受到的大气的压力称为大气压力。大气压力不是一个定值,它随着海拔高度、季节和气候条件而变化。通常把0℃以下、北纬45°处海平面上的大气压作为一个标准大气压(atm),其值为

$$1\ \text{atm} = 101\ 325\ \text{Pa} \tag{2-2}$$

2) 水蒸气分压力 p_v

湿空气中水蒸气单独占有湿空气的容积,并具有与湿空气相同温度时所产生的压力称为湿空气中水蒸气的分压力。水蒸气分压力的大小反映空气中水蒸气含量的多少。空气中水蒸气含量越多,水蒸气分压力就越大。

3) 饱和水蒸气分压力 p_s

在一定温度下,湿空气中水蒸气含量达到最大限度时称湿空气处于饱和状态,此时相应的水蒸气分压力称为饱和水蒸气分压力。湿空气的饱和水蒸气分压力是温度的单值函数。

若湿空气(大气)的压力与温度分别为 p_b 及 t,则湿空气中水蒸气的温度也应是 t。对应于温度 t,水的饱和压力为 p_s。如湿空气中水蒸气的压力 p_v 等于此饱和压力 p_s,该水蒸气就处于饱和状态,此时的湿空气,即干空气和饱和水蒸气组成的混合气体就称为饱和湿空气。饱和湿空气中的水蒸气的含量已达到最大限度。除非提高温度,否则饱和湿空气中水蒸气的含量不会再增加。如再增加水分,水蒸气将凝结成水滴而从湿空气中析出。实际上,除了接近水面而且不流动的特殊情况外,大气中水蒸气的分压力一般总是小于相应温度下的饱和压力,即 $p_v < p_s$。换言之,日常接触的湿空气一般都是未饱和湿空气,即干空气和过热蒸汽组成的混合气体。根据道耳顿分压定律可知,湿空气(大气)压力为

$$p_b = p_a + p_v \tag{2-3}$$

2.2.3 湿度

湿空气既然是干空气和水蒸气的混合物,因此,要确定它的状态除了必须知道空气的温度 T 和压力 p_b 外,还必须知道湿空气的成分,特别是湿空气中所含水蒸气的量。湿空气中水蒸气的含量通常用湿度来表示,表示方法有以下三种:

1) 绝对湿度

每立方米的湿空气中所含有的水蒸气的质量称为湿空气的绝对湿度。因此,在数值上绝对湿度等于在湿空气的温度和水蒸气的分压力 p_v 下水蒸气的密度 ρ_v 值,可由水蒸气表查得,或由下式计算:

$$\rho_v = \frac{m_v}{V} = \frac{p_v}{R_v T} \tag{2-4}$$

式中:m_v——水蒸气的质量(kg);

R_v——水蒸气的常数。

当保持温度 T 不变，而使空气中水蒸气的含量增加（绝对湿度 ρ_v 增加）时，由式（2-4）可知，水蒸气的分压力 p_v 也增加，即当水蒸气达饱和而为饱和湿空气。此时，水蒸气的含量最大，$\rho_v=\rho_n=\rho_{max}$。

2）相对湿度

大气中水蒸气的数量，可在 0 与饱和状态时的密度 ρ_n 之间变动。绝对湿度只表示湿空气中实际水蒸气含量的多少，而不能说明在该状态下湿空气饱和的程度或吸收水蒸气能力的大小。因此，常用相对湿度来表示湿空气的潮湿程度。相对湿度的定义是湿空气的绝对湿度 ρ_v 与同温度下饱和湿空气的绝对湿度 ρ_n 之比，用符号 Φ 表示即可。

$$\Phi=\frac{\rho_v}{\rho_n}=\frac{\rho_v}{\rho_{max}} \tag{2-5}$$

若将湿空气中的水蒸气视为理想气体，则

$$p_v=R_vT\rho_v \tag{2-6}$$

$$p_s=R_vT\rho_n \tag{2-7}$$

两式相除，即得

$$\frac{\rho_v}{\rho_n}=\frac{p_v}{p_s} \tag{2-8}$$

代入式（2-5），得

$$\Phi=\frac{\rho_v}{\rho_n}=\frac{\rho_v}{\rho_{max}}=\frac{p_v}{p_s} \tag{2-9}$$

式中，ρ_{max}表示在温度为 T 时湿空气中的水蒸气可能达到的最大分压力，即 p_s。T 一定时，p_{max}（或 p_s）相应有一定的值。

式（2-9）说明，相对湿度也可用湿空气中水蒸气的实际分压力 p_v 与相同温度下水蒸气的饱和分压力 p_s 之比表示。Φ 反映出湿空气中水蒸气的含量接近饱和的程度，故又称饱和度。Φ 值越小，表示湿空气越干燥，吸收水分的能力越强；反之，Φ 值越大，表示湿空气越潮湿，吸收水分的能力越弱。当 $\Phi=0$ 时，则为干空气；$\Phi=1$ 时，则为饱和湿空气。所以，无论湿空气的温度如何，由 Φ 值的大小可直接看出它的干湿程度。

3）比湿度（含湿量）

物料的干燥以及冷却塔中水的冷却过程都是利用空气来吸收水分。然而，无论湿空气的状态如何变化，其中干空气的质量总是不变的，而所含的水蒸气的质量在改变。为了分析和计算方便，常采用干空气质量作为计算基准。即以 1 kg 干空气所带有的水蒸气的质量称为比湿度（或称含湿量），以符号 d 表示，即

$$d=\frac{M_v}{M_a}=\frac{\rho_v}{\rho_a} \tag{2-10}$$

式中：M_v——湿空气中水蒸气的质量（kg）；

M_a——湿空气中干空气的质量（kg）。

必须特别指出，式（2-10）以“kg（干空气）”为计算基准，它不同于 1 kg 质量的湿空气，它

是将所含水蒸气的质量 d 计算在干空气之外，也即$(1+d)$(kg)湿空气。由于以 1 kg 质量干空气为基准，这个基准是不随湿空气的状态改变而改变的，所以只要根据比湿度 d 的变化就可以确定实际过程中湿空气的干湿程度。

2.2.4 湿球温度和露点温度

1) 干球温度和湿球温度

相对湿度 Φ 和比湿度 d 通常用干湿球温度计来测量，如图 2-2 所示。两支相同类型的温度计，其中之一在测温包上蒙一块浸在水中的湿纱布，成为湿球温度计。将干、湿球温度计置于通风处，使空气连续不断地流经温度计，干球温度计上的读数即为空气的温度 T。湿球温度计因和湿布直接接触，其读数应为水温。若空气为饱和湿空气(即 $\Phi=1$)，则湿布上的水不会汽化，两支温度计上的读数将相同。若空气为未饱和湿空气(即 $\Phi<1$)，则流经湿布时水会汽化。汽化需要汽化潜热，水的温度将因为汽化放热而下降，水和空气间就形成温差。温差的存在，促使较热的空气传热给较冷的水。水因汽化而放热，又因温差而自空气吸热。如放热量大于吸热量，水温势必继续下降至某一温度时，放热量和吸热量相等，水温也就不再下降，汽化所需之热完全来自于空气。此时湿球温度计上的读数称为湿球温度，以符号 T_w 表示。温度为定值 T 的空气，所含水蒸气愈少(亦即离饱和状态愈远)，其湿球温度也就愈低。因为空气流经湿布时汽化的水分较多，要求更大的温差以便从空气吸取更多的热来满足汽化的需要。由此可见，T_w 和空气实际所含的水蒸气的量(或实际的绝对温度)有关。另外，空气的最大绝对湿度取决于空气的温度 T。因而 Φ 和 T 及 T_w 之间应有一定的关系 $\Phi=f(T, T_w)$。根据这一关系，在测定了空气的 T 及 T_w 后，即可求得空气的相对湿度 Φ。一般的干、湿球温度计上都将 $\Phi=f(T, T_w)$ 列成表，可根据 T 及 T_w 直接读出。

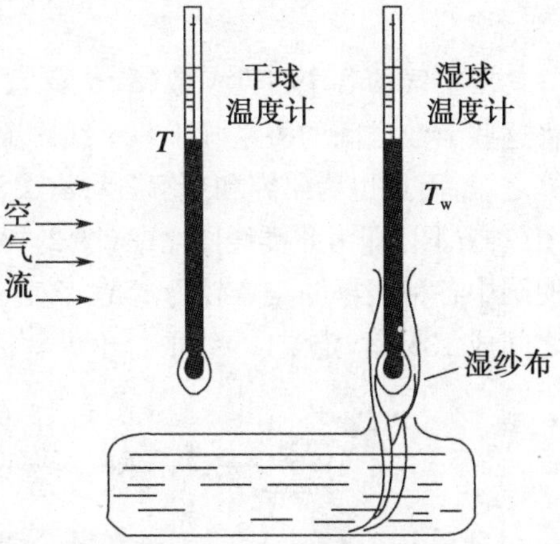

图 2-2 干、湿球温度计

2) 露点温度

未饱和湿空气还可以继续容纳水蒸气，因而可以持续地向其加入水蒸气，直至饱和。未饱和湿空气也可通过另一途径达到饱和，如果湿空气内水蒸气的含量保持一定，即分压力 p_v 不变而温度逐渐降低，状态点将沿着定压冷却线与饱和蒸汽线相交于一点，也达到了饱和状态，继续冷却就会结露。此点的温度即为对应于 p_v 的饱和温度，称为露点，用 T_d 表示。

由此可见，露点温度是在一定的分压力 p_v 下(指不与水和湿物料接触的情况)未饱和空气冷却达到饱和湿空气，即将结出露珠时的温度，可用湿度计或露点仪测量。达到露点后继续冷却，部分水蒸气就会凝结成水滴析出，在湿空气中的水蒸气状态将沿着饱和蒸汽线变化。这时湿空气温度降低，水蒸气的含量(分压力)也随之降低，即为析湿过程。

2.2.5 焓(i)

1 kg 干空气的焓加上与其同时存在的 d kg 水蒸气的焓的总和，称为$(1+d)$kg 湿空气的焓，其单位用“kJ/kg$_{干}$”表示。

在空气调节中，空气的压力变化一般很小，可近似定压过程，因此湿空气变化时初、终状态的焓差反映了状态变化过程中热量的变化。

2.3 湿空气的焓湿图

湿空气的各个特性参数(d、p、Φ、i、T 和 T_w)可通过上述有关的一些公式计算求得。若将这些参数之间的关系画于一个线图上，则不仅对湿空气的各种计算极为便利，免于数字运算之繁，而且也为研究和理解各种有关湿空气过程提供了非常有用的工具，湿空气的焓—湿图($i-d$ 图)即为此类线图之一(图 2-3 为其示意图)。在 $i-d$ 图中，以 i 与 d 为坐标。为了使图中各种线群的交点较为清楚，将定焓线画为与纵坐标成 135°的斜线，使 d 坐标与 i 坐标之间成 135°角，定湿(d)线平行于纵坐标，此图是根据大气压力为 1×10^5 Pa 画成的。

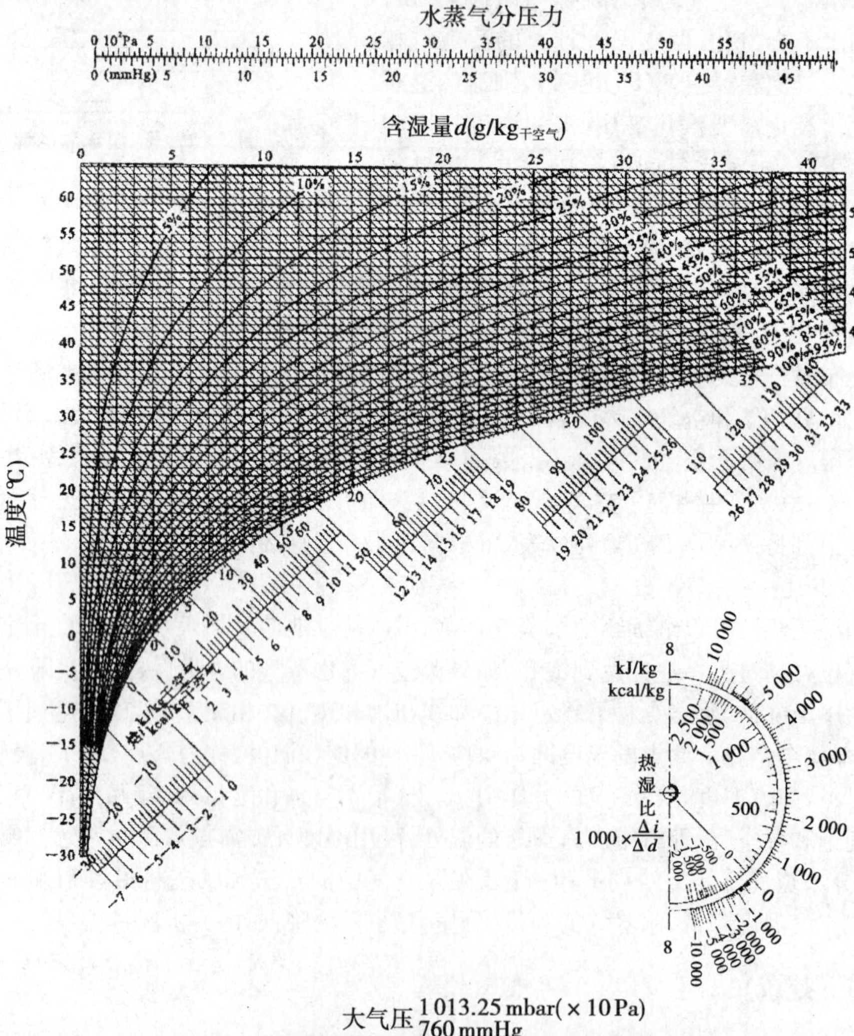

大气压 $\frac{1\,013.25\ \text{mbar}(\times 10\ \text{Pa})}{760\ \text{mmHg}}$

$I=1.01i+0.001d(2\,500+1.84t)$ (kJ/kg干空气)

$I=0.24t+0.001d(597.3+0.44t)$ (kcal/kg干空气)

图 2-3 湿空气的焓湿图

$i-d$ 图由下列线群组成：

1）等湿线（等 d 线）

等湿线是一组平行于纵坐标的直线群。

露点 T_d 是湿空气冷却到 $\Phi=100\%$时的温度，因此，含湿量 d 相同、状态不同的湿空气具有相同的露点。

2）等焓线（等 i 线）

等焓线是一组与横坐标轴成 135°的平行直线。

绝热增湿过程近似为等 i 过程，湿空气的湿球温度 T_w 是沿等 i 线冷却到 $\Phi=100\%$时的温度。因此，焓值相同、状态不同的湿空气具有相同的湿球温度。

3）等温线（等 t 线）

$$\{i\}_{\text{kJ/kg(干空气)}}=1.005\{t\}+\{d\}_{\text{kg/kg(干空气)}}\times(2\,501+1.86\{t\}) \tag{2-11}$$

由上式可见，当湿空气的干球温度 t 等于定值时，i 和 d 间成直线变化关系，t 不同时斜率不同。因此，等温线是一组互不平行的直线，t 越高，则等温线斜率越大。

4）等相对湿度线（等 Φ 线）

等 Φ 线是一组上凸的曲线，$\Phi=100\%$的等 Φ 线称为临界线，此时曲线上的各点是饱和湿空气，它将图分成两部分，上部分是未饱和湿空气，$\Phi<100\%$，下部分没有实际意义。

另外，焓湿图上还给出了一组水蒸气分压力（p_v）线和定比体积（V）线。

最后还应指出，$i-d$ 图都是在一定总压力下制作的，不同的总压力线图不同。实际总压力与其相差不大时仍可用该图计算。若总压力差别比较大，则需要对 $i-d$ 图上的参数进行修正。

复习思考题

1. 为何冬季人在室外呼出的气是白色雾状？冬季室内有供暖装置时，为什么会感到空气干燥？

2. 表示空气状态的参数有哪些？干球温度和湿球温度有什么区别？相对湿度和含湿量有什么区别？

3. 何谓空气的含湿量？相对湿度越大含湿量越高，这样说对吗？

4. 刚性容器内湿空气温度保持不变而充入干空气，问容器内湿空气的 Φ、d 如何变化？

3 通风与空调系统基础知识

教学要求：通过本章的学习，应当了解通风系统的分类、组成及原理；掌握民用建筑防烟、排烟系统的分类、组成及原理；能够识读空调系统的组成及原理图。

3.1 通风系统的分类、组成及原理

3.1.1 通风的任务和意义

创造良好的空气环境条件（如温度、湿度、空气流速、洁净度等），对保障人们的健康、提高劳动生产率、保证产品质量是必不可少的。这一任务的完成，就是由通风和空气调节来实现的。

通风，就是用自然或机械的方法向某一房间或空间送入室外空气，或由某一房间或空间排出空气的过程。送入的空气可以是经过处理的，也可以是不经处理的。换句话说，通风是利用室外空气（称为新鲜空气或新风）来置换建筑物内的空气（简称室内空气），以改善室内空气品质。通风的功能主要有：

(1) 提供人呼吸所需要的氧气。

(2) 稀释室内污染物或气味。

(3) 排除室内工艺过程产生的污染物。

(4) 除去室内多余的热量（称余热）或湿量（称余湿）。

(5) 提供室内燃烧设备燃烧所需的空气。

建筑中的通风系统可能只完成其中的一项或几项任务。其中利用通风除去室内余热和余湿的功能是有限的，它受室外空气状态的限制。

3.1.2 通风系统的分类

通风的主要目的是为了置换室内的空气，改善室内空气品质，是以建筑物内的污染物为主要控制对象的。

根据换气方法的不同可分为排风和送风。排风是在局部地点或整个房间把不符合卫生标准的污染空气直接或经过处理后排至室外；送风是把新鲜的或经过处理的空气送入室内。

为排风和送风设置的管道及设备等装置分别称为排风系统和送风系统，统称为通风系统。

此外，如果按照系统作用的范围大小还可分为全面通风和局部通风两类。通风方法按照空气流动的作用动力可分为自然通风和机械通风两种。

1）自然通风

自然通风是在自然压差作用下，使室内外空气通过建筑物围护结构的孔口流动的通风换气。根据压差形成的机理，可以分为热压作用下的自然通风、风压作用下的自然通风以及热压和风压共同作用下的自然通风。

（1）热压作用下的自然通风

热压是由于室内外空气温度不同而形成的重力压差（如图 3-1 所示）。这种以室内外温度差引起的压力差为动力的自然通风，称为热压差作用下的自然通风。

热压作用产生的通风效应又称为"烟囱效应"。"烟囱效应"的强度与建筑高度和室内外温差有关。一般情况下，建筑物越高，室内外温差越大，"烟囱效应"就越强烈。

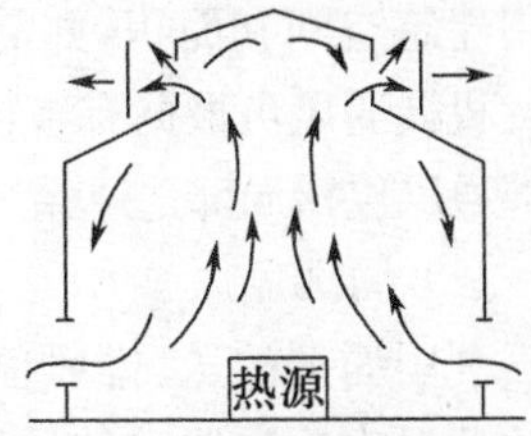

图 3-1　热压作用下的自然通风

（2）风压作用下的自然通风

当风吹过建筑物时，在建筑的迎风面一侧压力升高了，相对于原来大气压力而言，产生了正压；在背风侧产生涡流及在两侧空气流速增加，压力下降了，相对于原来的大气压力而言产生了负压。

建筑在风压作用下具有正值风压的一侧进风，而在负值风压的一侧排风，这就是在风压作用下的自然通风。通风强度与正压侧与负压侧的开口面积及风力大小有关。如图 3-2 所示。

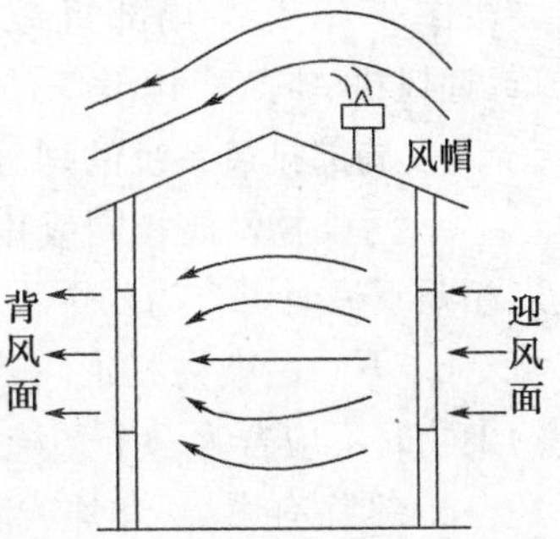

图 3-2　风压作用下的自然通风

（3）热压和风压共同作用下的自然通风

热压与风压共同作用下的自然通风可以简单地认为它们是效果叠加的。设有一建筑物，室内温度高于室外温度。当只有热压作用时，室内空气流动如图 3-1 所示。当热压和风压共同作用时，在下层迎风侧进风量增加了，下层的背风侧进风量减少了，甚至可能出现排风；上层的迎风侧排风量减少了，甚至可能出现进风，上层的背风侧排风量加大了；在中和面附近迎风面进风，背风面排风。

建筑物中压力分布规律究竟谁起主导作用呢？实测及原理分析表明：对于高层建筑，在冬季（室外温度低）时，即使风速很大，上层的迎风面房间仍然是排风的，热压起了主导作用；高度低的建筑，风速受邻近建筑物影响很大，因此也影响了风压对建筑物的作用。

风压作用下的自然通风与风向有着密切的关系。由于风向的转变，原来的正压区可能变为负压区，而原来的负压区可能变为正压区。风向是不受人的意志控制的，并且大部分城市的平均风速较低。因此，由风压引起的自然通风的不确定性因素很多，无法真正应用风压的作用原理来设计有组织的自然通风。

2）机械通风

依靠通风机提供的动力迫使空气流通来进行室内外空气交换的方式叫做机械通风。

与自然通风相比，机械通风具有以下优点：送入车间或工作房间内的空气可以经过加热或冷却、加湿或减湿的处理；从车间排除的空气，可以进行净化除尘，保证工厂附近的空气不被污染；按能够满足卫生和生产的要求创造房间内人为的气象条件；可以将吸入的新鲜空气按照需要送到车间或工作房间内各个地点，同时也可以将室内污浊的空气和有害气体从产生地点直接排除到室外去;通风量在一年四季中都可以保持平衡,不受外界气候的影响,必要时,根据车间或工作房间内生产与工作情况,还可以任意调节换气量。

但是,机械通风系统中需设置各种空气处理设备、动力设备(通风机),各类风道、控制附件和器材,故初次投资和日常运行维护管理费用远大于自然通风系统;另外,各种设备需要占用建筑空间和面积,并需要专门人员管理,通风机还将产生噪声。

机械通风可根据有害物分布状况,按照系统作用范围大小分为局部通风和全面通风两类。局部通风包括局部送风系统和局部排风系统;全面通风包括全面送风系统和全面排风系统。

(1) 局部通风

利用局部的送、排风控制室内局部地区的污染物的传播或控制局部地区的污染物浓度,以达到卫生标准要求的通风叫做局部通风。局部通风又分为局部排风和局部送风。

局部排风是直接从污染源处排除污染物的一种局部通风方式。当污染物集中于某处发生时,局部排风是最有效的治理污染物对环境危害的通风方式。

图 3-3 为一局部机械排风系统示意图。系统由排风罩、通风机、空气净化设备、风管和排风帽组成。

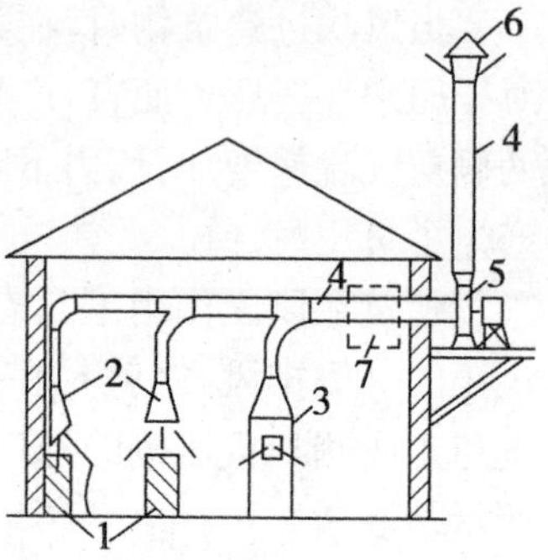

图 3-3　局部机械排风系统

1—工艺设备;2—局部排风罩;3—排风柜;4—风道;5—风机;6—风帽;7—排风处理设备

① 局部排风系统的划分原则

a. 污染物性质相同或相似,工作时间相同且污染物散发点相距不远时可合为一个系统。

b. 不同污染物相混可产生燃烧、爆炸或生成新的有毒污染物时不应合为一个系统,而应各自形成独立系统。

c. 排除有燃烧、爆炸或腐蚀的污染物时应当各自单独设立系统,并且系统应有防止燃烧、爆炸或腐蚀的措施。

d. 排除高温、高湿气体时应单独设置系统,并有防止结露和有排除凝结水的措施。

② 局部送风系统

在一些大型车间,尤其是有大量余热的高温车间,采用全面通风已经无法保证室内所有地方都达到适宜的程度。在这种情况下,可以向局部工作地点送风,造成对工作人员温度、湿度、清洁度合适的局部空气环境,这种通风方式叫做局部送风。直接向人体送风的方法又叫岗位吹风或空气淋浴。

图 3-4 为车间局部送风示意图,是将室外新风以一定风速直接送到工人的操作岗位,使局部地区空气品质和热环境得到改善。

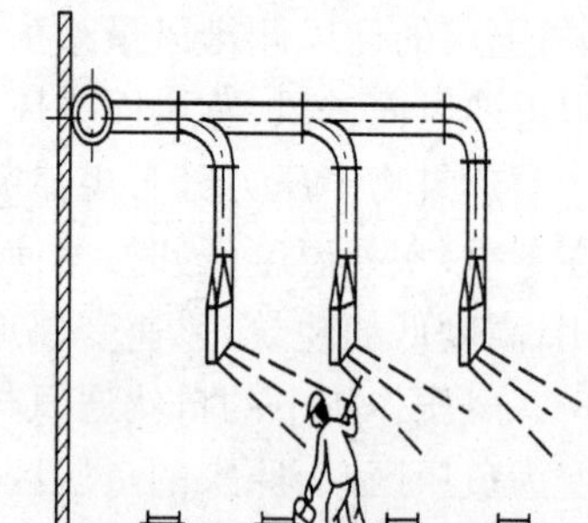
图 3-4　局部送风系统

(2) 全面通风

全面通风又称稀释通风,其原理是向某一房间送入清洁、新鲜的空气,稀释室内空气中污染物的浓度,同时把含污染物的空气排到室外,从而使室内空气中污染物的浓度达到卫生标准的要求。

全面通风适用于:有害物产生位置不固定的地方;面积较大或局部通风装置影响操作;有害物扩散不受限制的房间或一定的区段内。这就是允许有害物散入室内,同时引入室外新鲜空气稀释有害物浓度，使其降低到合乎卫生要求的允许浓度范围内，然后再从室内排出去。

全面通风包括全面送风和全面排风，两者可同时或单独使用。单独使用时需要与自然送风、排风方式相结合。

① 全面排风

为了使室内产生的有害物尽可能不扩散到其他区域或邻室，可以在有害物比较集中的区域或房间采用全面机械排风。图 3-5 所示就是全面机械排风。

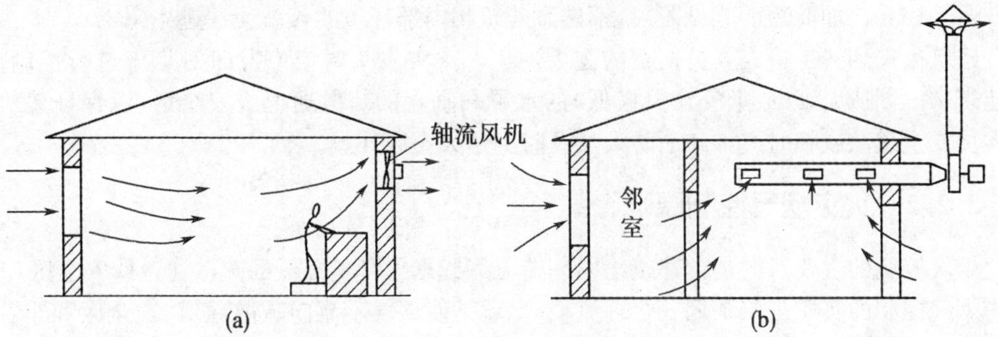

图 3-5 全面机械排风系统

图 3-5(a)是在墙上装有轴流风机的最简单的全面排风。图 3-5(b)是室内设有排风口，含尘量大的室内空气从专设的排气装置排入大气的全面机械排风系统。

② 全面送风

当不希望邻室或室外空气渗入室内，而又希望送入的空气是经过简单过滤、加热处理的情况下，多用如图 3-6 所示的全面机械送风系统来冲淡室内有害物，这时室内处于正压，室内空气通过门窗排到室外。

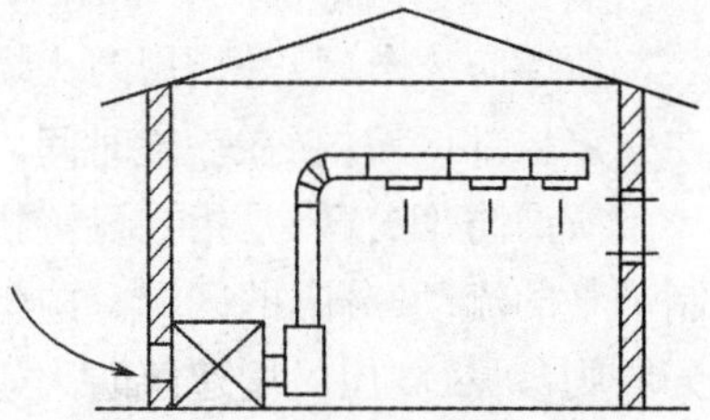

图 3-6 全面机械送风系统

3.2 民用建筑防烟、排烟系统的分类、组成及原理

3.2.1 建筑火灾烟气的特性

1) 烟气的毒害性

烟气中的 CO、HCN、NH_3 等都是有毒性的气体；另外，大量的 CO_2 气体及燃烧后消耗了空气中大量氧气，引起人体缺氧而窒息。烟粒子被人体吸入后也会造成危害。空气中含氧量≤6%，或 CO_2 浓度≥20%，或 CO 浓度≥1.3%时，都会在短时间内致人死亡。有些气体有剧毒，少量即可致死，如光气 $COCl_2$ 浓度≥50×10^{-6}时，在短时间内就能致人死亡。

2) 烟气的高温危害

火灾时物质燃烧产生大量热量，使烟气温度迅速升高。火灾初起(5～20 min)时烟气温度可达 250℃；随后由于空气不足，温度有所下降；当窗户爆裂，燃烧加剧，短时间内温度可达 500℃。燃烧的高温使火灾蔓延，使金属材料强度降低，导致结构倒塌、人员伤亡。高温还会使人昏厥、烧伤。

3）烟气的遮光作用

当光线通过烟气时，致使光强度减弱，能见距离缩短，称之为烟气的遮光作用。能见距离是指人肉眼所能看到光源的距离。能见距离缩短不利于人员的疏散，使人感到恐慌，造成局面混乱，自救能力降低，同时也影响消防人员的救援工作。实际测试表明，在火灾烟气中，对于一般发光型指示灯或窗户透入光的能见距离仅为 0.2～0.4 m，对于反光型指示灯仅为 0.07～0.16 m。如此短的能见距离，不熟悉建筑物内部环境的人就无法逃生。

建筑火灾烟气是造成人员伤亡的主要原因。火灾发生时应当及时对烟气进行控制，并在建筑物内创造无烟（或烟气含量极低）的水平和垂直的疏散通道或安全区，以保证建筑物内人员安全疏散或临时避难和消防人员及时到达火灾区扑救。

3.2.2 火灾烟气控制原则

烟气控制的主要目的是在建筑物内创造无烟或烟气含量极低的疏散通道或安全区。

烟气控制的实质是控制烟气合理流动，也就是使烟气不流向疏散通道、安全区和非着火区，而向室外流动。主要方法有隔断或阻挡、疏导排烟和加压防烟。

1）隔断或阻挡

墙、楼板、门等都具有隔断烟气传播的作用。

所谓防火分区，是指用防火墙、楼板、防火门或防火卷帘等分隔的区域，可以将火灾限制在一定局部区域内（在一定时间内），不使火势蔓延。

所谓防烟分区，是指在设置排烟措施的过道、房间中用隔墙或其他措施（可以阻挡和限制烟气的流动）分隔的区域。防烟分区在防火分区中分隔。防火分区、防烟分区的大小及划分原则参见《高层民用建筑防火规范》。图 3－7 为用梁或挡烟垂壁阻挡烟气流动。

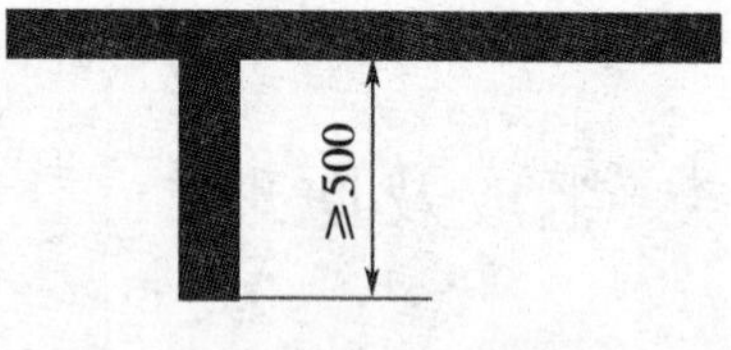

(a) 下凸≥500 mm的梁

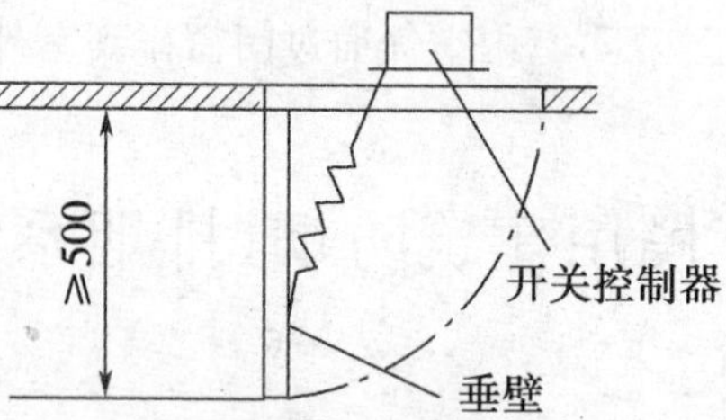

(b) 可活动的挡烟垂壁

图 3－7 用梁和挡烟垂壁阻挡烟气流动

2）排烟

利用自然或机械作用力将烟气排到室外，称为排烟。利用自然作用力的排烟称为自然排烟；利用机械（风机）作用力的排烟称为机械排烟。

排烟的部位有两类：着火区和疏散通道。着火区排烟的目的是将火灾发生的烟气（包括空气受热膨胀的体积）排到室外，降低着火区的压力，不使烟气流向非着火区，以利于着火区的人员疏散及救火人员的扑救。对于疏散通道的排烟是为了排除可能侵入的烟气，以保证疏散通道无烟或少烟，以利于人员安全疏散及救火人员通行。

（1）自然排烟

自然排烟是利用热烟气产生的浮力、热压或其他自然作用力使烟气排出室外。这种排烟方式设施简单，投资少，日常维护工作少，操作容易，但排烟效果受室外很多因素的影响与干扰，并不稳定，因此它的应用有一定限制。虽然如此，在符合条件时仍应优先采用。

自然排烟有两种方式：一是利用外窗或专设的排烟口排烟；二是利用竖井排烟。

图 3-8(a)是利用可开启的外窗进行排烟。如果外窗不能开启或无外窗，可以专设排烟口进行自然排烟，如图 3-8(b)所示。图 3-8(c)是利用专设的竖井进行排烟，即相当于专设一个烟囱。

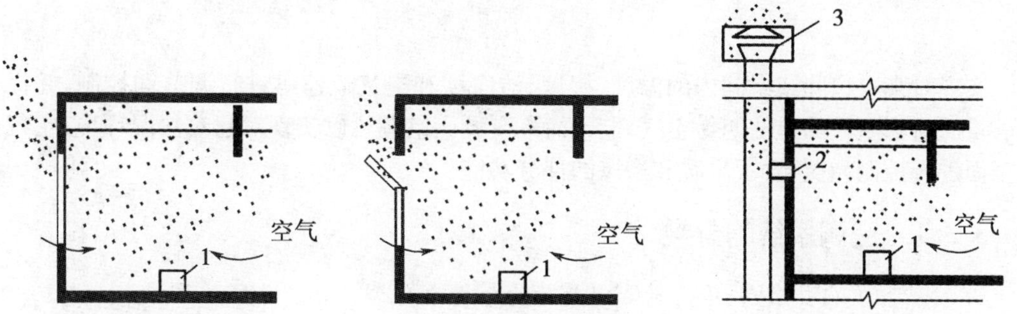

(a) 利用可开启外窗排烟　(b) 利用专设排烟口排烟　(c) 利用竖井排烟

图 3-8　自然排烟

1—出烟口；2—入烟口；3—烟囱

自然排烟是利用热烟气产生的浮力、热压或其他自然作用力使烟气排出室外。这种排烟方式实质上是利用烟囱效应的原理。

(2) 机械排烟

当火灾发生时，利用风机做动力向室外排烟的方法叫做机械排烟。机械排烟系统实质上就是一个排风系统。与自然排烟相比，机械排烟具有以下优缺点：

① 机械排烟不受外界条件（如内外温差、风力、风向、建筑特点、着火区位置等）的影响，能保证有稳定的排烟量。

② 机械排烟的风道截面小，可以少占用有效建筑面积。

③ 机械排烟的设施费用高，需要经常保养维修，否则有可能在使用时因发生故障而无法启动。

④ 机械排烟需要有备用电源，以防止火灾发生时正常供电系统被破坏而导致排烟系统不能运行。

机械排烟系统通常负担多个房间或防烟分区的排烟任务，它的总风量不像其他排风系统那样将所有房间风量叠加起来。

3) 加压防烟

加压防烟是用风机把一定量的室外空气送入房间或通道内，使室内保持一定压力或门洞处有一定流速，以避免烟气侵入。

图 3-9 所示是加压防烟的两种情况。其中图(a)是当门关闭时房间内保持一定的正压值，空气从门缝或其他缝隙处流出，防止了烟气的侵入；图(b)是当门开启时送入加压区的空气以一

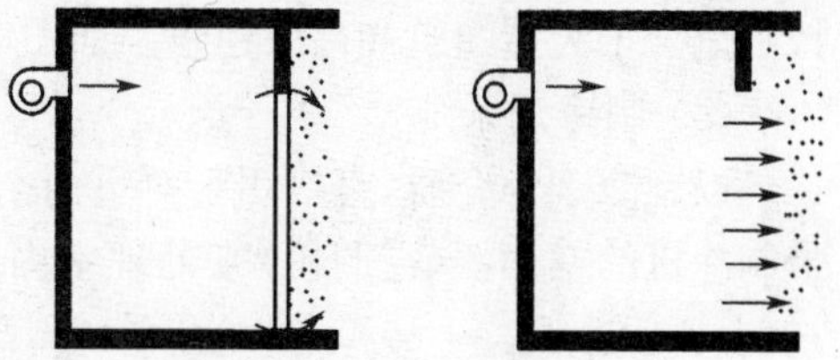

(a)　(b)

图 3-9　加压防烟

定风速从门洞流出，阻止烟气流入。

通过对上述两种情况分析可以看到，为了阻止烟气流入被加压的房间，必须达到：① 门开启时，门洞有一定向外的风速；② 门关闭时，房间内有一定正压值。这也是设计加压送风系统的两条原则。

3.3 空调系统的分类、组成及原理

实现对某一房间或空间内的温度、湿度、洁净度和空气流速等进行调节和控制，并提供足够量的新鲜空气的方法叫做空气调节，简称空调。空调可以实现对建筑热湿环境、空气品质全面进行控制，它包含了采暖和通风的部分功能。

3.3.1 空调系统的分类

1）按承担室内热负荷、冷负荷和湿负荷的介质分类

（1）全空气系统

全空气系统是以空气为介质，向室内提供冷量或热量，全部由空气来承担房间的热负荷或冷负荷。如图 3－10(a)所示。

（2）全水系统

全水系统是全部用水承担室内的热负荷和冷负荷。当为热水时，向室内提供热量，承担室内的热负荷；当为冷水（常称冷冻水）时，向室内提供制冷量，承担室内冷负荷和湿负荷。如图 3－10(b)所示。

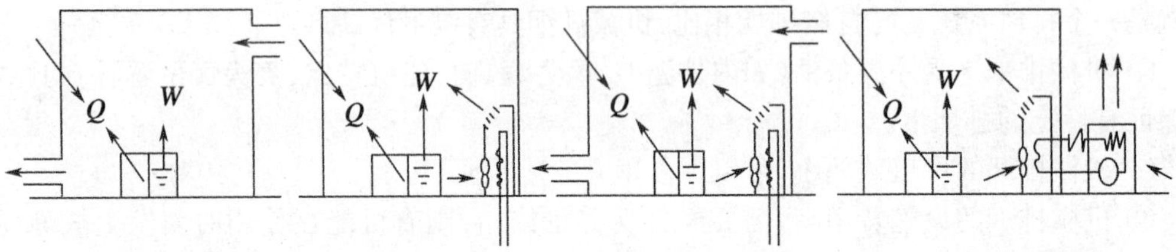

(a) 全空气系统　(b) 全水系统　(c) 空气-水系统　(d) 制冷剂系统

图 3－10　按承担室内负荷的介质分类的空调系统

（3）空气-水系统

空气-水系统是以空气和水为介质，共同承担室内的负荷。空气-水系统是全空气系统与全水系统的综合应用，它既解决了全空气系统因风量大导致风管断面尺寸大而占据较多有效建筑空间的矛盾，也解决了全水系统空调房间的新鲜空气供应问题，因此这种空调系统特别适合于大型建筑和高层建筑。如图 3－10(c)所示。

（4）制冷剂系统

以制冷剂为介质，直接用于对室内空气进行冷却、去湿或加热。实质上，这种系统是用带制冷机的空调器（空调机）来处理室内的负荷，所以这种系统又称机组式系统。如图 3－10(d)所示。

2）按空气处理设备的集中程度分类

（1）集中式系统

空气集中于机房内进行处理（冷却、去湿、加热、加湿等），而房间内只有空气分配装置。目前常用的全空气系统中大部分属于集中式系统；机组式系统中，如果采用大型带制冷机的空调机，在机房内集中对空气进行冷却、去湿或加热，这也属于集中式系统。集中式系统需要在建筑物内占用一定的机房面积，控制、管理比较方便。

（2）半集中式系统

对室内空气处理（加热或冷却、去湿）的设备分设在各个被调节和控制的房间内，而又集中部分处理设备，如冷冻水或热水集中制备或新风进行集中处理等，全水系统、空气-水系统、水环热泵系统、变制冷剂流量系统都属于这类系统。半集中式系统在建筑中占用的机房少，容易满足各个房间各自的温湿度控制要求，但房间内设置空气处理设备后管理维修不方便，如果设备中有风机还会给室内带来噪声。

（3）分散式系统

对室内进行热湿处理的设备全部分散于各房间，如家庭中常用的房间空调器、电取暖器等都属于此类系统。这种系统在建筑内不需要机房，不需要进行空气分配的风道，但维修管理不便，分散的小机组能量效率一般比较低，其中制冷压缩机、风机会给室内带来噪声。

3）按集中式系统处理空气来源分类

（1）封闭式系统

封闭式空调系统处理的空气全部取自空调房间本身，没有室外新鲜空气补充到系统中来，全部是室内的空气在系统中周而复始地循环。因此，空调房间与空气处理设备由风管连成了一个封闭的循环环路，如图 3－11(a)所示。

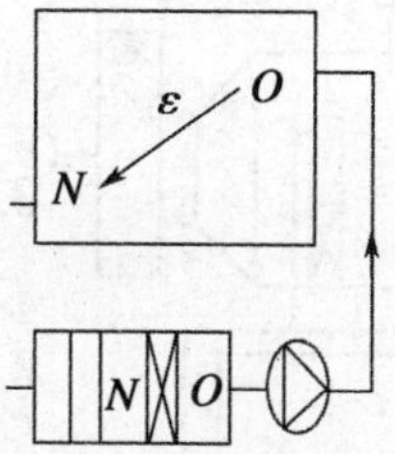

(a) 封闭式系统

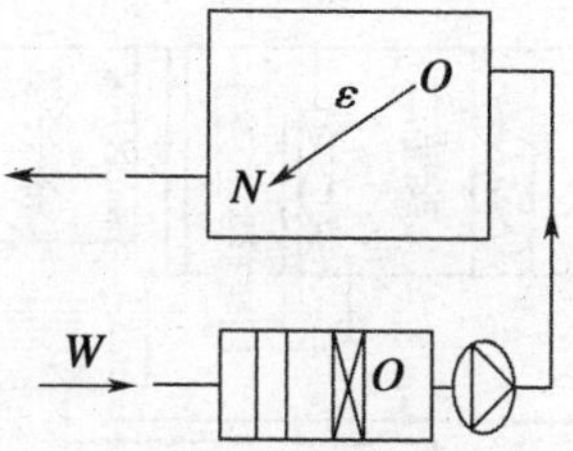

(b) 直流式系统

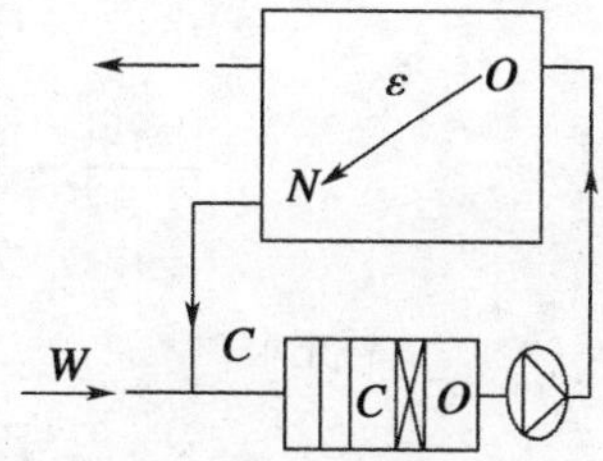

(c) 混合式系统

图 3－11　全空气空调系统的分类

（2）直流式系统

直流式系统处理的空气全部取自室外，即室外的空气经过处理达到送风状态点后送入各空调房间，送入的空气在空调房间内吸热吸湿后全部排出室外，如图3－11(b)所示。

（3）混合式系统

因为封闭式系统没有新风，不能满足空调房间的卫生要求，而直流式系统消耗的能量又大，不经济，所以封闭式系统和直流式系统只能在特定的情况下才能使用。对大多数有一定卫生要求的场合，往往采用混合式系统。混合式系统综合了封闭式系统和直流式系统的优点，既能满足空调房间的卫生要求，又比较经济合理，故广泛应用于工程实际。图 3－11(c)即为混合式系统。

4) 按空调系统用途或服务对象不同分类

(1) 舒适性空调系统

舒适性空调系统简称舒适空调,指为室内人员创造舒适健康环境的空调系统。舒适健康的环境令人精神愉快,精力充沛,工作、学习效率提高,有益于身心健康。

(2) 工艺性空调系统

工艺性空调系统又称工业空调,指为生产工艺过程或设备运行创造必要环境条件的空调系统。工作人员的舒适要求有条件时可兼顾。

3.3.2 空调系统的组成

图 3-12 是一个集中式空调系统示意图,从图中可以看出一个完整的集中式空调系统由以下部分组成:

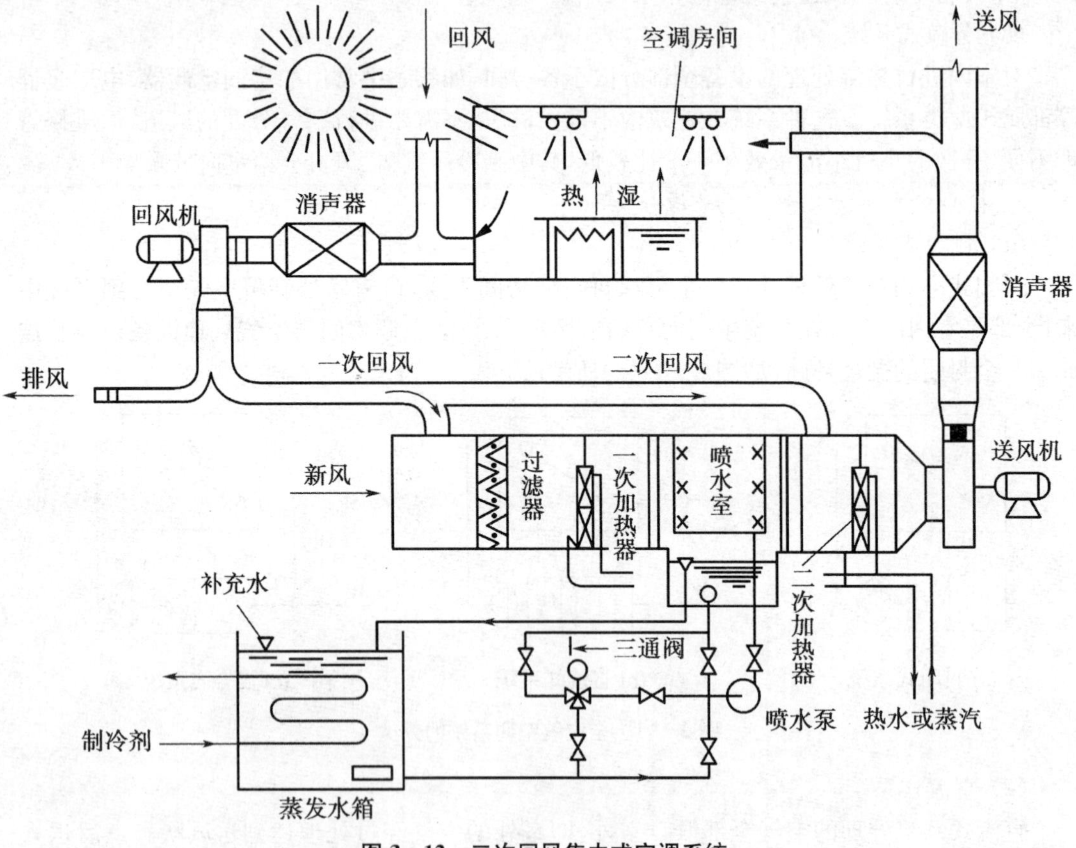

图 3-12 二次回风集中式空调系统

1) 空气处理部分

集中式空调系统的空气处理部分是一个包括各种空气处理设备在内的空气处理室。如图 3-12 所示,其中主要有过滤器、一次加热器、喷水室、二次加热器等。用这些空气处理设备对空气进行净化过滤和热湿处理,可将送入空调房间的空气处理到所需的送风状态点。

2) 空气输送部分

空气输送部分主要包括送风机、回风机(系统较小时不用设置)、风管系统和必要的风量调节装置。送风系统的作用是不断将空气处理设备处理好的空气有效地输送到各空调房间；回风系统的作用是不断地排出室内回风，实现室内的通风换气，以保证室内空气品质。

3）空气分配部分

空气分配部分主要包括设置在不同位置的送风口和回风口，其作用是合理地组织空调房间的空气流动，保证空调房间内工作区（一般是 2 m 以下的空间）的空气温度和相对湿度均匀一致，空气流速不致过大，以免对室内的工作人员和生产形成不良影响。

4）辅助系统部分

我们知道，集中式空调系统是在空调机房集中进行空气处理后再送往各空调房间。空调机房里对空气进行制冷（热）的设备（空调用冷水机组或热蒸汽）和湿度控制设备等就是辅助设备。对于一个完整的空调系统，尤其是集中式空调系统，系统是比较复杂的。空调系统能否达到预期效果，空调能否满足房间的热湿控制要求，关键在于空气的处理。

复习思考题

1. 简述通风的概念。
2. 通风的功能主要有哪些？
3. 简述通风系统的分类及原理。
4. 简述防烟、排烟系统的分类。
5. 简述防烟、排烟系统的组成及原理。
6. 简述空调系统的分类及各自概念。
7. 空调系统由哪几部分组成？

4　电工的基本知识

教学要求：通过本章的学习，应当了解电路的组成及其基本分析方法；掌握单相交流电路；能够识读三相交流电路、变压器图；了解三相异步电动机在实际中的应用。

4.1　电路的组成及其基本分析方法

4.1.1　电路及其组成

电路就是电流所经过的路径，电路为一闭合回路。电路由电源、中间环节和负载组成，如图 4-1(a)所示。

1）电源

电源，即电能的源泉，是推动电路中电流流动的原动力。电源是指电路中供给电能的设备，如图 4-1(a)中的电池，它的作用是将非电形式的能量转换为电能。如电池将化学能转换为电能，发电机将机械能转换为电能等。

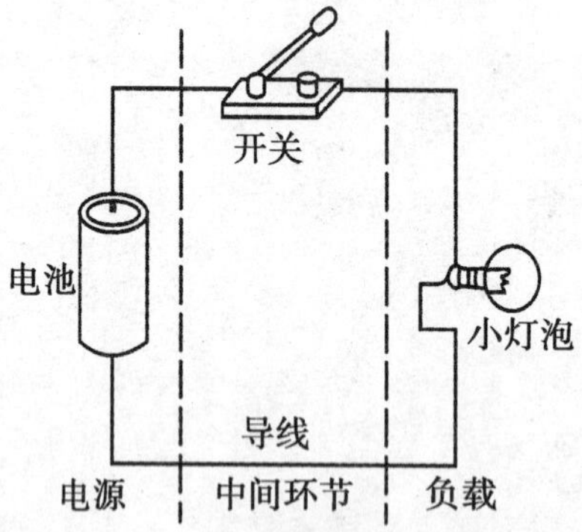

(a) 电路的组成

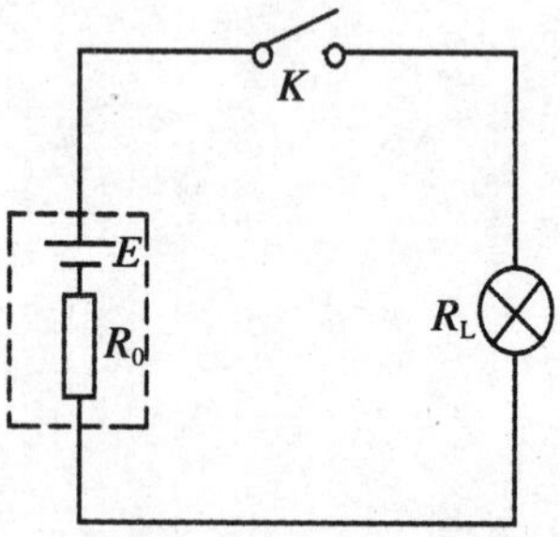

(b) 电路模型（电路图）

图 4-1　电路的组成及电路模型

2）中间环节

中间环节主要包括连接导线和一些控制、保护电器等，它们将电源和负载连接成一个闭合回路，在电路中起传输、分配电能以及保护等作用。

3）负载

负载是指用电设备，即电路中消耗电能的设备，它的作用是将电能转换为其他形式的能量。如电灯将电能转换为光能，电炉将电能转换为热能，电动机将电能转换为机械能等。

4.1.2 电路模型

将实际器件抽象成理想化的模型，用一些规定的图形符号来表示，绘制成电路模型，即电路图。

如图 4-1(a)所示的实际电路就可以用图 4-1(b)所示的电路模型表示，其中电池用电动势 E 和内电阻 R_0 表示，灯泡用负载电阻 R_L 表示，开关用无接触电阻的理想开关 K 表示。由于金属导线的电阻相对于负载电阻来说很小，一般可以忽略不计，即认为它是理想导线。

4.1.3 电路的基本物理量

1) 电流

电路中的带电粒子(电子和离子)受到电源电场力的作用，形成有规则的定向运动，称为电流。电流的大小是用单位时间内通过导体某一横截面积的电荷量来度量的，称为电流强度，简称电流。电流的正方向规定为正电荷的移动方向。

大小和方向均不随时间变化的电流称为直流电流，电流强度的符号用 I 表示，即 $I=Q/t$。在国际单位制中，电流强度的单位为“安培”，简称“安(A)”。

2) 电位

电位表示电场中某一点所具有的电位能。一般指定电路中一点为参考点(在电力系统中指定大地为参考点)，且规定该参考点的电位为零。电场力将单位正电荷从 A 点沿任意路径移到参考点所做的功称为 A 点的电位或电势，用 U_A 表示，单位为“伏特”，简称“伏(V)”。

3) 电压

电场力把单位正电荷从电场的 A 点移到 B 点所做的功，称为 A、B 两点间的电压，用 U_{AB}表示，即 $U_{AB}=W_{AB}/Q$。显然，电路中某两点间的电位差等于该两点间的电压，即 $U_A-U_B=U_{AB}$。当然，电压的单位也为“伏特”。

4) 电动势

在电源内部，非电场力将单位正电荷从电源的低电位端(负极)移到高电位端(正极)所做的功，称为电源的电动势，用符号 E 表示，电动势的单位也是“伏特”。

5) 电阻

导体阻碍电流通过的能力，称为电阻，用 R 表示，单位为“欧姆”，简称“欧(Ω)”。

6) 电功率

单位时间内电流所做的功称为电功率，简称功率，用符号 P 表示，单位为“瓦特”，简称“瓦(W)”。

根据电流、电压、功率的定义，

$$P=\frac{W}{t}=UI \tag{4-1}$$

4.1.4 电路的基本定律

1) 欧姆定律

当电阻两端加上电压时电阻中就会有电流通过。实验证明：在一段没有电动势而只有电阻的电路中，电流的大小与电阻两端的电压高低成正比，与电阻的大小成反比。这一规律称为欧姆定律，用公式表示如下：

$$I = U/R$$

2）克希荷夫(Kirchhoff)定律

① 支路：电路中通过同一电流的每个分支称为支路。图 4-2 中的 ab、cd、ef 均是支路。

② 节点：电路中三条或三条以上支路的联结点称为节点。图 4-2 中 a、b 两点为节点。

③ 回路：电路中任一闭合路径称为回路。图 4-2中的 $abdca$、$aefba$、$aefbdca$ 均是回路，其中回路 $abdca$ 和 $aefba$ 内部不包含支路，称为网孔。

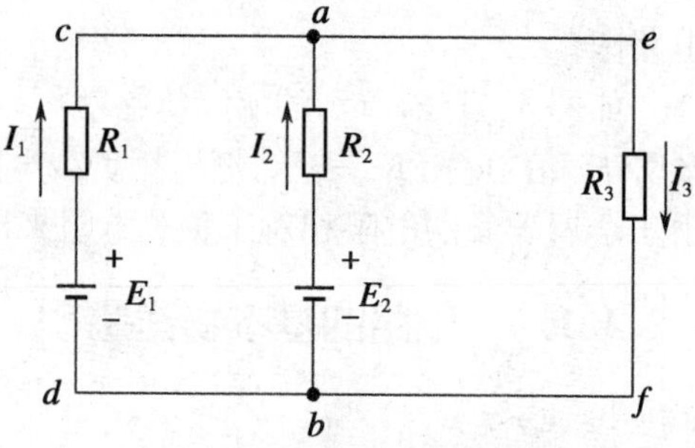

图 4-2　复杂电路

任何复杂电路都有三条以上的支路、两个以上的节点和两个以上的回路。

(1) 克希荷夫电流定律(KCL)

克希荷夫电流定律是用来确定联结在同一节点上各支路电流间的关系。

克希荷夫电流定律指出：在任一瞬时，流入电路中任一节点的电流之和等于流出该节点的电流之和，即

$$\sum I_{入} = \sum I_{出} \tag{4-2}$$

如果规定流入节点的电流为正号，流出节点的电流为负号，则上式可改写为

$$\sum I = 0 \tag{4-3}$$

因此，克希荷夫电流定律也可表述为：在任一瞬时，电路中任一个节点上电流的代数和等于零。

克希荷夫电流定律通常应用于节点，但也可以把它推广应用于包围部分电路的任一假设的闭合面，如图4-3所示。

$$I_A + I_B + I_C = 0 \tag{4-4}$$

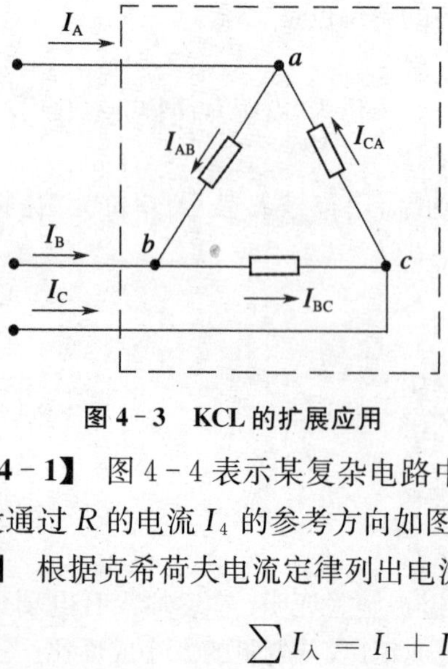

图 4-3　KCL 的扩展应用

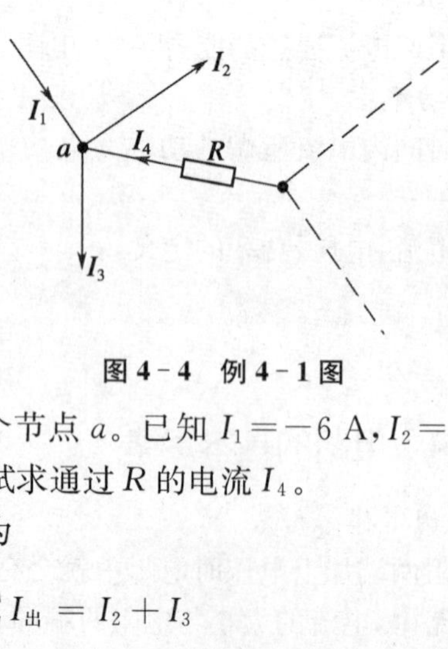

图 4-4　例 4-1 图

【例 4-1】　图 4-4 表示某复杂电路中的一个节点 a。已知 $I_1=-6$ A，$I_2=3$ A，$I_3=8$ A，假设通过 R 的电流 I_4 的参考方向如图所示，试求通过 R 的电流 I_4。

【解】　根据克希荷夫电流定律列出电流方程为

$$\sum I_{入} = I_1 + I_4 = \sum I_{出} = I_2 + I_3$$

$$I_4 = I_2 + I_3 - I_1 = 3 + 8 - (-6) = 17\ \text{A}$$

I_4 为正值，表明与假设的参考方向相同，通过 R 的电流 I_4 的实际方向是流入 a 点的。

(2) 克希荷夫电压定律(KVL)

克希荷夫电压定律指出：在任一瞬时，沿电路任一回路顺时针或逆时针绕行一周，回路中各段电压的代数和恒等于零(一般取电位升为正，电位降为负)，或电位升等于电位降。即

$$\sum U = 0 \quad 或 \quad \sum U_{升} = \sum U_{降}$$

【例 4-2】 在图 4-5 中，$E_1=50\ \text{V}$，$E_2=100\ \text{V}$，$E_3=25\ \text{V}$，$R_1=15\ \Omega$，$R_2=15\ \Omega$，$R_3=10\ \Omega$，$R_4=10\ \Omega$，求回路中的电流。

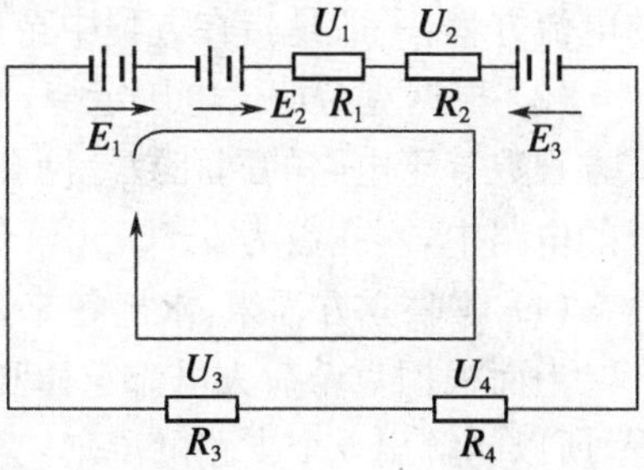

图 4-5 例 4-2 图

【解】 假设回路绕行方向为顺时针，回路电流为 I，回路电流的参考方向也为顺时针。根据 KVL 列出方程如下：

$$\sum U_{升} = \sum U_{降}$$

$$E_1 + E_2 = R_1 I + R_2 I + E_3 + R_4 I + R_3 I$$

解得

$$I = \frac{E_1 + E_2 - E_3}{R_1 + R_2 + R_3 + R_4} = \frac{50 + 100 - 25}{15 + 15 + 10 + 10} = 2.5\ \text{A}$$

4.1.5 电路的分析计算方法

1) 电阻的串并联

(1) 电阻的串联(图 4-6)

如果多个电阻顺序相连，并且在这些电阻中通过同一电流，这样的联结方式称为电阻的串联。串联等效电阻的计算公式为

$$R = R_1 + R_2 + \cdots + R_n \tag{4-5}$$

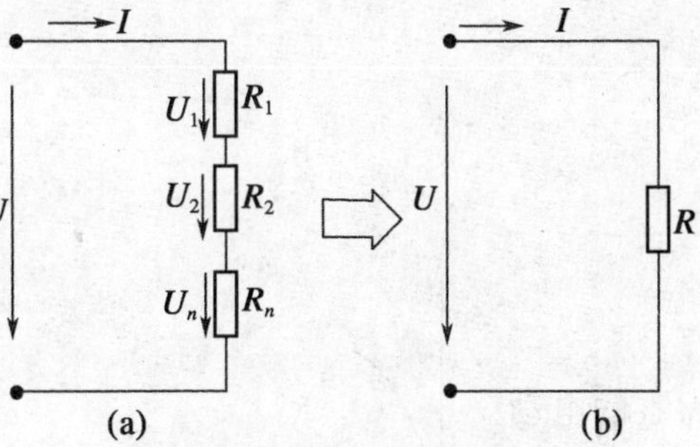

图 4-6 电阻的串联

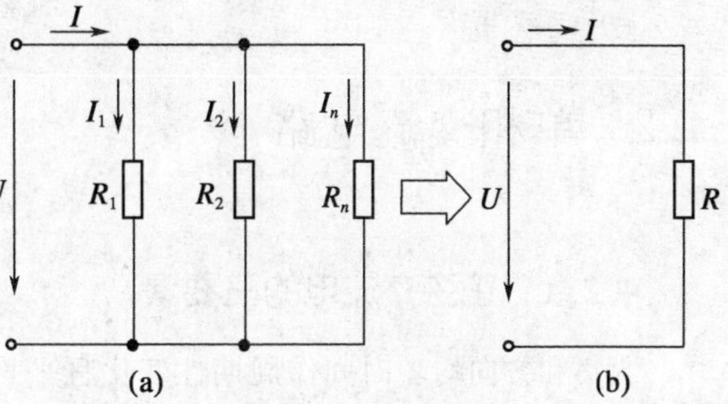

图 4-7 电阻的并联

(2) 电阻的并联(图 4-7)

如果多个电阻联结在两个公共的节点之间，每个电阻上施加同一电压，这样的联结方式称为电阻的并联。并联等效电阻的计算公式为

$$\frac{1}{R}=\frac{1}{R_1}+\frac{1}{R_2}+\cdots+\frac{1}{R_n} \tag{4-6}$$

2) 支路电流法

支路电流法计算电路的步骤为：

(1) 标出各支路电流的方向。如果不能确定电流的实际方向，可先任意假设一个方向。最后根据计算得到的电流值是正还是负，判别实际方向与假设方向一致或相反。

(2) 根据克希荷夫电流定律，对 n 个节点列出 $(n-1)$ 个独立的电流方程式。所谓独立的电流方程，一般是指在方程中至少包含一个在其他方程中没有出现过的新支路电流。

(3) 根据克希荷夫电压定律，对各回路列出 $b-(n-1)$ 个独立的电压方程式。独立的电压方程数等于电路的网孔数。网孔是指内部不包含其他支路的回路。具有 b 个支路、n 个节点的电路中，网孔数为 $b-(n-1)$ 个。

(4) 解联立方程组，求出各未知的支路电流。

上面根据克希荷夫电流定律和电压定律一共可列出 $(n-1)+[b-(n-1)]=b$ 个独立方程，所以能解出 b 个支路电流。

【例 4-3】 试求图 4-8 所示电路的各支路电流。

【解】 在电路图中标出电流和回路绕行方向，根据 KCL 与 KVL 列出方程为：

对节点 A：$I_1+I_2=I_3$

对回路 1：$E_1=R_1I_1+R_3I_3$

对回路 2：$E_2=R_2I_2+R_3I_3$

将已知数据代入上面的方程，得

$$I_1+I_2-I_3=0$$
$$I_1+4I_3=12$$
$$I_2+4I_3=6$$

解联立方程组，得

$$I_1=4\text{ A}$$
$$I_2=-2\text{ A}$$
$$I_3=2\text{ A}$$

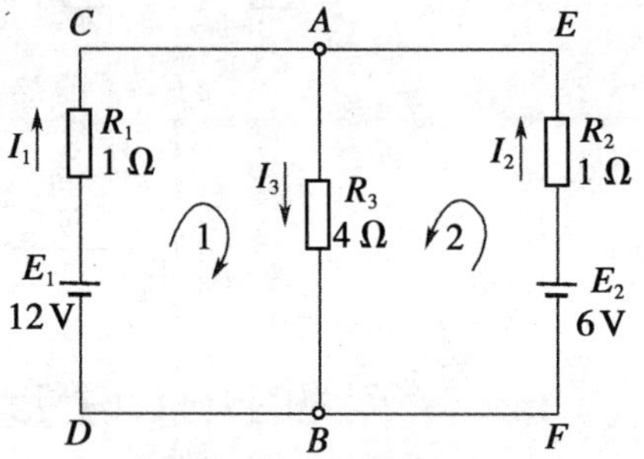

图 4-8　例 4-3 图

4.2　单相交流电路

4.2.1　正弦交流电的三要素

大小和方向均随时间作周期性变化且平均值为零的电动势、电压和电流统称为交流电。交流电的波形可以为正弦、三角形或矩形等。其中随时间作正弦规律变化的电动势、电压和电流称为正弦交流电，正弦交流电流的波形如图 4-9 所示。

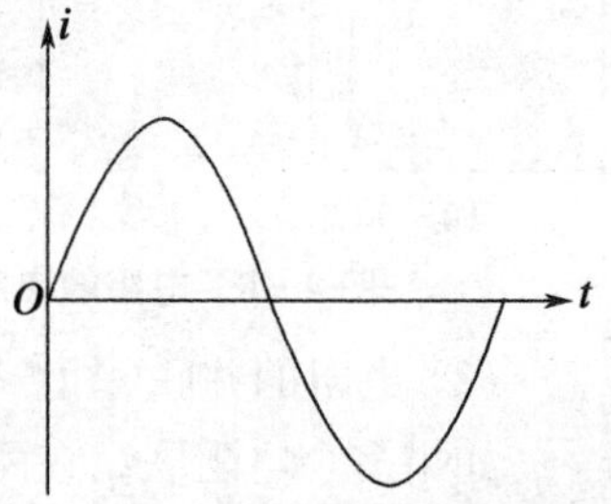

图 4-9　正弦交流电流的波形

正弦交流电的瞬时值可用正弦函数表示，图 4-9 所示正弦

交流电流可表示为

$$i = I_{\mathrm{m}}\sin(\omega t + \varphi) \tag{4-7}$$

角频率、幅值和初相位称为正弦电量的三要素。

1）频率、周期与角频率

正弦交流电作周期性变化一次所需的时间称为周期 T，单位是秒(s)。每秒内变化的次数称为频率 f，其单位是"赫兹(Hz)"。

正弦交流电每秒内变化的电角度称为角频率 ω，其单位是"弧度/秒(rad/s)"。显然，频率、周期与角频率的关系为

$$\omega = 2\pi f = \frac{2\pi}{T} \tag{4-8}$$

2）幅值与有效值

正弦交流电在任一瞬间的值称为瞬时值，用小写字母来表示，如 i、u、e 分别表示电流、电压、电动势的瞬时值。瞬时值中最大的值称为幅值或最大值，用带下标 m 的大写字母来表示，如 I_{m}、U_{m} 和 E_{m} 分别表示电流、电压和电动势的幅值。

当一个直流电流和一个交流电流在该交流电的一个周期内通过相同的电阻产生的热量相等时，该直流电流值称为该交流电流的有效值。

$$I = \frac{I_{\mathrm{m}}}{\sqrt{2}}$$

$$U = \frac{U_{\mathrm{m}}}{\sqrt{2}}$$

$$E = \frac{E_{\mathrm{m}}}{\sqrt{2}}$$

3）相位、初相位与相位差

交流电的频率、周期与角频率要素表示交流电变化的快慢，交流电的幅值与有效值要素表示交流电的大小，表示交流电变化的起点的要素就是相位、初相位。

以交流电流 $i = I_{\mathrm{m}}\sin(\omega t + \varphi)$ 为例，我们把 $(\omega t + \varphi)$ 称为正弦交流电的相位角或相位，把 $t = 0$ 时的相位角即 φ 称为初相角或初相位，简称初相。初相位的取值范围一般规定为 $-\pi \leqslant \varphi \leqslant \pi$。

对于两个同频率正弦交流电的相位角之差，称为相位差。设两个同频率正弦交流电流分别为：$i_1 = I_{\mathrm{m}}1\sin(\omega t + \varphi_1)$，$i_2 = I_{\mathrm{m}}2\sin(\omega t + \varphi_2)$，则 i_1、i_2 的相位差 $\varphi = (\omega t + \varphi_1) - (\omega t + \varphi_2) = \varphi_1 - \varphi_2$，即两个同频率正弦交流电的相位差就是它们的初相位之差。

在相位差满足 $-\pi \leqslant \varphi \leqslant \pi$ 时，若 $\varphi > 0$，称电流 i_1 超前电流 i_2 φ 角；若 $\varphi < 0$，称电流 i_1 滞后电流 i_2 φ 角；若 $\varphi = 0$，称电流 i_1 和电流 i_2 同相位，简称同相；若 $\varphi = \pm\pi$，称电流 i_1 和电流 i_2 反相位，简称反相。

在图 4-10(a)中，电流 i_1 超前电流 i_2 φ 角，或称电流 i_2 滞后电流 i_1 φ 角；在图 4-10(b)中，电流 i_1 和电流 i_2 同相位，电流 i_1 和电流 i_3 反相位，电流 i_2 和电流 i_3 反相位。

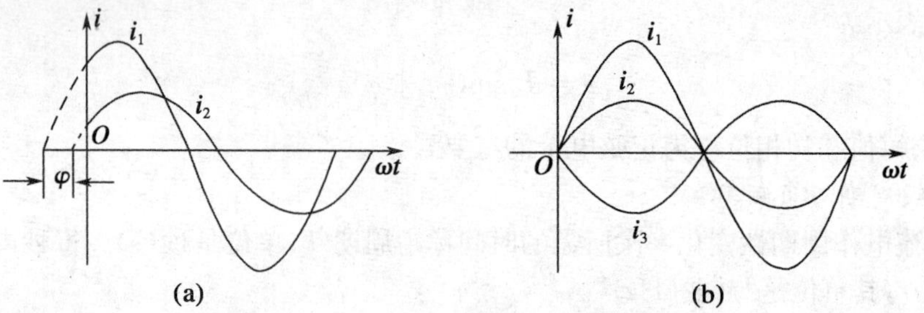

图 4-10　用波形图表示的相位差

4.2.2　正弦交流电的相量表示

设正弦交流电压 $u=U_{\mathrm{m}}\sin(\omega t+\varphi)$，其波形如图 4-11 所示。在直角坐标系中，以坐标原点 O 为中心，作逆时针方向旋转的向量。向量的长度为电压的最大值 U_{m}，旋转的角速度为 ω，$t=0$ 时向量与横轴的夹角 φ 为正弦交流电压的初始角。这个向量在纵轴上的投影即为该电压的瞬时值。$t=0$ 时，$u_0=U_{\mathrm{m}}\sin\varphi$；$t=t_1$ 时，$u_1=U_{\mathrm{m}}\sin(\omega t_1+\varphi)$，向量与横轴的夹角为 $(\omega t_1+\varphi)$。这样，用旋转向量既能表示正弦交变量的三要素（幅值、角频率、初相位），又能表达出正弦交变量的瞬时值。所以用旋转向量可以完善地表示正弦交流电。

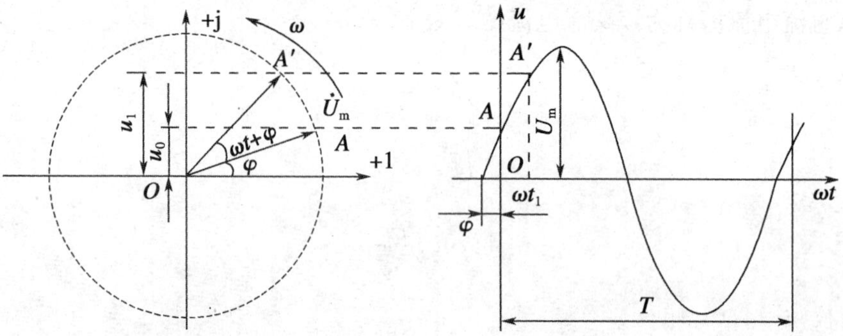

图 4-11　用相量表示正弦交流电

4.2.3　单一参数的交流电路

1）纯电阻电路

在交流电路中常常遇到照明白炽灯、电阻炉、电烙铁等电阻性负载，它们的电阻在电路中起主要作用，电感、电容的影响很小，可以忽略，这种电路称为纯电阻电路，如图 4-12 所示。

(1) 电压与电流的关系

在交流电路中电压和电流的方向是不断变化的，为了分析方便起见，假定电压和电流的正方向如图 4-12(a)所示，并且假定电压的初相角为 0，即以电压作为参考矢量，则设加在负载电阻 R 两端的正弦交流电压为

$$u=\sqrt{2}U\sin\omega t \tag{4-9}$$

式中 U 为电压有效值，由欧姆定律可得电路的电流瞬时值为

$$i = \frac{u}{R} = \frac{\sqrt{2}U}{R\sin\omega t} = 2I\sin\omega \tag{4-10}$$

上式表明，通过电阻的电流和加在电阻两端的电压具有相同的频率和相位，且电流与电压的有效值满足欧姆定律，即

有效值：$I = U/R$

相位：同相位（相位差 $\varphi = 0$）

将电压、电流用相量表示为

$$\dot{U} = Ue^{\mathrm{j}0^{\circ}},\ \dot{I} = Ie^{\mathrm{j}0^{\circ}},\ \dot{U} = \dot{I}R$$

电阻电路中电压、电流的波形图和相量图如图 4－12(b)、(c)所示。

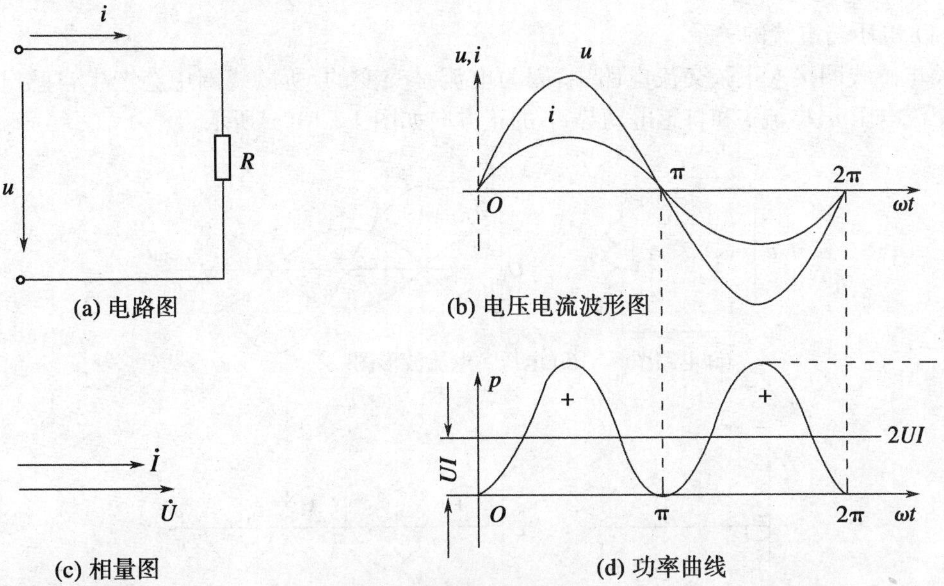

图 4－12　纯电阻电路

(2) 功率关系

在交流电阻电路中，由于电压和电流随时间按正弦规律变化，电阻 R 上每一瞬间所消耗的功率 p 称为瞬时功率。它等于瞬时电压 u 和瞬时电流 i 的乘积，可表示为

$$p = ui = 2\,UI\sin 2\omega t = UI(1 - \cos 2\omega t) \tag{4-11}$$

由上式可见，p 是由两部分组成的，第一部分是常数 UI，第二部分是幅值 UI，并以 2ω 的角频率随时间而变化的交变量 $UI\cos 2\omega t$，瞬时功率变化曲线如图 4－12(d)所示。

瞬时功率在一个周期内的平均值，称为平均功率或有功功率 P，即

$$P = UI = I^2R \tag{4-12}$$

式中，U、I 均为正弦电压、电流的有效值，平均功率的单位为“瓦(W)”或“千瓦(kW)”。

电阻电路中消耗的电能量为

$$W = Pt = UIt = I^2Rt \tag{4-13}$$

【例 4－4】 一单相 220 V、1 000 W 的电炉，接在 50 Hz、220 V 的交流电源上，试求电炉的电阻、电流和使用 8 h 消耗的电能。

【解】 电炉的电阻

$$R = U_2/P = 220^2/1\,000 = 48.4\ \Omega$$

电炉的电流

$$I = P/U = 1\,000/220 = 4.55\ \text{A}$$

消耗的电能

$$W = Pt = 1\,000 \times 8 = 8\ \text{kW} \cdot \text{h}$$

2）纯电感电路

(1) 电压与电流的关系

将电感线圈接入正弦交流电路中，因为电流是交变的，所以线圈中会产生自感电动势 e_L。交流电压 u、电流 i 和自感电动势 e_L 的正方向如图 4－13(a)所示。

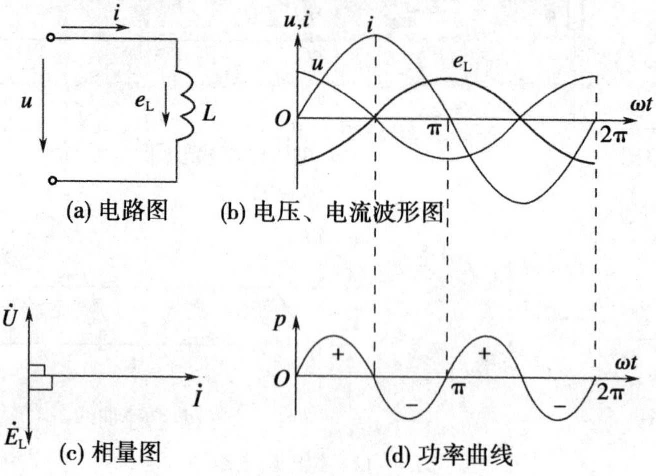

图 4－13　纯电感电路

设通过电感线圈 L 的电流为

$$i = \sqrt{2}I\sin\omega t \tag{4-14}$$

根据电磁感应定律，线圈上产生的自感电动势为

$$e_L = -L\frac{di}{dt} \tag{4-15}$$

当电感线圈的电阻忽略不计时，自感电动势 e_L 必与外加电压 u 相平衡，因此电压、电流的瞬时值关系为

$$u = -e_L = L\frac{di}{dt} = 2\omega LI\sin(\omega t + 90°) = 2U\sin(\omega t + 90°) \tag{4-16}$$

上式表明，通过线圈的电流与电源电压、自感电动势具有相同的频率。但是它们的相位不同，电流滞后电压 90°（即 1/4 周期），自感电动势与外加电压是相平衡的，任何时刻都是大小相等、方向相反，其波形图和相量图如图 4－13(b)、(c)所示。它们的关系式为

有效值：

$$U=\omega LI=2\pi fLI=XLI \tag{4-17}$$

相位：电压超前电流 90°（相位差 $\varphi=90°$）

（2）功率关系

电感电路的瞬时功率等于电压、电流瞬时值的乘积，即

$$p=ui=2UI\sin(\omega t+90°)\sin\omega t=UI\sin2\omega t \tag{4-18}$$

由上式可见，瞬时功率的幅值为 UI，而角频率为电压、电流角频率的两倍。瞬时功率的变化曲线如图 4-13(d)所示。

在一个周期内的平均功率（或称有功功率）为

$$P=\frac{1}{T}\int_0^T p\mathrm{d}t=\frac{1}{T}\int_0^T UI\sin2\omega t\,\mathrm{d}t=0 \tag{4-19}$$

【例 4-5】 正弦交流电源电压 $U=220$ V，$f=50$ Hz，接上电感线圈的电感 $L=0.05$ H，电阻可忽略不计。试求通过线圈中的电流 I、有功功率 P 和无功功率 QL 为多少？

【解】 $XL=\omega L=2\pi fL=2\pi\times50\times0.05\approx15.71\ \Omega$

$I=U/XL=220/15.71\approx14.0$ A

$P=0$

$QL=UI=220\times14=3\ 080$ var

3）纯电容电路

（1）电压与电流的关系

将电容接入正弦交流电路中，因为电源电压 u 是交变的，所以电容器极板上的电荷也是交变的（$Q=CU$），即电容器做周期性的充放电，因而在电路中就形成了电流 i，它们的正方向如图 4-14(a)所示。

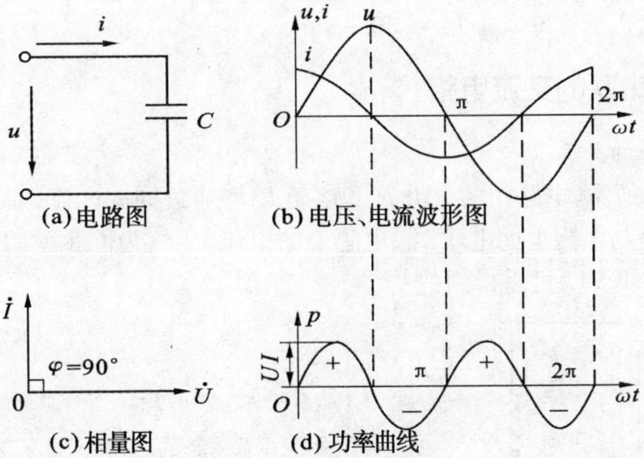

图 4-14 纯电容电路

设电源电压 $u=\sqrt{2}U\sin\omega t$，则电流为

$$i=Cdu/t=C\mathrm{d}(\sqrt{2}\,U\sin\omega t)/\mathrm{d}t=\sqrt{2}U\omega C\sin(\omega t+90°)=\sqrt{2}I\sin(\omega t+90°) \tag{4-20}$$

上式表明，在电容电路中，电流 i 和电压 u 具有相同的频率，在相位关系上，电流超前电

压 90°(即 1/4 周期)，其波形图和相量图如图 4-14(b)、(c)所示。它们的关系式为

有效值：

$$I = U\omega C = U2\pi fC = U/XC \tag{4-21}$$

相位：电压滞后电流 90°(相位差 $\varphi = -90°$)

(2) 功率关系

电容电路的瞬时功率为

$$p = ui = 2UI\sin(\omega t + 90°) = UI\sin2\omega t \tag{4-22}$$

由上式可见，瞬时功率幅值为 UI，而角频率为电压、电流角频率的两倍，瞬时功率的变化曲线如图 4-14(d)所示。

在一个周期内的平均功率(有功功率)为

$$P = \frac{1}{T}\int_0^T p\,\mathrm{d}t = \frac{1}{T}\int_0^T UI\sin\omega t\,\mathrm{d}t = 0 \tag{4-23}$$

这种交换能量的规模可以用无功功率 QC 表示，其关系为

$$QC = UI = \frac{U^2}{XC} = I^2XC \tag{4-24}$$

【例 4-6】 将一个 2 μF 的电容器接在 220 V、50 Hz 的正弦交流电源上，试求通过电容器的电流 I、有功功率 P 和无功功率 QC 为多少？

【解】 $XC = \frac{1}{\omega C} = \frac{1}{2\pi fC} = \frac{1}{2\pi \times 50 \times 2 \times 10^{-6}} \approx 1\,591.55\ \Omega$

$I = \frac{U}{XC} = \frac{220}{1\,591.55} \approx 0.14\ \text{A}$

$P = 0$

$QC = UI = 220 \times 0.14 = 30.8\ \text{var}$

4.2.4 *RL* 串联的交流电路

1) 电流和电压的关系

如图 4-15(a)所示，电路中的电阻 R 和电感 L 均通过同一电流，如果电源电压 u 为正弦交流量，则电流 i 与电阻上的电压 u_R、电感上的电压 u_L 均为同频率的正弦交流量。根据克希荷夫电压定律(KVL)可以得到：

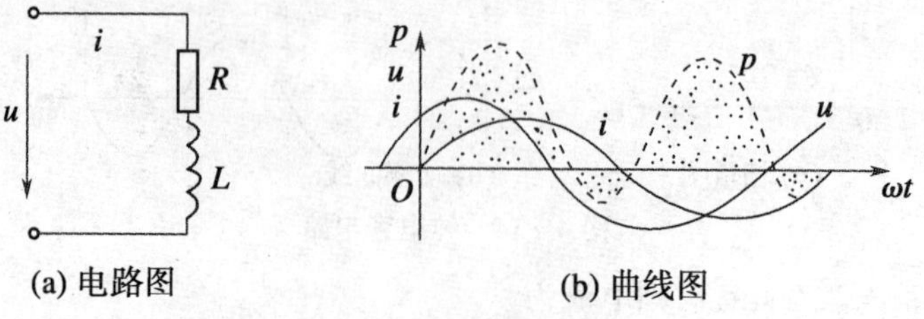

图 4-15 *RL* 串联电路

$$u = u_R + u_L \tag{4-25}$$

用相量表示为

$$\dot{U} = \dot{U}_{\mathrm{R}} + \dot{U}_{\mathrm{L}} = \dot{I}Z \qquad (4-26)$$

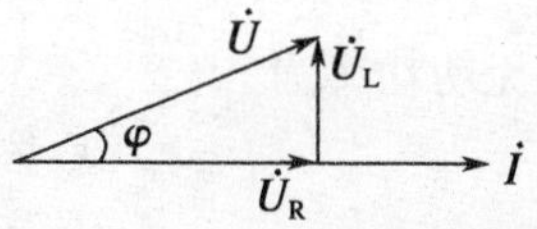

图 4-16　*RL* 串联电路的相量图

以电流为参考相量画相量图如图 4-16 所示，得电流滞后于电压一个 φ 角。

由数学分析可知：

$$U = \sqrt{U_{\mathrm{R}}^2 + U_{\mathrm{L}}^2} = \sqrt{(IR)^2 + (IX_{\mathrm{L}})^2} = I\sqrt{R^2 + X_{\mathrm{L}}^2} = I\,|\,Z\,|$$

$$\varphi = \arctan\frac{U_{\mathrm{L}}}{U_{\mathrm{R}}} = \arctan\frac{X_{\mathrm{L}}}{R}$$

2) *功率关系*

(1) 瞬时功率

由上面电流和电压的关系分析，设 $i = I_{\mathrm{m}}\sin\omega t = \sqrt{2}I\sin\omega t$，则 $u = U_{\mathrm{m}}\sin(\omega t + \varphi) = \sqrt{2}U\sin(\omega t + \varphi)$，故瞬时功率为

$$p = ui = 2UI\sin\omega t\sin(\omega t + \varphi) = UI\cos\varphi(1 - 2\cos 2\omega t) + UI\sin\varphi\sin 2\omega t$$

(2) 有功功率

即平均功率，用 P 表示。因为电感不消耗有功功率，只进行无功交换，而电阻不进行无功交换，只消耗有功功率，所以 RL 串联的交流电路的有功功率等于电阻上消耗的功率，即

$$P = I^2R = URI \quad 或 \quad P = UI\cos\varphi$$

(3) 无功功率

同理，RL 串联的交流电路的无功功率等于电感与电源交换的无功功率，即

$$Q = ULI = I^2XL = UI\sin\varphi$$

(4) 视在功率

在 RL 串联的交流电路中，电阻消耗有功功率，电感与电源交换无功功率。换言之，RL 串联的交流电路既消耗有功功率又占有电源功率。将电源对此电路表现出的功率称为视在功率，它等于电流、电压有效值之乘积，用 S 表示，单位为“V·A”或“kV·A”。

$$S = UI = \sqrt{P^2 + Q^2} \qquad (4-27)$$

【例 4-7】　一个电感线圈，$L=25.5\ \mathrm{mH}$，电阻 $R=6\ \Omega$，接于电压 220 V 的交流电源上，求电路中的电流 I、有功功率、无功功率和视在功率。

【解】　$XL = 2\pi fL = 2\times 3.14\times 50\times 25.5\times 10^{-3} = 8\ \Omega$

$$|\,Z\,| = 10\ \Omega$$

根据欧姆定律

$$I = \frac{U}{|\,Z\,|} = \frac{220}{10} = 22\ \mathrm{A}$$

$$\cos\varphi = \frac{R}{|\,Z\,|} = \frac{6}{10} = 0.6$$

有功功率为

$$P = UI\cos\varphi = 220 \times 22 \times 0.6 = 2\,904\ \text{W}$$

无功功率为

$$Q = UI\sin\varphi = 220 \times 22 \times 0.8 = 3\,872\ \text{var}$$

视在功率为

$$S = UI = 220 \times 22 = 4\,840\ \text{V} \cdot \text{A}$$

4.3 三相交流电路

4.3.1 三相交流电源

三相交流电源是由三个频率相同、大小相等、彼此之间具有120°相位差的对称三相电动势组成的，一般称为对称三相电源。

对称三相电动势是由三相交流发电机产生的，对用户来说也可看成是变压器提供的。不管是发电机还是变压器，三相电源都是由三相绕组直接提供的。每相绕组的始端标为 A、B、C，而末端标为 X、Y、Z。AX、BY、CZ 分别称为 A 相、B 相和 C 相绕组。在三个绕组中分别产生频率相同、幅值相等、相位互差120°的三个正弦交变电动势 e_A、e_B、e_C，称为对称三相电动势。

每相电动势的正方向规定为从每相绕组的末端指向始端。若以 A 相电动势作为参考相量（初相位等于零），则对称三相电动势的瞬时表达式为

$$e_A = E_m \sin\omega t$$

$$e_B = E_m \sin(\omega t - 120°)$$

$$e_C = E_m \sin(\omega t + 120°)$$

三相电动势用相量表示为

$$\dot{E}_A = Ee^{j0} = E$$

$$\dot{E}_B = Ee^{-j120} = E(\cos120 - j\sin120)$$

$$\dot{E}_C = Ee^{j120} = E(\cos120 + j\sin120)$$

三相电动势的波形图及相量图如图4-17所示。

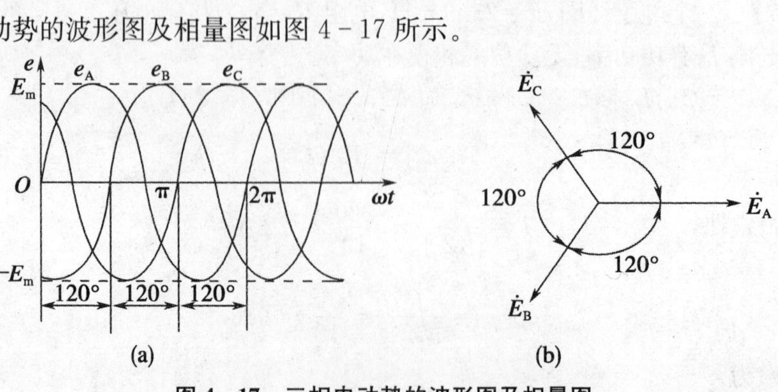

(a) (b)

图4-17 三相电动势的波形图及相量图

三相电动势依次达到正的最大值的先后顺序称为相序。图 4－18 中三相电动势的相序为 $A \rightarrow B \rightarrow C$。从图 4－18 中还可知,三相电动势的瞬时值之和或相量和都等于零,即

$$e_A + e_B + e_C = 0$$

$$\overset{g}{E}_A + \overset{g}{E}_B + \overset{g}{E}_C = 0$$

1) 三相电源的星形联结

如果把三相绕组的三个末端 X、Y、Z 接在一起形成一个公共点,称为中性点或零点,用 N 表示,而把三相绕组的三个始端引出,或将中性点和三个始端一起引出向外供电,这种联结方法称为星形联结,如图 4－18(a)所示。

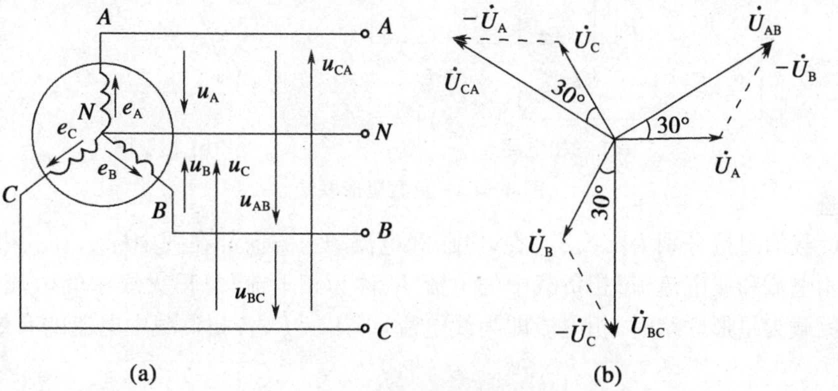

图 4－18　三相电源的星形联结

三相电源星形联结时,线电压相量与相电压相量之间的关系可利用克希荷夫电压定律分析运算得到:

$$\dot{U}_{AB} = \dot{U}_A - \dot{U}_B = 3\,\dot{U}_A e^{j30}$$

$$\dot{U}_{BC} = \dot{U}_B - \dot{U}_C = 3\,\dot{U}_B e^{j30}$$

$$\dot{U}_{CA} = \dot{U}_C - \dot{U}_A = 3\,\dot{U}_C e^{j30}$$

由上述公式可见,在数值上线电压是相电压的 $\sqrt{3}$ 倍($U_L = \sqrt{3}U_P$),在相位上线电压比对应的相电压超前 30°。由于相电压是三相对称电压,所以线电压也是对称电压。星形联结时,三相电源的相电压与线电压的相量图如图 4－18(b)所示。

2) 三相电源的三角形联结

三相绕组也可以按顺序将始端与末端依次联结,组成一个闭合三角形,由三个联结端点向外引出三条导线供电,这种接法称为三角形联结。三相电源三角形联结时,线电压等于相应的相电压,电源只能提供一种电压。

4.3.2　三相负载的联结与计算

负载接到三相电路中必须注意负载的类型和工作额定电压值,根据其额定工作电压接上三相电源的相电压或者线电压。有的负载为单相负载,只需单相交流电源,例如白炽灯、单相异步电动机等。一般家用电器均使用 220 V 的单相交流电源,由三相四线制电源的相

电压供电。有的负载本身就是三相负载，例如三相异步电动机等，一般工作额定电压为 380 V，必须接上三相电源的线电压才能工作。

1）负载星形联结的三相电路

负载星形联结的三相电路如图 4－19(a)所示，由三相四线制电源供电。

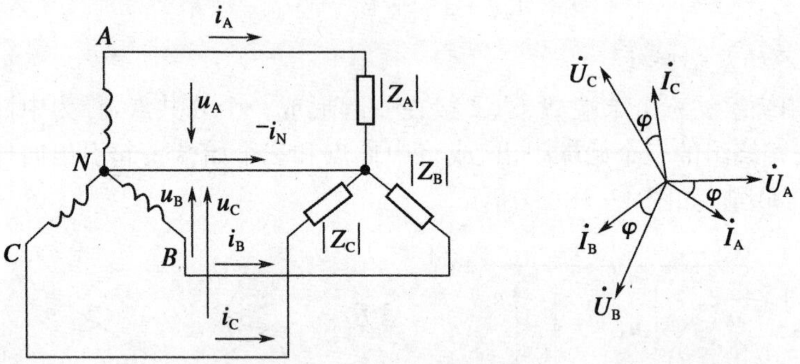

(a) 三相电路　　(b) 相量图

图 4－19　负载星形联结

三相负载的阻抗分别为 Z_A、Z_B、Z_C，电压和电流的正方向都在图中标示。三相电路中的电流分为相电流和线电流，每相负载中的电流 I_P 称为相电流，每根火线中的电流 I_l 称为线电流。在负载为星形联结时，相电流即为线电流，即 $I_P = I_l$，各相负载中电流的有效值为

$$I_A = \frac{U_A}{|Z_A|},\ I_B = \frac{U_B}{|Z_B|},\ I_C = \frac{U_C}{|Z_C|} \tag{4-28}$$

各相负载中相电流与相电压的相位差为

$$\varphi_A = \arctan\frac{X_A}{R_A}, \varphi_B = \arctan\frac{X_B}{R_B}, \varphi_C = \arctan\frac{X_C}{R_C}$$

根据克希荷夫电流定律，中线内的电流为

$$i_N = i_A + i_B + i_C \tag{4-29}$$

如果三相负载是对称的，即 $X_A = X_B = X_C = X$，$R_A = R_B = R_C = R$，则三相负载的各相电流大小相等，相电流与相电压之间的相位差也相等，三个电流的相量和为零，如图 4－19(b)所示，所以中线内的电流为零，可分别表示为

$$I_A = I_B = I_C = I_P = \frac{U_P}{|Z|}$$

$$\varphi_A = \varphi_B = \varphi_C = \varphi = \arctan\frac{X}{R}$$

$$\dot{I}_N = \dot{I}_A + \dot{I}_B + \dot{I}_C = 0$$

在三相负载对称的情况下，既然中线中没有电流通过，那么可以省去中线，形成没有中线的三相电路，称为三相三线制电路。

【例 4－8】　有一台三相异步电动机的绕组星形联结，由线电压 U_l 为 380 V 的对称三相 50 Hz 交流电源供电，若电动机在额定功率运行时每相绕组的电阻 R 为 6 Ω，感性电抗 X_L 为

8 Ω,求在额定功率运行时电动机的相电流和线电流。

【解】 计算相电压 U_P

$$U_P = \frac{U_l}{\sqrt{3}} = \frac{380}{\sqrt{3}} = 220\ \text{V}$$

每相负载阻抗为

$$|Z| = \sqrt{R^2 + X_L{}^2} = \sqrt{6^2 + 8^2} = 10\ \Omega$$

星形联结线电流与相电流相等,为

$$I_l = I_P = \frac{U_P}{|Z|} = \frac{220}{10} = 22\ \text{A}$$

2) 负载三角形联结的三相电路

负载三角形联结的三相电路如图 4-20(a)所示,各相负载阻抗分别为 Z_{AB}、Z_{BC}、Z_{CA}。三相负载直接接在电源的线电压上,所以负载的相电压等于电源的线电压,即 $U_P = U_l$,负载的相电压也是对称的,其电压和电流正方向已在图中标示。

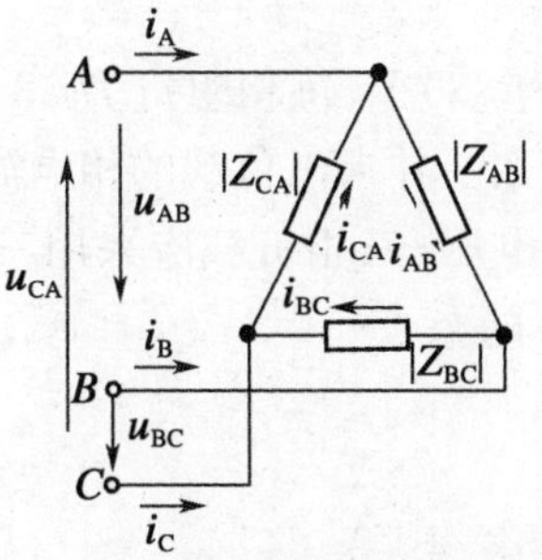

(a) 三相电路

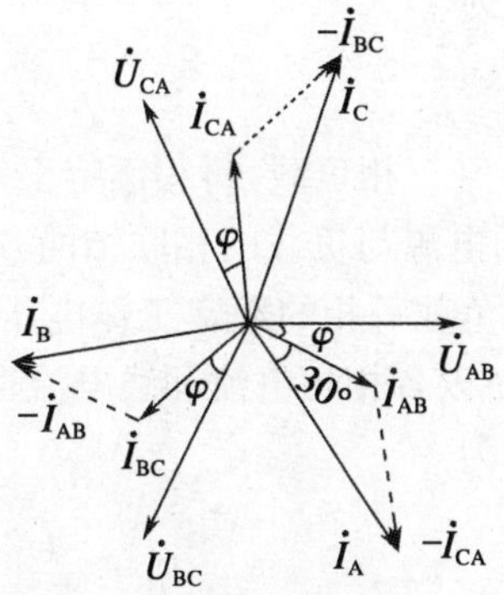

(b) 相量图

图 4-20 负载三角形联结

各相负载的相电流有效值为

$$I_{AB} = \frac{U_{AB}}{|Z_{AB}|},\ I_{BC} = \frac{U_{BC}}{|Z_{BC}|},\ I_{CA} = \frac{U_{CA}}{|Z_{CA}|} \tag{4-30}$$

如果 X_{AB}、X_{BC}、X_{CA}分别为三相负载的电抗值,R_{AB}、R_{BC}、R_{CA}分别为三相负载的电阻值,则各相负载中相电流与相电压的相位差为

$$\varphi_{AB} = \arctan\frac{X_{AB}}{R_{AB}},\ \varphi_{BC} = \arctan\frac{X_{BC}}{R_{BC}},\ \varphi_{CA} = \arctan\frac{X_{CA}}{R_{CA}}$$

根据克希荷夫电流定律,三角形联结的三相电路中,端线的线电流 I_A、I_B、I_C 与相电流 I_{AB}、I_{BC}、I_{CA}的相量关系为

$$\dot{I}_A = \dot{I}_{AB} - \dot{I}_{CA}$$

$$\dot{I}_B = \dot{I}_{BC} - \dot{I}_{AB}$$

$$\dot{I}_C = \dot{I}_{CA} - \dot{I}_{BC}$$

当三相负载对称时，其阻抗和相电流与相电压的相位差是相等的，即

$$|Z_{AB}|=|Z_{BC}|=|Z_{CA}|=|Z|=\sqrt{R^2+X^2}$$

$$\varphi_A=\varphi_B=\varphi_C=\varphi=\arctan\frac{X}{R}$$

又因为三相线电压对称相等，所以三相负载的相电流也对称相等，即

$$I_{AB}=I_{BC}=I_{CA}=I_P=\frac{U_P}{|Z|} \tag{4-31}$$

三相对称负载作三角形联结时，各电流、电压相量图如图 4－20(b)所示。根据相量图可以求得线电流 I_A 和相电流 I_{AB} 的关系，即

$$\frac{1}{2}I_A=I_{AB}\cos30^\circ=\frac{\sqrt{3}}{2}I_{AB}$$

$$I_A=\sqrt{3}I_{AB}$$

或用一般表达式为

$$I_l=\sqrt{3}I_P$$

【例 4－9】 某三相负载，每相额定工作电压为 380 V，每相阻抗为 38 Ω，三相电源的线电压为 380 V，问电源与负载的相联结的方法是什么？并求出负载的相电流和线电流。

【解】 根据负载每相的额定工作电压和电源电压，三相负载应采用三角形联结。由于负载是对称的，所以各相相电流和线电流也是对称的。

负载相电流为

$$I_P=\frac{U_P}{|Z|}=\frac{380}{38}=10\ \text{A}$$

负载线电流为

$$I_l=\sqrt{3}I_P=\sqrt{3}\times10=17.32\ \text{A}$$

4.3.3 三相电路的功率

在三相交流电路中，不论负载是星形联结还是三角形联结，三相负载所消耗的总有功功率 P 为各相负载消耗的有功功率之和，即

$$P=P_A+P_B+P_C=U_AI_A\cos\varphi_A+U_BI_B\cos\varphi_B+U_CI_C\cos\varphi_C \tag{4-32}$$

在三相对称电路中，各相的相电压、相电流和相功率因数都相等，因此各相功率也相等，三相总有功功率为

$$P=3U_PI_P\cos\varphi \tag{4-33}$$

通常对称三相负载铭牌上所标出的是额定线电压和线电流。

同理可以推导出三相电路中的总无功功率为各相负载的无功功率之和，即

$$Q=Q_A+Q_B+Q_C=U_AI_A\sin\varphi_A+U_BI_B\sin\varphi_B+U_CI_C\sin\varphi_C \tag{4-34}$$

三相对称电路的总无功功率为

$$Q = 3U_P I_P \sin\varphi = \sqrt{3} U_l I_l \sin\varphi \tag{4-35}$$

总视在功率为

$$S = 3U_P I_P = \sqrt{3} U_l I_l \tag{4-36}$$

三种功率之间的关系为

$$P = S\cos\varphi$$

$$Q = S\sin\varphi$$

$$S = \sqrt{P^2 + Q^2}$$

【例 4-10】 三相交流电源星形联结，线电压 $U_l = 380\ \text{V}$，有一个对称三相负载，各相电阻 $R = 6\ \Omega$，感抗 $X_L = 8\ \Omega$，试求负载作星形联结和三角形联结时的线电流 I_l、相电流 I_P 和三相有功功率 P_Y、$P_\triangle$，并作比较。

【解】 (1) 对称负载星形联结时 $|Z| = 10\ \Omega$

$$\varphi = \arctan\frac{X_L}{R} = \arctan\frac{8}{6} \approx 53.1^\circ$$

$$I_l = I_P = \frac{U_P}{|Z|} \approx 22\ \text{A}$$

$$P_Y = 8.38\ \text{kW}$$

(2) 对称负载三角形联结时

$$I_P = \frac{U_P}{|Z|} = \frac{380}{10} = 38\ \text{A}$$

$$I_l = \sqrt{3} I_P = 65.8\ \text{A}$$

$$P_\triangle = \sqrt{3} U_l I_l \cos\varphi = 26\ \text{kW}$$

(3) 分析比较

在同一电源电压下，同一负载作三角形联结时线电流是星形联结时的 3 倍；三角形联结时相电压是星形联结时的$\sqrt{3}$倍；三角形联结时有功功率是星形联结时的 3 倍。

4.4 变压器

4.4.1 单相变压器

1) 变压器的结构

变压器的电磁感应部分包括电路和磁路两部分。电路又有一次电路与二次电路之分。各种变压器由于工作要求、用途和型式不同，外形结构不尽相同，但是它们的基本结构都是由铁心和绕组组成的。

铁心是磁通的通路，它是用导磁性能好的硅钢片冲剪成一定的尺寸，并在两面涂以绝缘漆后按一定规则叠装而成。

变压器的铁心结构可分为心式和壳式两种，如图 4－21 所示。心式变压器绕组安装在铁心的边柱上，制造工艺比较简单，一般大功率的变压器均采用此种结构。壳式变压器的绕组安装在铁心的中柱上，线圈被铁心包围着，所以它不需要专门的变压器外壳，只有小功率变压器采用此种结构。

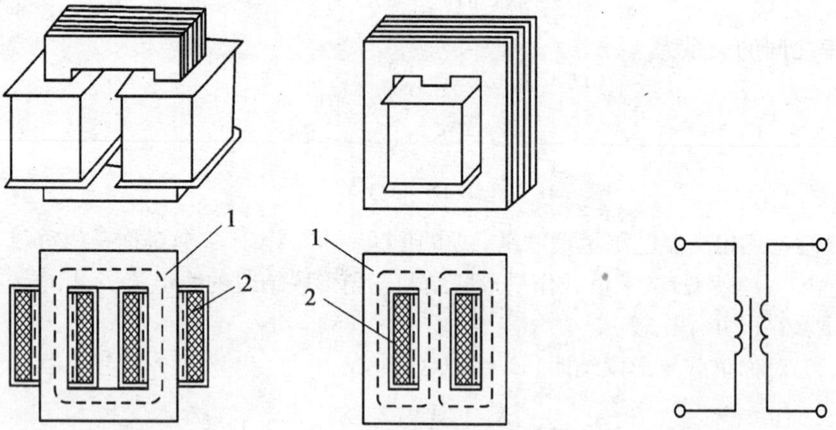

(a) 心式变压器　(b) 壳式变压器　(c) 单相变压器的符号

图 4－21　心式和壳式变压器

1—铁心；2—线圈

绕组是电流的通路。小功率变压器的绕组一般用高强度漆包线绕制，大功率变压器的绕组可以采用有绝缘的扁形铜线或铝线绕制。绕组分为高压绕组和低压绕组。高压绕组匝数多，导线细；低压绕组匝数少，导线粗。

2）变压器的工作原理

单相变压器有两个绕组，其中一个绕组接交流电源，叫做一次绕组（又叫原绕组、初级绕组），匝数为 N_1；另一个绕组接负载，叫做二次绕组（又叫副绕组、次级绕组），匝数为 N_2。若将变压器的一次绕组接交流电源，二次绕组开路不接负载，这种运行方式叫做变压器的空载运行，如图 4－22 所示。当变压器的一次绕组接交流电源，二次绕组两端接上负载时，称为变压器的负载运行，如图 4－23 所示。

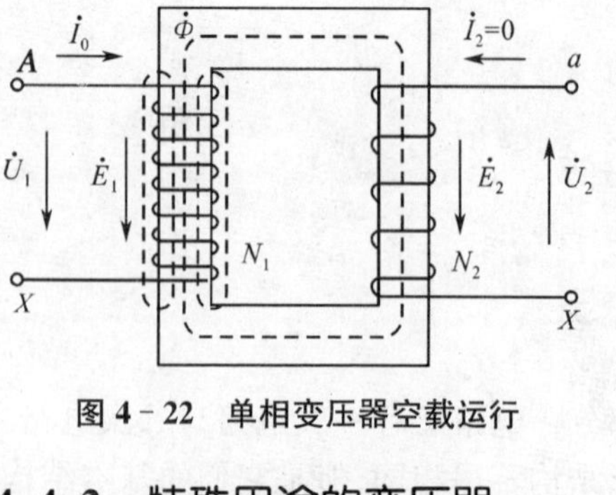

图 4－22　单相变压器空载运行

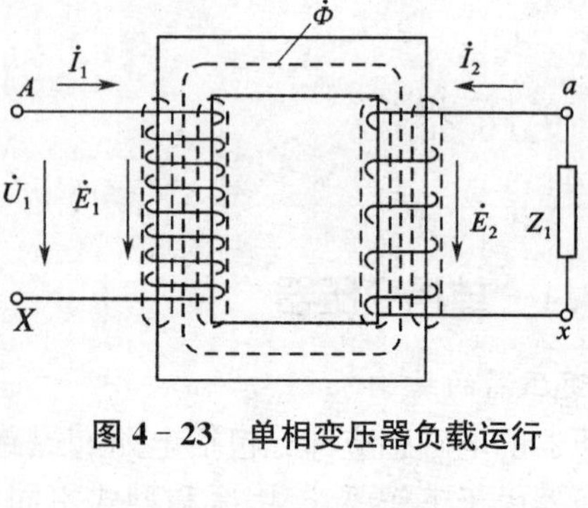

图 4－23　单相变压器负载运行

4.4.2　特殊用途的变压器

互感器是电力系统中供测量和保护用的设备。在测量高电压、大电流时，使测量仪表和测量人员与其隔离，以保证人员与仪表的安全，并且扩大测量仪表的量程范围。它们也是利用电磁感应原理工作的，可分为电压互感器和电流互感器两种类型。

1）电压互感器

电压互感器相当于一台降压变压器，将高压线路的电压转换为低电压进行测量或作为控制信号。其测量原理和接线图如图4-24所示。由于电压互感器二次侧的负载通常是高阻抗的电压表或继电器的电压线圈，因此电流很小，接近空载状态，即电压互感器的工作情况相当于变压器的空载运行。

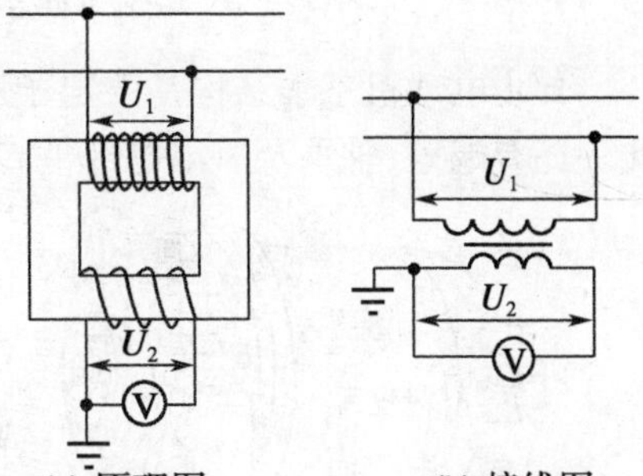

(a) 原理图　(b) 接线图

图4-24　电压互感器测量高电压

电压互感器一、二次侧电压的关系为

$$KU = U_1/U_2 = N_1/N_2 \tag{4-37}$$

2）电流互感器

电流互感器又称为变流器。在测量高电压线路的电流时，为了测量人员的安全，要使用电流互感器将电流表与高电压隔离开。在测量大电流时，使用电流互感器将大电流变为小电流后进行测量或保护。

图4-25为电流互感器的测量原理和接线图。

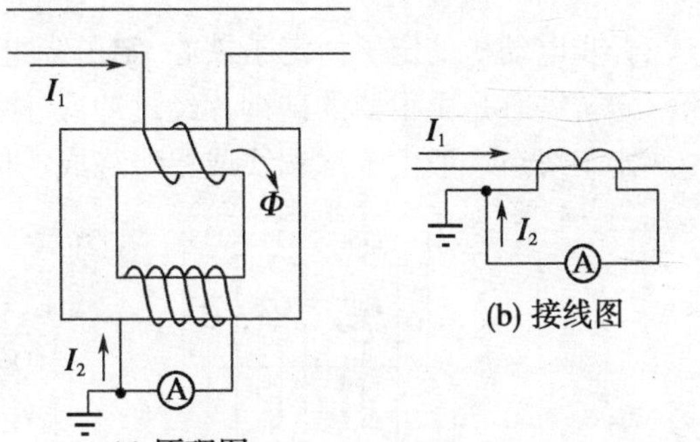

(a) 原理图　(b) 接线图

图4-25　电流互感器

电流互感器一、二次侧电流的关系为

$$K_i = I_1/I_2 = N_2/N_1 \tag{4-38}$$

3）电焊变压器

在建筑施工中，钢筋、钢梁、钢管的连接等经常需要进行焊接加工，如电弧焊、点焊、缝焊和对焊，通常以电弧焊为主。

电弧焊接的电源设备有两类，即直流电焊机和交流电焊机。应根据被焊工件的材质、板厚、接头形式和综合经济指标选择合适的焊接方法及相应的焊机。

交流电焊机主要由一个电焊变压器和一个可变电抗器组成，如图4-26所示。

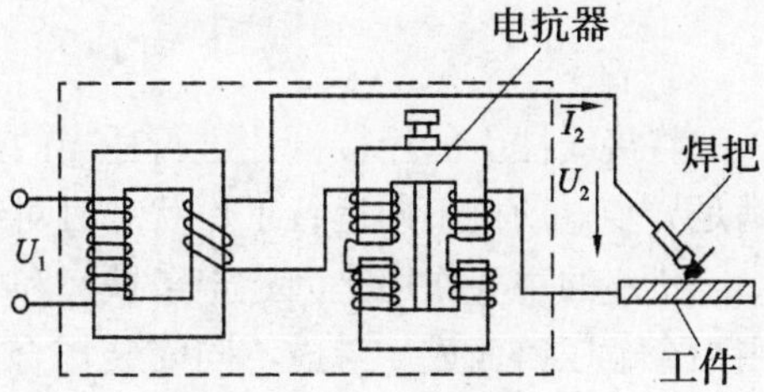

图4-26　交流电焊机

4.5　三相异步电动机

电动机是根据电磁感应原理，将电能转换为机械能的机器，通常又称为马达。

电动机的种类很多，可分为直流电动机和交流电动机两大类。

直流电动机虽然具有调速性能好和启动转矩大等特点，但由于直流电源不易获得，所以直流电动机除在一些特殊要求的场合中使用外，应用不太广泛。

交流电动机又可分为同步电动机和异步电动机。

4.5.1 三相异步电动机的结构

异步电动机基本结构是由定子和转子两部分组成。定子和转子之间留有一定的气隙，此外还有端盖、轴承及风扇等部件，其外形和结构如图 4-27 所示。

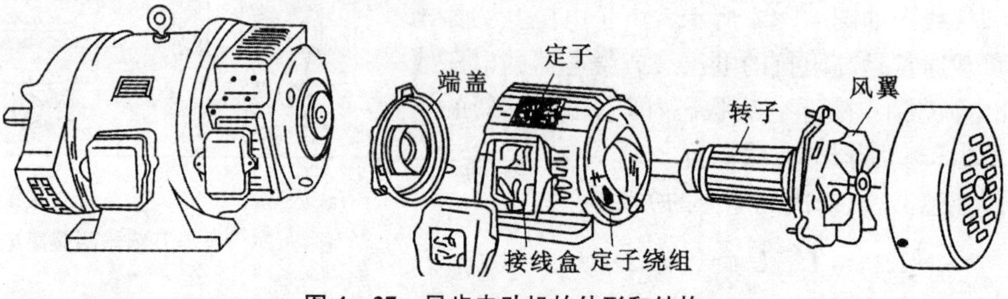

图 4-27 异步电动机的外形和结构

1）定子

异步电动机的定子由定子铁心、定子绕组和机座三部分组成。

定子铁心是由很薄的硅钢片经过冲剪、涂绝缘漆后叠压而成。

定子绕组一般由绝缘铜线或铝线绕成。接线柱的布置如图 4-28 所示。

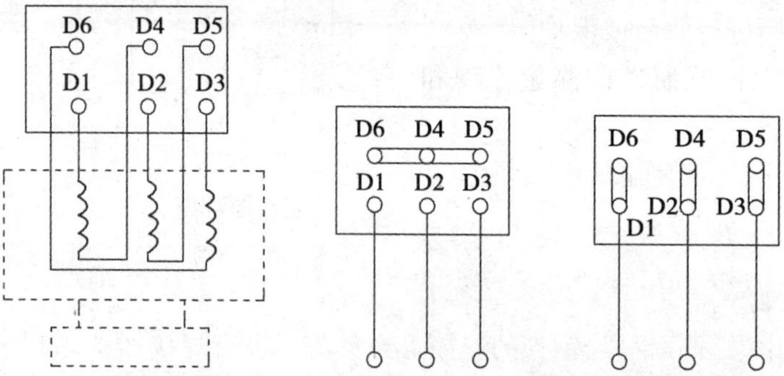

(a) 接线柱的布置 (b) 星形连接 (c) 三角形连接

图 4-28 定子绕组的布置与连接

将接线柱上的连接铜片进行适当的连接，就可以使三相定子绕组接成星形或三角形，以满足异步电动机不同运行工作状态时对绕组不同接法的要求。

机座的主要作用是固定定子铁心和端盖。中、小型机座采用铸铁制成；小型机座也有的用铝合金压铸而成。考虑不同安装场合的要求，机座的基本安装结构形式有机座带底脚或不带底脚，端盖有凸缘或无凸缘等形式，分别适合于卧式或立式安装。

2）转子

异步电动机的转子由转子铁心、转子绕组和转轴组成。转子铁心也是由很薄的硅钢片叠合而成，在外圆表面上有许多均匀分布的槽，槽内放置转子绕组。转子绕组分为鼠笼式和绕线式两种。

（1）鼠笼式转子

在转子铁心槽内都有裸铜（或铝）导条，在伸出铁心两端的槽口处用两个端环把所有导条都连接起来，使所有铜（或铝）导条短路（故端环又称短路环），由此构成了鼠笼式转子绕组。如果去掉铁心，整个绕组的形状就像一个“鼠笼”，如图 4-29 所示。

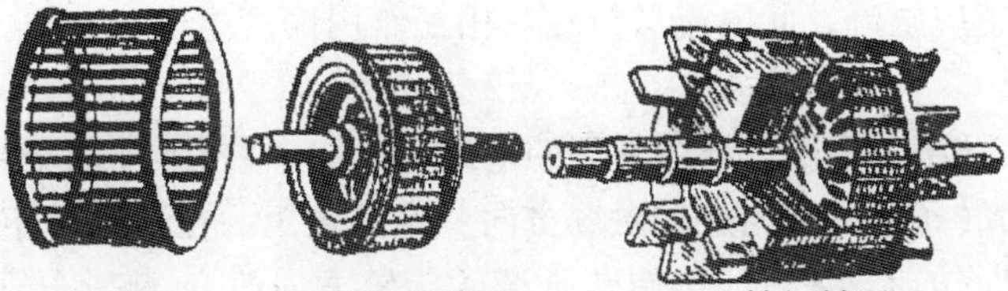

(a) 鼠笼　(b) 鼠笼式转子　(c) 铸铝转子

图 4-29　鼠笼式转子

(2) 绕线式转子

绕线式转子与鼠笼式转子相似，但是它用绝缘导线放置在转子铁心的槽内，接成三相对称绕组，通常把该三相绕组的末端连接在一起，首端的引线分别接到转轴上的三个互相绝缘的铜环(称为集电环、滑环)上，再通过电刷把电流引出，与外接的变阻器接通，以便对电动机进行启动或调速，如图 4-30 所示。

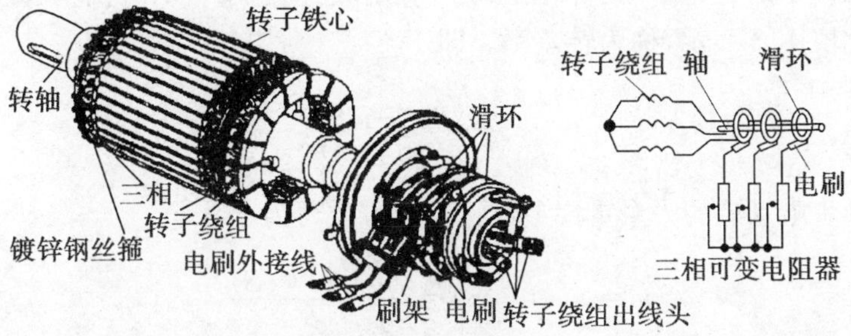

图 4-30　绕线式转子

4.5.2　三相异步电动机的工作原理

1) *旋转磁场*

三相异步电动机定子具有对称分布的三相定子绕组，接入三相交流电后产生旋转磁场，旋转磁场的转速与电源的频率 f、三相绕组的极数 $2p$ 有关，对于 p 对极的三相绕组，旋转磁场的转速为

$$n_1 = 60f/p$$

旋转磁场的旋转转向与通入三相绕组电源的相序有关。

若通入三相绕组电流的相序为 $A \to B \to C \to A$，即 i_a 超前于 i_b 120°，i_b 超前于 i_c 120°，i_c 超前于 i_a 120°，旋转磁场的旋转转向为顺时针；若将三相电流连接的三根导线中的任意两根的线端对调位置，绕组电流的相序变成 $A \to C \to B \to A$，旋转磁场将按逆时针方向旋转。

2) *转子转动原理*

(1) 转子的转动

当三相异步电动机的定子中通入三相交流电流后产生了旋转磁场。设旋转磁场以 n_1 速度沿顺时针方向转动，这时静止的转子与旋转磁场之间有了相对运动，转子绕组的导体切割磁力线产生感应电动势。感应电动势的方向可用右手定则来确定，如图 4-31 所示。

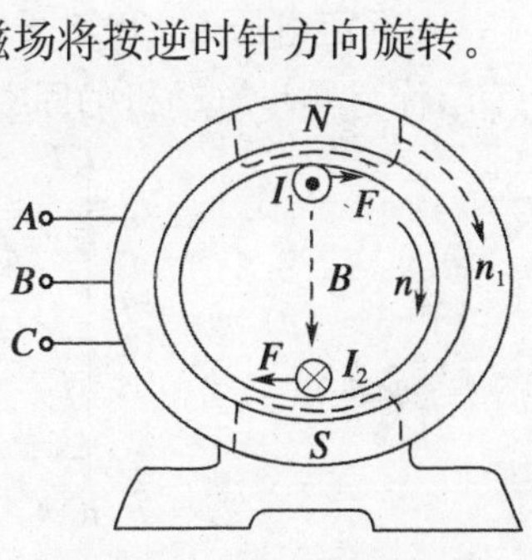

图 4-31　转子转动原理

由于转子导体是个闭合回路，因此在感应电动势的作用

下转子绕组中形成感应电流。此电流又与磁场相互作用而产生电磁力 F。力的方向可由左手定则来确定。

在图 4-31 中,转子上半部分导体受到的电磁力方向向右,下半部分导体受到的电磁力方向向左,这个力对转子轴形成与旋转磁场方向一致的转矩。在这个转矩的驱动作用下,转子顺着旋转磁场方向转动起来。如果旋转磁场的旋转方向改变,那么转子的旋转方向也随之改变。这个转矩称为电磁转矩或电磁力矩。

(2) 转子的转速

转子转动的转速 n 与定子绕组产生旋转磁场的转速 n_1 方向一致,但是在数值上,转子转速 n 不可能升至旋转磁场的转速 n_1。

异步电动机转子的转速永远不会等于旋转磁场的转速 n_1,所以这种电动机称为异步电动机。旋转磁场的转速也称为同步转速。

异步电动机转子的转速和同步转速总是存在着转速差(n_1-n),亦称转差。通常将转差与同步转速的比值用 S 表示,称为转差率。即

$$S=\frac{n_1-n}{n_1} \tag{4-39}$$

转差率是异步电动机的一个重要参数。上式可改写为

$$n=n_1(1-S)=\frac{60f(1-S)}{p} \tag{4-40}$$

【例 4-11】 有一台四极异步电动机,其额定转速为 $n=1\,450$ r/min,电源频率为 50 Hz。求该电动机的转差率。

【解】 同步转速为

$$n_1=\frac{60f}{p}=\frac{60\times 50}{2}=1\,500\ \text{r/min}$$

转差率为

$$S=\frac{n_1-n}{n_1}=\frac{1\,500-1\,450}{1\,500}\approx 0.033$$

4.5.3 三相异步电动机的机械特性

1) 固有机械特性

在额定电压 U_1 和转子绕组内电阻 R_2 下,电动机的电磁转矩与转速的关系曲线 $n=f(T)$ 称为异步电动机的固有机械特性曲线,如图 4-32 所示。

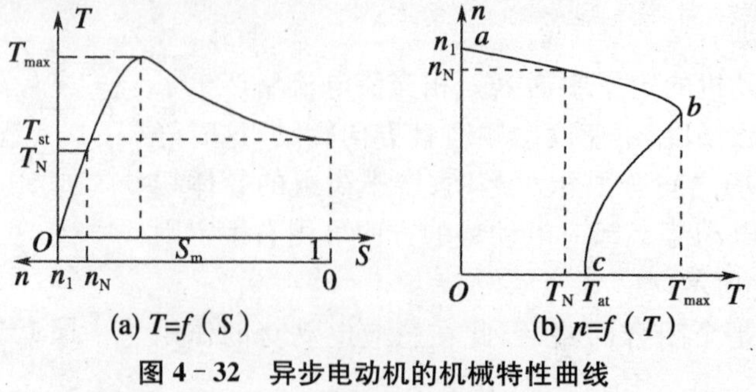

图 4-32 异步电动机的机械特性曲线

(1) 额定转矩 T_N

异步电动机在额定功率时的输出转矩称为额定转矩。额定转矩是电动机在额定功率时的输出转矩,可以从电动机的铭牌上查得额定功率 P_2N 和额定转速 nN,由下式求得:

$$T_N = 9\,550 P_2 N / nN \tag{4-41}$$

(2) 最大转矩 T_{max}

机械特性曲线上,电动机输出转矩的最大值称为最大转矩或临界转矩。其对应的转速为 nm,称为临界转速。最大转矩反映了电动机短时容许过载能力,通常以过载系数 λ 表示。

$$\lambda = \frac{T_{max}}{T_N}$$

一般三相异步电动机的过载系数为 1.8～2.2。

(3) 启动转矩 T_{st}

电动机在刚接通电源启动时(转速 $n=0$,转差率 $S=1$)的转矩称为启动转矩。

2) 人为机械特性

(1) 改变电源电压 U_1 的人为机械特性曲线如图 4-33 所示。

(2) 转子串电阻的人为机械特性曲线如图 4-34 所示。

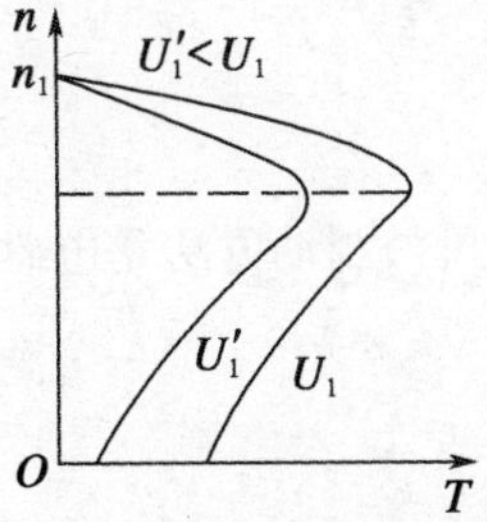

图 4-33 对应于不同电源电压 U_1 的 $n=f(T)$ 曲线(R_2=常数)

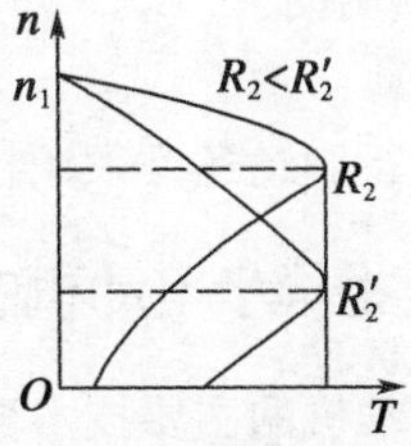

图 4-34 对应于不同转子电阻 R_2 的 $n=f(T)$ 曲线(U_1=常数)

4.5.4 三相异步电动机的启动、反转、调速和制动

1) 异步电动机的启动

异步电动机的启动是指电动机接通交流电源,使电动机的转子由静止状态开始转动,一直加速到额定转速,进入稳定状态运转的过程。

一般电动机容量小于供电变压器容量的 7%～10%时才允许直接启动,否则应采取降压启动或绕线式电动机转子串联电阻启动等方法。降压启动即在启动时降低加在电动机定子绕组上的电压,以减小启动电流。鼠笼式电动机的降压启动常用自耦降压启动和星形-三角形换接启动方法。

2) 异步电动机的反转

异步电动机转子的旋转方向是与旋转磁场一致的。如果要改变转子的旋转方向,使异步电动机反转,只要将接到电动机上的三根电源线中的任意两根对调就可以了。

3) 异步电动机的调速

调速是指电动机在负载不变的情况下,用人为方法改变它的转速,以满足生产过程的要求。由式 $n=60\ f/p(1-S)$ 可知异步电动机有以下三种调速方法：

(1) 变极调速

可以改变磁极对数的异步电动机称为多速电动机。我国定型生产的变极式多速异步电动机有双速、三速、四速三种类型，其转速可逐级变换。

(2) 变频调速

变频调速必须采用专用的变频调速装置。

(3) 变转差率调速

绕线式异步电动机的调速是通过调节串接在转子电路的调速电阻来进行的。这种调速方法的优点是设备简单、投资少，但能量损耗较大，广泛应用于起重运输机械设备等方面。

4) 异步电动机的制动

有些机械完成某项工作后需要立即停止运动或反转，但电动机及其所带的负载具有惯性，虽然电源已经切断，电动机的转动部分还会继续转动一定时间后才能停止。这就需要对电动机进行制动，使其立即停止下来。

异步电动机的制动方法有以下几种：

(1) 电气制动

① 反接制动。

② 能耗制动。

③ 发电反馈制动。

(2) 机械制动

对电动机进行制动还可采用机械制动法，最常用的机械制动方法是电磁抱闸制动。

4.5.5 三相异步电动机的技术数据

三相异步电动机的主要技术数据一般包括以下内容：

1) 型号(如图 4-35)

系列代号：Y 系列是小型鼠笼式三相异步电动机；JR 系列是小型转子绕线式三相异步电动机。

机座长度代号：L—长机座；M—中机座；S—短机座。

例如：Y132S2-2 电动机。“Y”表示 Y 系列电动机；“132”表示机座中心高度为 132 mm；“S2”表示短机座中的第二种铁心；最后的“2”表示磁极数为 2 极电动机。

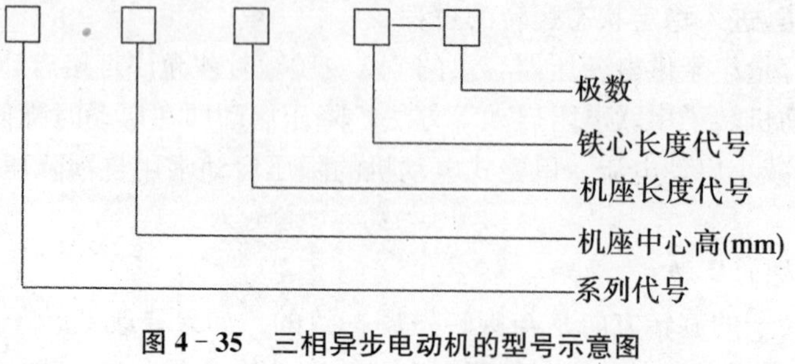

图 4-35 三相异步电动机的型号示意图

2) 额定功率

铭牌上所标的功率是指电动机在额定运行时轴上输出的机械功率，单位为“千瓦

(kW)”。

3）额定电压和接线方法

额定电压是指电动机定子绕组按铭牌上规定的接线方法时应加在定子绕组上的额定电压值。额定功率 4 kW 及以上者定子绕组为△接法，其额定电压一般为 380 V。

4）额定电流

额定电流是指电动机在额定运行时的线电流，单位为“安(A)”。

5）额定频率

额定频率是指电动机所接三相交流电源的规定频率，单位为“赫(Hz)”。我国电网频率规定为 50 Hz，所以国产电动机额定频率都是 50 Hz。

6）额定转速

额定转速是指电动机额定运行时转子的转速，即在电压与频率为额定值，输出功率达到额定值时的转速，单位为“转/分钟(r/min)”。

7）绝缘等级

绝缘等级是指定子绕组所用的绝缘材料的耐热等级。电动机在运行过程中所容许的最高温升与电动机所用绝缘材料有关。

8）工作方式

铭牌上的工作方式是指电动机允许的运行方式。根据发热条件，通常有连续工作、短时工作和断续工作三种方式。连续工作指允许在额定运行下长期连续工作；短时工作指电动机只允许在规定时间内按额定功率运行，待冷却后再启动工作；断续工作是指电动机允许频繁启动、重复短时工作的运行方式。

复习思考题

1. 电路主要由哪几部分组成？

2. 已知正弦电压 $u=60\sin(100t+30^\circ)$ V，试求：(1) 幅值，有效值，角频率，频率，周期和初相角；(2) $t=0$ 时的电压值，$u=0$ 时的最小时间。

3. 三相交流电源由哪些部分组成？

4. 简述变压器的工作原理。

5. 简述三相异步电动机的分类及结构。

下篇　实践部分

5　室内给排水工程及水灭火系统施工图预算的编制

教学要求： 通过本章的学习，应当了解室内给水、排水系统；能够识读建筑给排水施工图；了解室内给排水工程工程量计算及定额的应用。

5.1　室内给水系统的分类

5.1.1　室内给水系统的分类和组成

1) 室内给水系统的分类

(1) 生活给水系统

主要供家庭、机关、学校、部队、旅馆等居住建筑、公共建筑以及工业企业内部的饮用、烹调、盥洗、洗浴等生活方面需求所设的供水系统。该系统除满足需要的水量和水压之外，其水质必须符合国家规定的饮用水质标准。

(2) 生产给水系统

指工业建筑或公共建筑在生产过程中使用的给水系统，如空调系统中的制冷设备冷却用水以及锅炉用水等。生产用水对水质、水量、水压及可靠性的要求由于工艺不同差别很大。生产给水对水质的要求按生产性质和要求而定。

(3) 消防给水系统

指提供扑救火灾的消防用水系统。根据《建筑设计防火规范》的规定，对于某些层数较多的民用建筑、公共建筑及容易引起火灾的仓库、生产车间等必须设置室内消防给水系统。消防给水对水质无特殊要求，但要保证水量和水压。

2) 室内给水系统的组成

建筑内部给水系统如图 5-1 所示，一般由以下部分组成：

(1) 引入管

引入管又称进户管，是市政给水管网和建筑内部给水管网之间的连接管道。它的作用是从市政给水管网引水至建筑内部给水管网。

(2) 水表节点

水表节点是指引入管上装设的水表及其前后设置的阀门和泄水装置等的总称。见图 5-2。

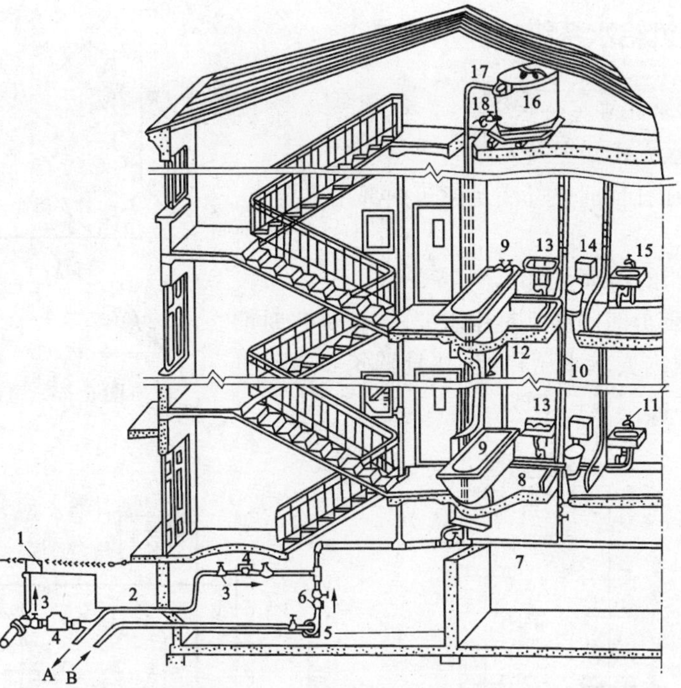

图 5－1　建筑内部给水系统

1—阀门；2—引入管；3—水表；4—连接；5—水泵；6—止回阀；7—水平干管；8—支管；9—浴盆；10—立管；11—水龙头；12—支管；13—洗脸盆；14—大便器；15—洗涤盆；16—水箱；17—进水管；18—出水管

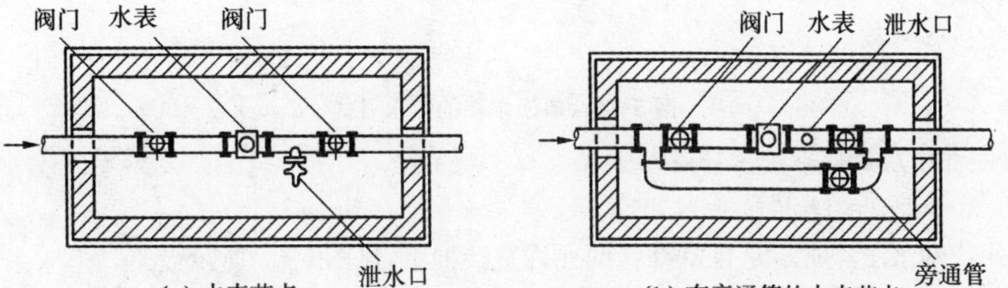

(a) 水表节点　　(b) 有旁通管的水表节点

图 5－2　水表节点

(3) 给水管网

给水管网指建筑内给水水平干管、立管和支管。

(4) 配水装置和附件

即配水龙头、消火栓、喷头与各类阀门(控制阀、减压阀、止回阀等)。

(5) 增压、储水设备

当室外给水管网的水压、水量不能满足建筑给水要求或要求供水压力稳定、确保供水安全可靠时，应根据需要在给水系统中设置水泵、气压给水设备和水池、水箱等增压、储水设备。

(6) 给水局部处理设施

当有些建筑对给水水质要求很高，超出生活饮用水卫生标准或其他原因造成水质不能满足要求时就需设置一些设备、构筑物进行给水深度处理。

5.1.2 建筑给水系统的供水方式

1) 利用外网水压直接给水方式

(1) 简单给水方式

室外管网水压任何时候都满足建筑内部用水要求，见图 5-3 所示。

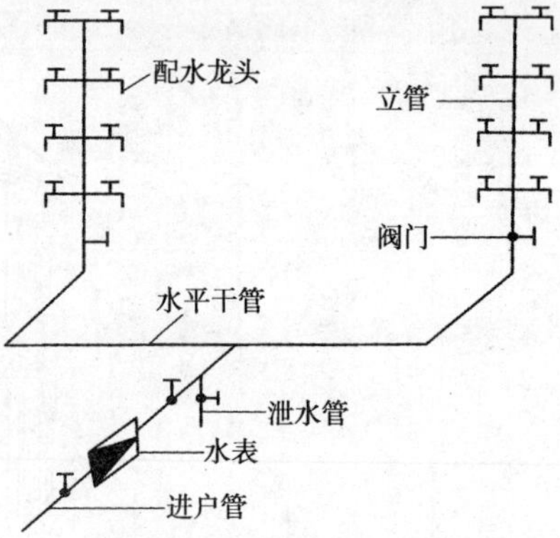

图 5-3 直接给水方式

(2) 单设水箱的给水方式

室外管网大部分时间能满足用水要求,仅高峰时期不能满足,或建筑内要求水压稳定,并且建筑具备设置高位水箱的条件,见图 5-4 所示。

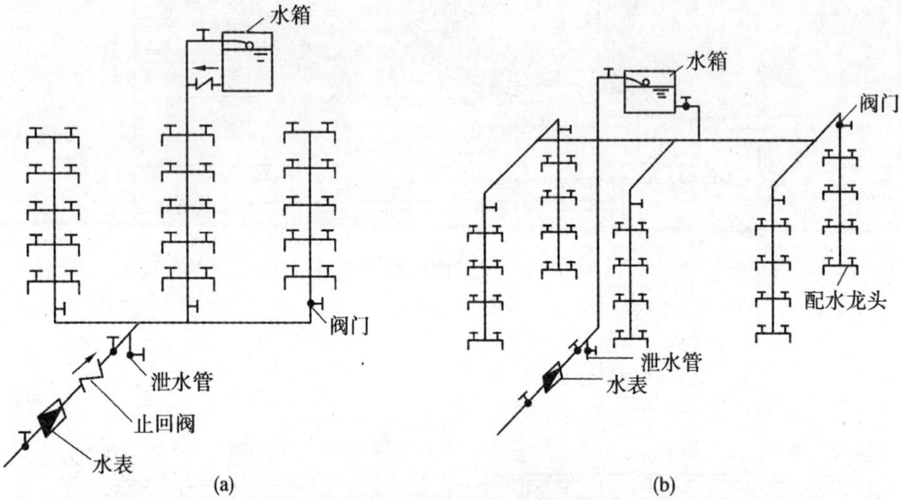

图 5-4 单设水箱的给水方式

2) 设有增压与储水设备的给水方式

(1) 单设水泵的给水方式

室外管网水压经常不足且室外管网允许直接抽水,见图 5-5 所示。

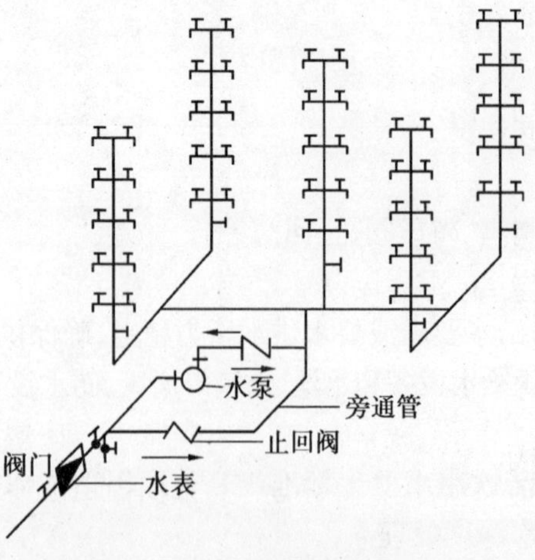

图 5-5 单设水泵的给水方式

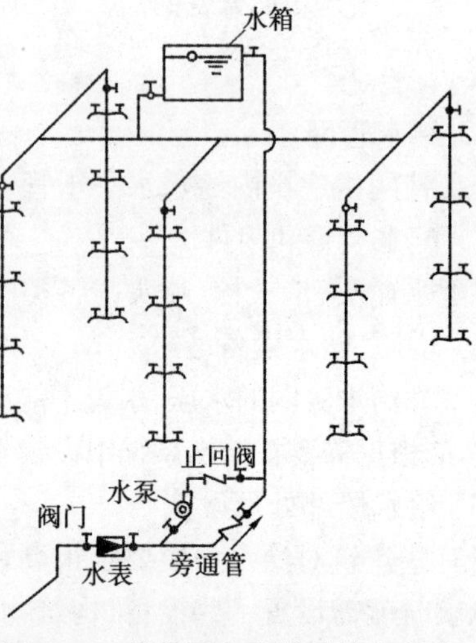

图 5-6 设水泵和水箱的给水方式

(2) 设水泵和水箱的给水方式

室外管网水压经常不足，室内用水不均匀，且室外管网允许直接抽水，见图5-6所示。

(3) 设储水池、水泵和水箱的给水方式

建筑的用水可靠性要求高，室外管网水量、水压经常不足，且室外管网不允许直接抽水；或室内用水量较大，室外管网不能保证建筑的高峰用水；或者室内消防设备要求储备一定容积的水量。见图5-7所示。

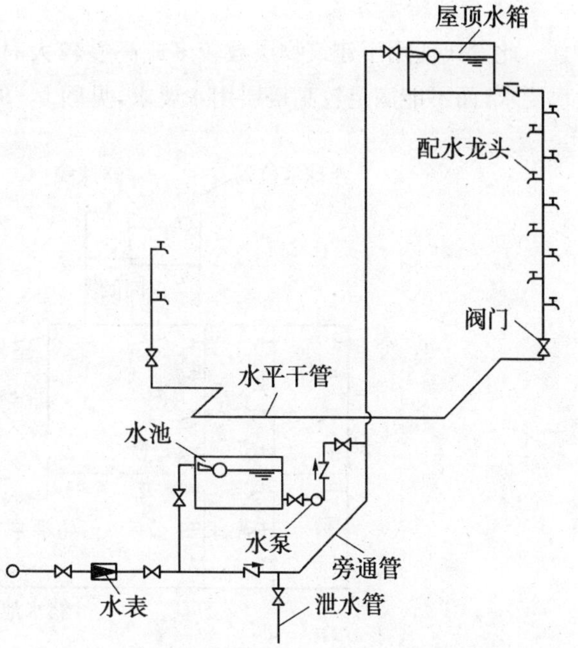

图5-7　设储水池、水泵和水箱的给水方式

(4) 气压给水方式

此方式适用于室外管网压力低于或经常不能满足室内所需水压，室内用水不均匀，且不宜设置高位水箱，见图5-8所示。

(5) 变频调速恒压给水方式

此方式适用于室外管网压力经常不足，建筑内用水量较大且不均匀，要求可靠性高、水压恒定，或者建筑物顶部不宜设置高位水箱。

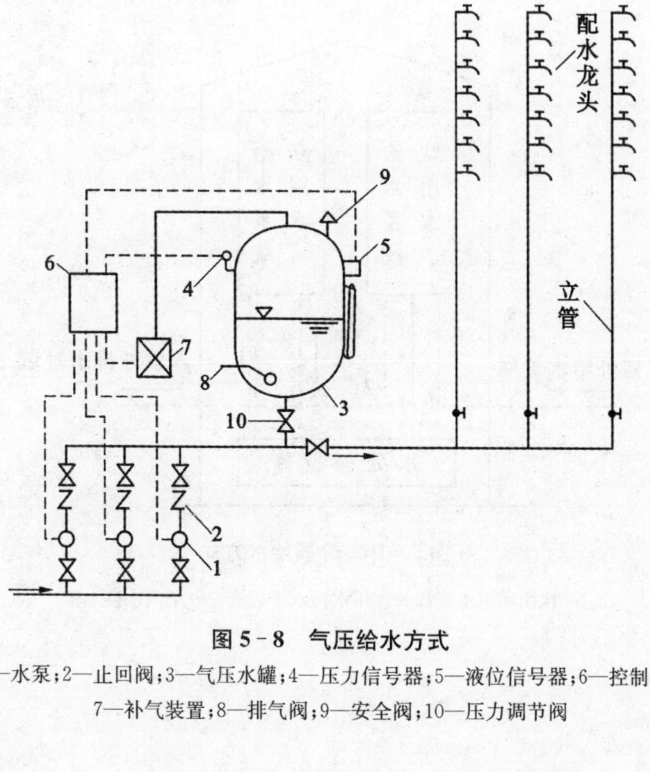

图5-8　气压给水方式

1—水泵；2—止回阀；3—气压水罐；4—压力信号器；5—液位信号器；6—控制器；
7—补气装置；8—排气阀；9—安全阀；10—压力调节阀

3）分区给水方式

此方式适用于建筑物层数较多或高度较大时，室外管网的水压只能满足较低楼层的用水要求，而不能满足较高楼层用水要求，见图 5-9 所示。

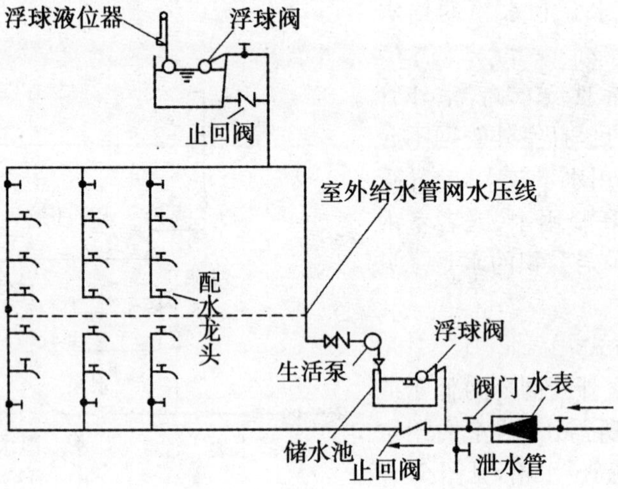

图 5-9　分区给水方式

4）分质给水方式

根据不同用途所需的不同水质，分别设置独立的给水系统，见图 5-10 所示。

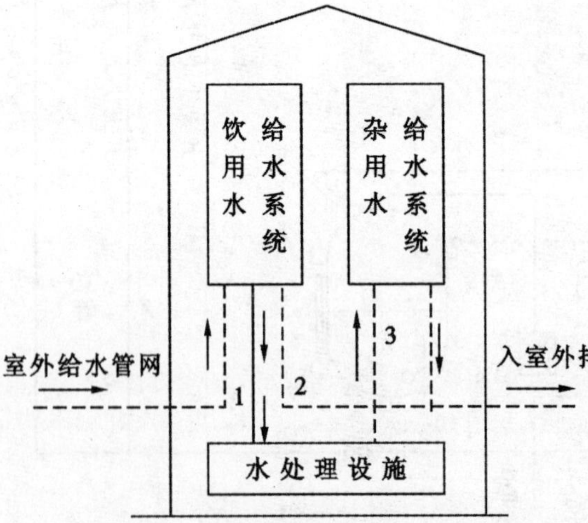

图 5-10　分质给水方式

1—饮用水供水管；2—饮用水污水排放管；3—杂用水供水管

5.2 建筑排水工程

5.2.1 建筑室内排水系统的分类

1) 建筑室内排水系统的分类

(1) 生活排水系统

生活排水系统是指排除人们日常生活中的洗涤、洗浴的生活废水和卫生器具(大、小便器)产生的生活污水的系统。污水中主要含有机物和细菌。生活排水主要有生活废水和生活污水。

(2) 生产排水系统

生产排水系统指排除工业生产过程中产生的生产废水和冷却废水的系统。

生产废水是指在生产过程中被化学杂质污染,水的色味改变,需经技术处理后方可回收排放的水。生产废水的酸、碱度高,含有有毒的氰、酚、铬等化学物质,如醋酸厂、皮革厂排出的废水等。

冷却废水是指使用后只有轻度污染或仅是水温升高,经简单处理即可回收利用或循环利用的工业废水,如冷却废水、洗涤废水等。

(3) 雨水、雪水排水系统

指排除降落在屋面的雨水、雪水排水措施。

(4) 其他排水

从公共厨房排出的含油脂的废水经隔油池处理排入废水管道,冲洗汽车的废水亦需单独收集,局部处理后排放,还有游泳池排水等。

2) 建筑室内排水系统的排水方式

(1) 分流制

上面所述生活污水、工业废水及雨雪水三类污水、废水如分别设置管道系统排出建筑物外,则称为分流制排水系统。分流制的主要特点是水利条件好,有利于污水、废水的处理和利用,但工程造价高,维护费用偏高。

(2) 合流制

若将性质相近的污水、废水管道组合起来合用一套排水系统,称为合流制排水系统。合流制的特点是工程造价低,节省费用,但增加因污水处理需要而进行设备投资的造价及设备运行的工作负荷量。

确定建筑排水系统的分流或合流,应综合考虑其经济技术情况。如污水、废水的性质,建筑物内排水点和排水位置,室内排水管网的情况,市政污水处理的完善程度及综合利用情况等。

雨水排水系统一般应以单独设置为宜,不应与生活污水合流,以避免增加生活污水的处理量,或因降雨量骤增,使系统排放不及时而造成污水倒灌。

建筑物污水、废水的排放必须符合国家有关法令、标准和条例等的规定。

5.2.2 建筑室内排水系统的组成

室内排水系统一般由污水、废水收集器，排水系统，通气管，清通设备，抽升设备，污(废)水局部处理构筑物等组成。

1) 污水、废水收集器

污水、废水收集器是指用来收集污水、废水的器具，如室内的卫生器具、工业废水的排水设备及雨水斗等，它是室内排水系统的起始点。

2) 排水系统

排水系统由器具排水管、排水横支管、排水立管、排出管等一系列管道组成(如图 5-11)。

(1) 器具排水管是指连接卫生器具与排水横支管之间的短管。除坐便器外，其他的器具排水管上均应设水封装置。

(2) 排水横支管指连接两个或两个以上卫生器具的器具排水管的水平管。它的作用是将器具排水管送来的污水输送到立管中去。排水横支管应有一定的坡度，坡向立管，并应尽量不转弯，直接与立管相连。

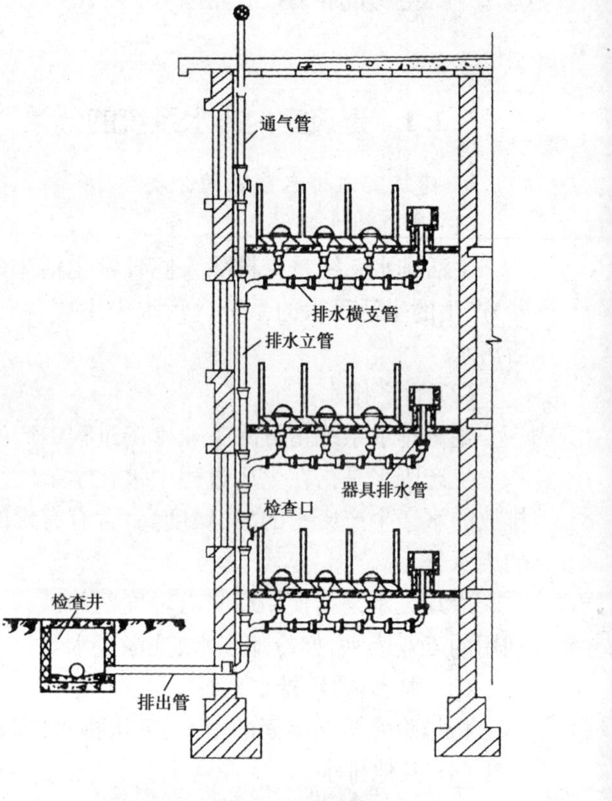

图 5-11 室内排水系统组成

(3) 排水立管的作用是收集其上所接的各横支管送来的污水并排至排出管。

(4) 排出管是连接室内排水系统和室外排水系统，用来收集排水立管排来的污水，并将其排至室外排水管网中去。排出管连接处应设排水检查井，其管径不得小于与其连接的最大的立管管径。

3) 通气管

通气管是指排水立管上部不过水部分。它的作用是：① 将管道中产生的有害气体排至大气中，以免影响室内的环境卫生；② 排水时，向室内排水管道中补给空气，减轻立管内气压变化幅度，使水流通畅、气压稳定，防止卫生器具水封被破坏。

对于层数不多的建筑物，在排水横支管不长、卫生器具数量不多的情况下，采取将排水立管上部延伸出屋顶 0.3 m 以上的通气措施即可(上人屋面按照规范的规定执行)。伸顶通气管应高出屋面 0.3 m 以上，且应大于最大积雪厚度，以防止积雪盖住通气口。在通气管 4 m 以内有门窗时，通气管应高出门、窗顶 0.6 m 或引向无门、无窗的一侧。为防止杂物进入通气管，其顶部应设置通气帽(见图 5-12)。通气管不宜设在屋檐檐口、阳台或雨篷下，不得与建筑物的风道、烟道连接。

一般室内排水系统均应设通气管。

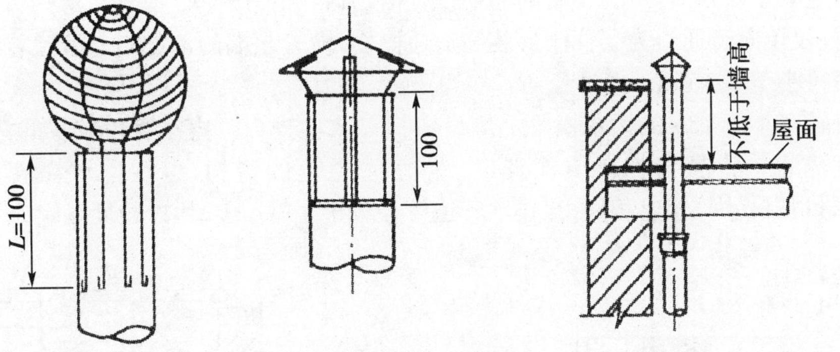

图 5-12　通气帽

对于层数多、卫生器具数量多的室内排水系统，以上方法不足以稳压时，应设通气管系统，如图 5-13 所示。标准高时还应设器具通风管。

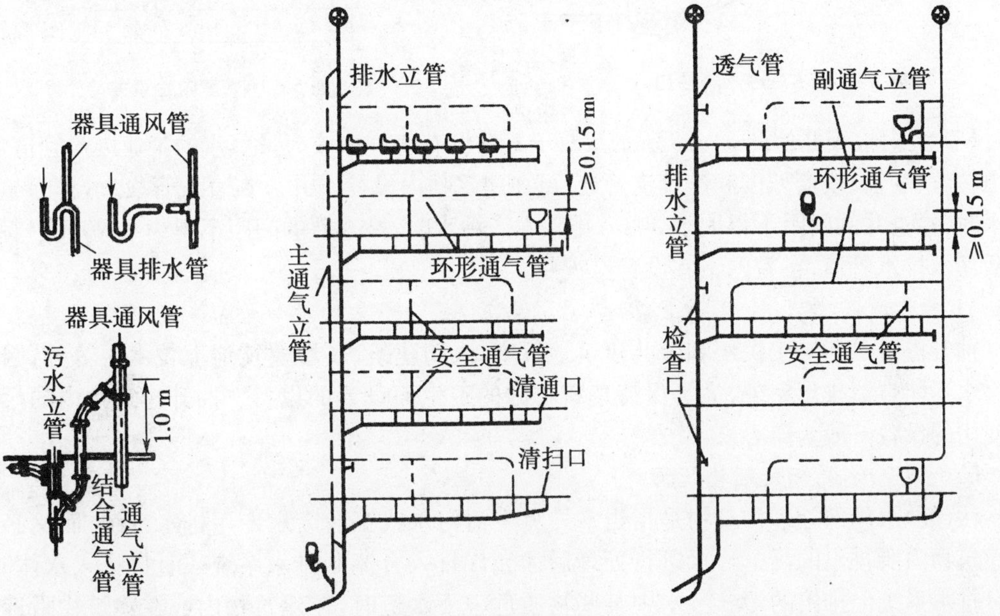

(a) 结合通气管　　(b) 排水、通气立管同边设置　　(c) 排水、通气立管分开设置

图 5-13　通气管系统

4) 清通设备

为了清通建筑物内的排水管道，应在排水管道的适当部位设置清扫口、检查口和室内检查井等。

(1) 检查口是一个带盖板的开口短管，拆开盖板即可清通管道。如图 5-14 所示，它设置在排水立管上及较长的水平管段上。建筑物中除最高层和最底层必须设置外，其他各层可每隔两层设置一个。如为两层建筑，可仅底层设置。检查口的设置高度一般应高出地面 1 m，并应高出该层卫生器具上边缘 0.15 m，与墙面成 45°夹角。

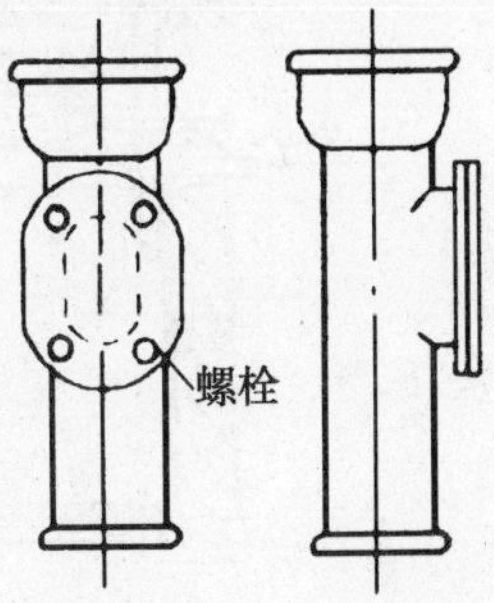

图 5-14　检查口

(2) 清扫口设置在排水横支管上，当排水横支管上连接两个或两个以上大便器、三个或

三个以上其他卫生器具时，应在横管的起端设置清扫口，如图 5-15 所示。清扫口顶面应与地面相平，且仅单向清通。为了便于拆装和清通操作，横管起端的清扫口与管道相垂直的墙面的距离不得小于 0.15 m。

在水流转弯小于 135°的污水横管上应设清扫口或检查口。直线管段较长的污水横管，在一定长度内也应设置清扫口或检查口。排水管道上的清扫口，在排水管道管径小于 100 mm 时，口径尺寸与管道相同；当排水管道管径大于 100 mm 时，口径尺寸应为 100 mm。

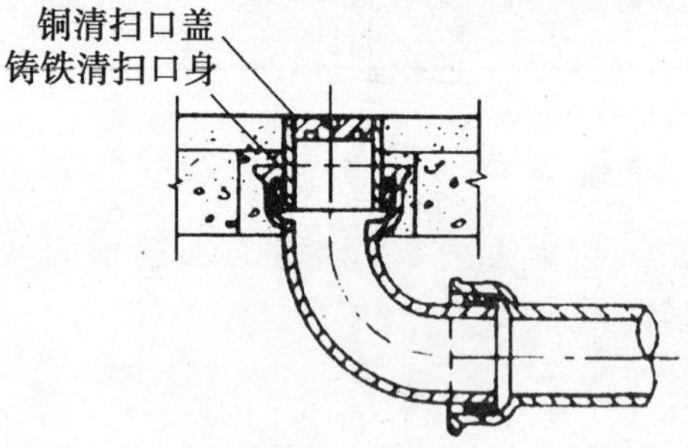

图 5-15　清扫口

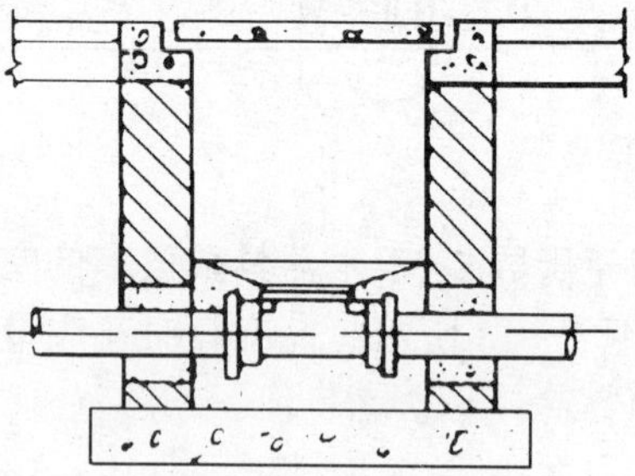

图 5-16　室内检查井

(3) 室内检查井如图 5-16 所示。对于不散发有害气体或大量蒸汽的工业废水管道，在管道转弯、变径、改变坡度和连接支管处，可在建筑物内设检查井。在直线管段上，排除生产废水时，检查井的间距不得大于 30 m；排除生产污水时，检查井的间距不得大于 20 m。对于生活污水排水管道，在室内不宜设置检查井。

5) 抽升设备

抽升设备是指对于民用和公共建筑地下室、人防建筑、高层建筑地下技术层等处，因污(废)水不能自流排出室外，为了保持建筑物内的卫生而设置的设备。抽升建筑物内的污水所使用的设备一般为离心泵。

6) 污(废)水局部处理构筑物

污(废)水局部处理构筑物是指当室外无生活污水或工业废水专用排水系统，而又必须对建筑物内所排出的污(废)水进行处理后才允许排入合流制排水系统或直接排入水体时，或有排水系统但排出的污(废)水中某些物质危害下水道时，在建筑物内或在建筑物附近设置的局部处理构筑物。如图 5-17 所示。

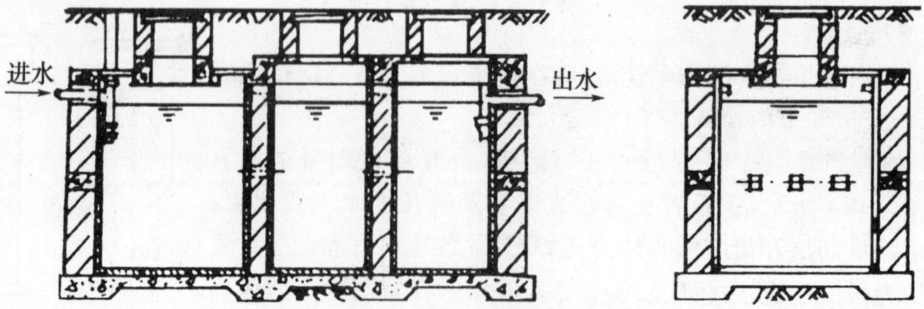

(a)

(b)

图 5-17　三格矩形化粪池的构造

5.3 建筑给排水施工图的识读

5.3.1 室内给排水施工图的识别方法

阅读主要图纸之前，应当先看说明和设备材料表，然后以系统图为线索深入阅读平面图、系统图及详图。

阅读时，应三种图相互对照着看。先看系统图，大致了解各系统的情况。看给水系统图时，可由建筑的给水引入管开始，沿水流方向经干管、立管、支管到用水设备。看排水系统图时，可由排水设备开始，沿排水方向经支管、横管、立管、干管到排出管。

1）平面图的识读

室内给排水管道平面图是施工图纸中最基本和最重要的图纸，常用的比例是1∶100和1∶50两种。它主要表明建筑物内给排水管道及卫生器具和用水设备的平面布置。图上的线条都是示意性的，同时管材配件如活接头、管箍等也不画出来，因此在识读图纸时还必须熟悉给排水管道的施工工艺。

在识读管道平面图时，应该掌握的主要内容和注意事项如下：

(1) 查明卫生器具、用水设备和升压设备的类型、数量、安装位置、定位尺寸。

(2) 弄清给水引入管和污水排出管的平面位置、走向、定位尺寸、与室外给排水管网的连接形式、管径及坡度等。

(3) 查明给排水干管、立管、支管的平面位置与走向、管径尺寸及立管编号。从平面图上可清楚地查明是明装还是暗装，以确定施工方法。

(4) 消防给水管道要查明消火栓的布置、口径大小及消防箱的形式与位置。

(5) 在给水管道上设置水表时，必须查明水表的型号、安装位置以及水表前后阀门的设置情况。

(6) 对于室内排水管道，还要查明清通设备的布置情况以及清扫口和检查口的型号和位置。

2）系统图的识读

给排水管道系统图主要表明管道系统的立体走向。

在给水系统图上，卫生器具不画出来，只需画出水龙头、淋浴器莲蓬头、冲洗水箱等符号；用水设备如锅炉、热交换器、水箱等则画出示意性的立体图，并在旁边注以文字说明。

在排水系统图上也只画出相应的卫生器具的存水弯或器具排水管。

在识读系统图时，应掌握的主要内容和注意事项如下：

(1) 查明给水管道系统的具体走向，干管的布置方式，管径尺寸及其变化情况，阀门的设置，引入管、干管及各支管的标高。

(2) 查明排水管道的具体走向、管路分支情况、管径尺寸与横管坡度、管道各部分标高、存水弯的形式、清通设备的设置情况、弯头及三通的选用等。识读排水管道系统图时，一般按卫生器具或排水设备的存水弯、器具排水管、横支管、立管、排出管的顺序进行。

(3) 系统图上对各楼层标高都有注明,识读时可据此分清管路是属于哪一层的。

3) 详图的识读

室内给排水工程的详图包括节点图、大样图、标准图,主要是管道节点、水表、消火栓、水加热器、开水炉、卫生器具、套管、排水设备、管道支架等的安装图及卫生间大样图等。这些图都是根据实物用正投影法画出来的,图上都有详细尺寸,可供安装时直接使用。

5.3.2 室内给排水施工图识读实例

这里以图 5-18~图 5-21 所示的给排水施工图中西单元西住户为例介绍其识读过程。

1) 施工说明

本工程施工说明如下:

(1) 图中尺寸标高以"m"计,其余均以"mm"计。本住宅楼日用水量为 13.4 t。

(2) 给水管采用 PPR 管材与管件连接;排水管采用 UPVC 塑料管,承插连接。出屋顶的排水管采用铸铁管并刷防锈漆、银粉各两道。给水管 DN16 及 DN20 管壁厚为 2.0 mm,DN25 管壁厚为 2.5 mm。

(3) 给排水支吊架安装见 98S10,地漏采用高水封地漏。

(4) 坐便器安装见 98S1-85,洗脸盆安装见 98S1-41,住宅洗涤盆安装见 98S1-9,拖布池安装见 98S1-8,浴盆安装见 98S1-73。

(5) 给水采用一户一表出户安装,安装详见××市供水公司图集 XSB-01。所有给水阀门均采用铜质阀门。

(6) 排水立管在每层标高 250 mm 处设伸缩节,伸缩节做法见 98S1-156~158。

(7) 排水横管坡度采用 0.026。

(8) 凡是外露与非采暖房间给排水管道均采用 40 mm 厚聚氨酯保温。

(9) 卫生器具采用优质陶瓷产品,其规格型号由甲方确定。

(10) 安装完毕进行水压试验,试验工作严格按现行规范要求进行。

(11) 说明不详尽之处均严格按现行规范和 98S1 规定施工及验收。

2) 给水排水平面图识读

给水排水平面图的识读一般从底层开始,逐层阅读。

(1) 给水系统 (2) 排水系统

3) 给排水系统图识读

(1) 给水系统 (2) 排水系统

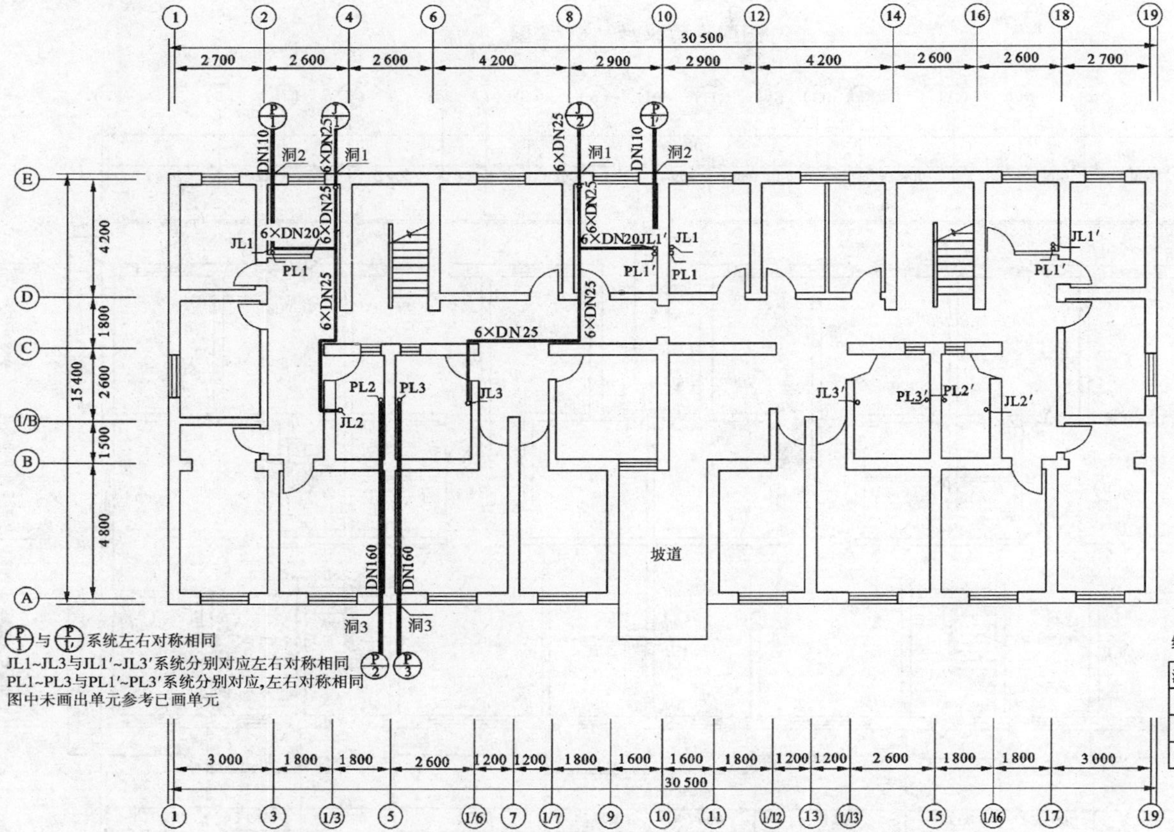

给排水干管穿基础预留洞

洞口	洞口尺寸 宽(mm)×高(mm)	洞底标高(m)
洞1	240×240	−1.88
洞2	240×370	−1.90
洞3	370×370	−1.93

图 5-18　首层平面图

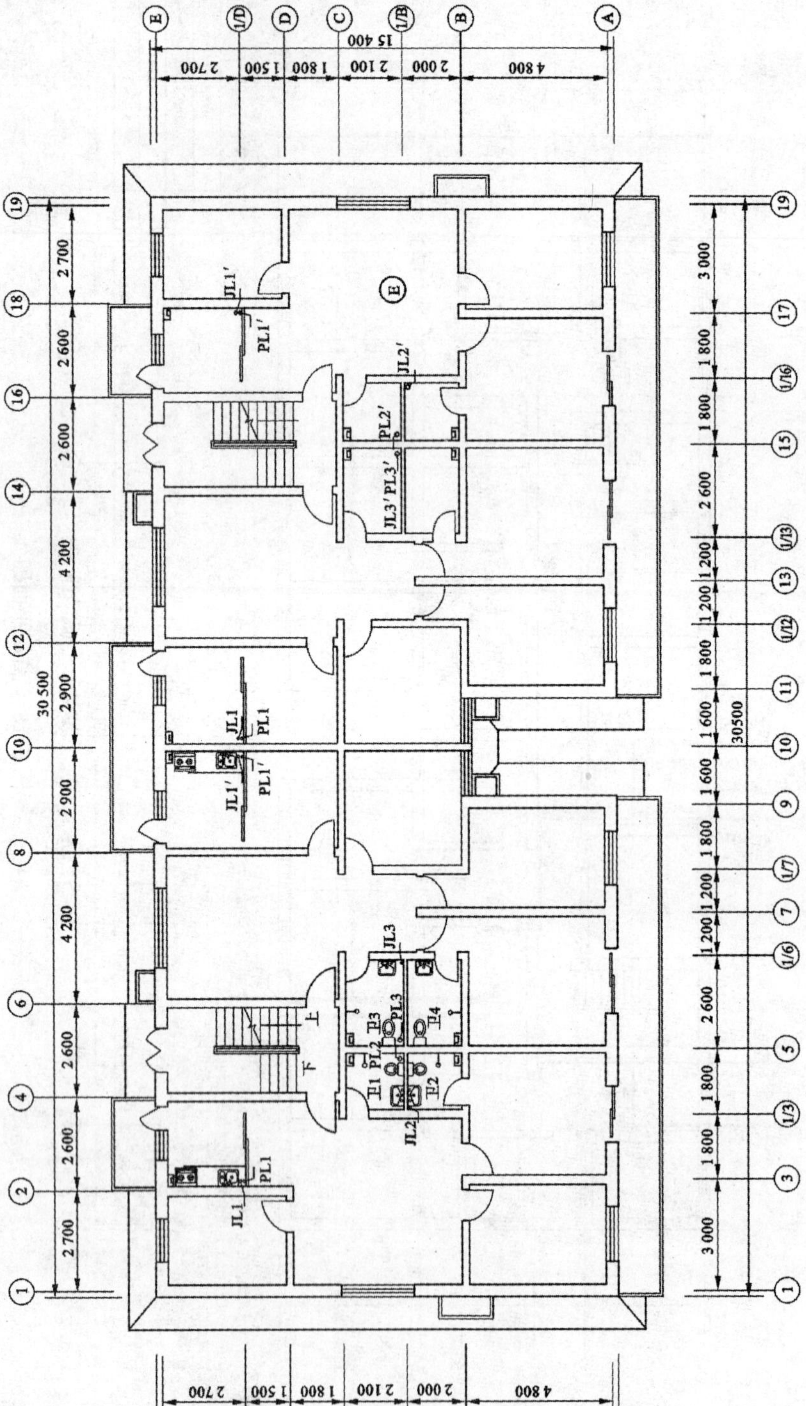

E
1/D
D
C
1/B
B
A
15 400
2 700
1 500
1 800
2 100
2 000
4 800
30 500
2 700
2 600
2 600
4 200
2 900
2 900
4 200
2 600
2 600
2 700
3 000
1 800
1 800
2 600
1 200
1 200
1 800
1 600
1 600
1 800
1 200
1 200
2 600
1 800
1 800
3 000
30500
1
2
3
1/3
4
5
6
1/6
7
1/7
8
9
10
11
1/12
12
13
1/13
14
15
16
1/16
17
18
19
JL1
PL1
JL1'
PL1'
JL2
PL2
JL3
PL3
JL2'
PL2'
JL3'
PL3'
上
下

图 5-19　标准层平面图

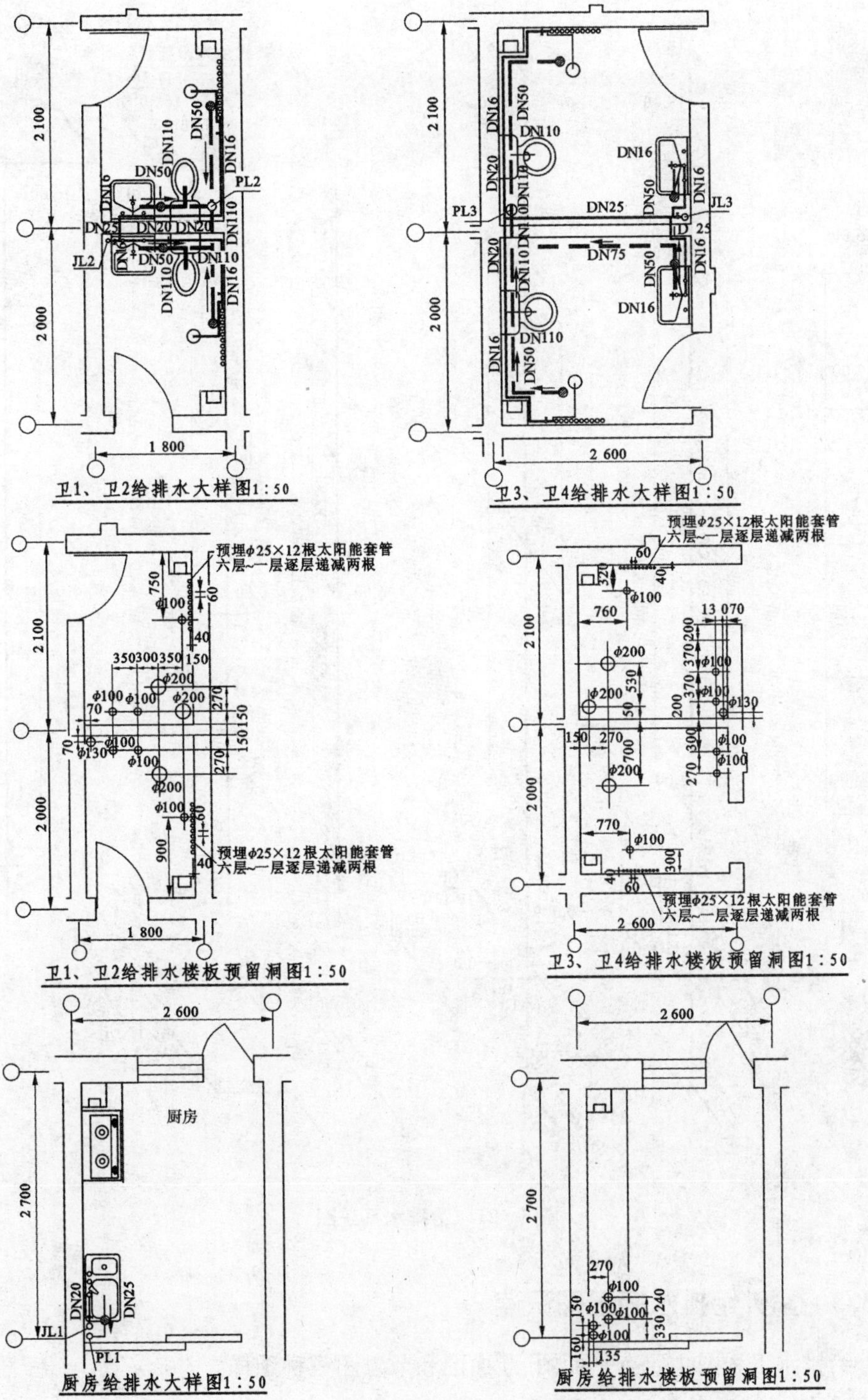

图 5-20 厨卫给排水大样及楼板预留洞图

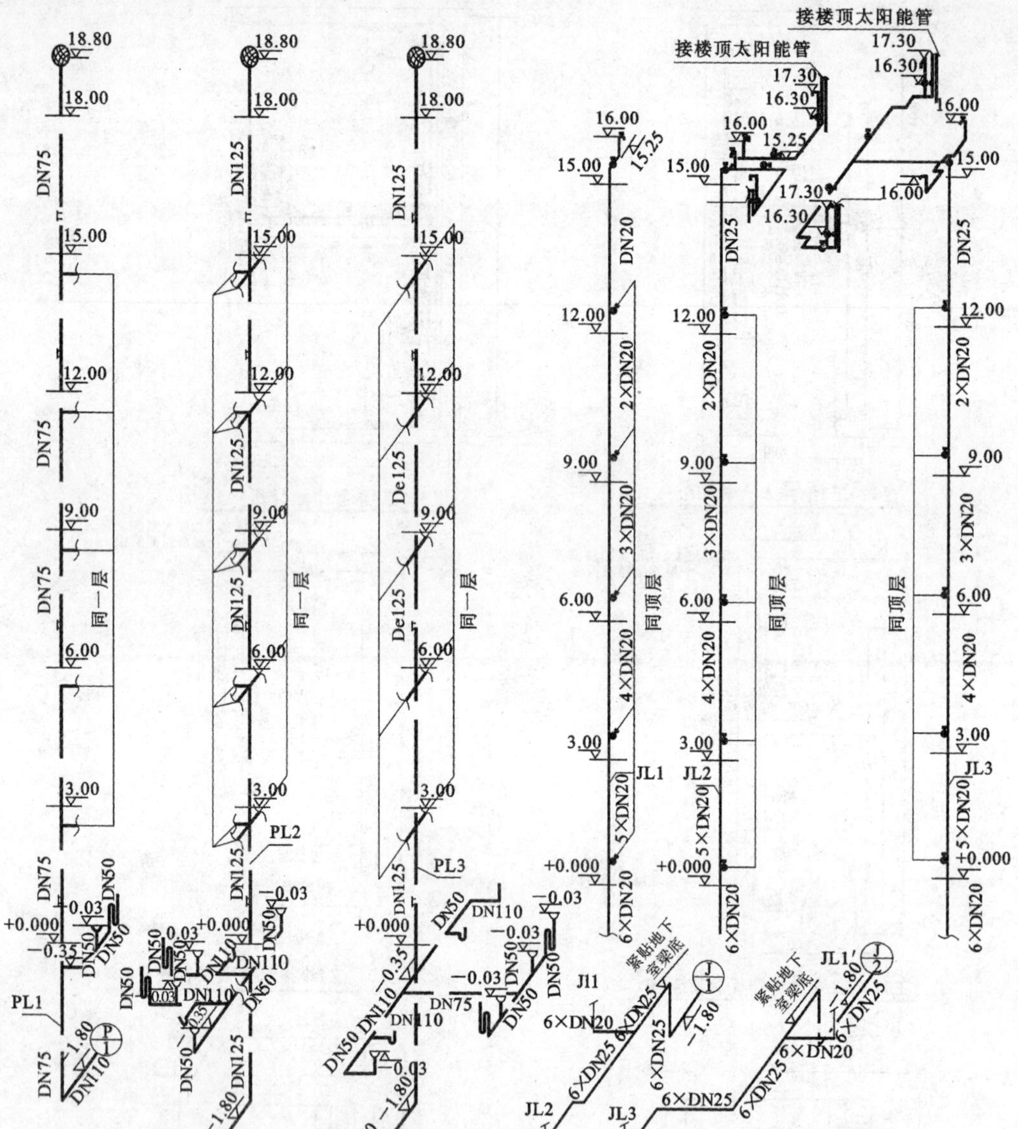

图 5-21　给排水系统图

5.3.3　室外给排水施工图识读

室外给排水工程图主要有平面图、断面图和节点图三种图样。

1）室外给水排水平面图

室外给水排水平面图表示室外给水排水管道的平面布置情况。

某室外给排水平面图如图 5-22 所示。图中表示了三种管道：给水管道、污水排水管道和雨水排水管道。

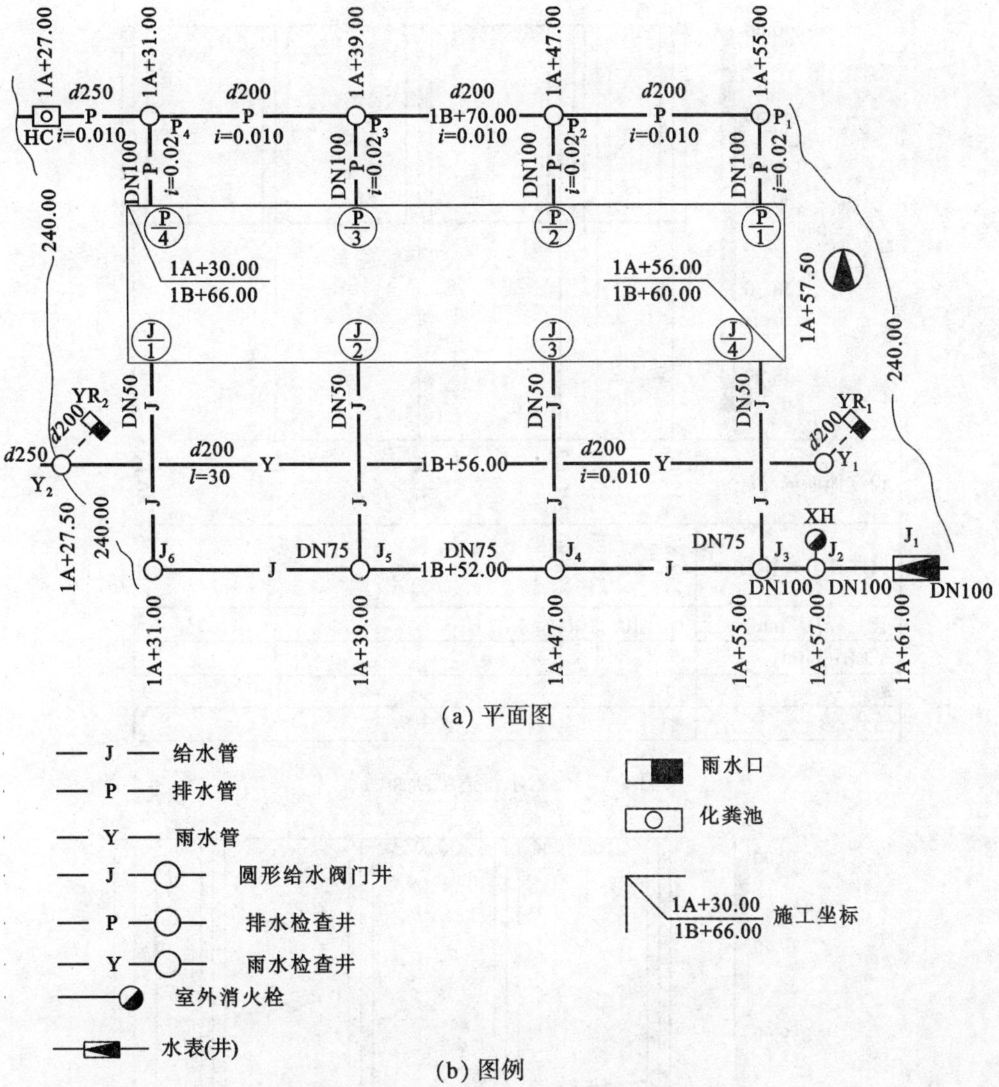

图 5-22 某室外给排水平面图及图例

2）室外给水排水管道断面图

室外给水排水管道断面图分为给水排水管道纵断面图和给水排水管道横断面图两种，其中，常用的是给水排水管道纵断面图。室外给水排水管道纵断面图是室外给水排水工程图中的重要图样，主要反映室外给水排水平面图中某条管道在沿线方向的标高变化、地面起伏、坡度、坡向、管径和管基等情况。这里仅介绍室外给水排水管道纵断面图的识读。

（1）管道纵断面图的识读步骤

① 首先看是哪种管道的纵断面图，然后看该管道纵断面图形中有哪些节点。

② 在相应的室外给水排水平面图中查找该管道及其相应的各节点。

③ 在该管道纵断面图的数据表格内查找其管道纵断面图形中各节点的有关数据。

（2）管道纵断面图的识读

图 5-23～图 5-25 是某室外给水排水平面图。

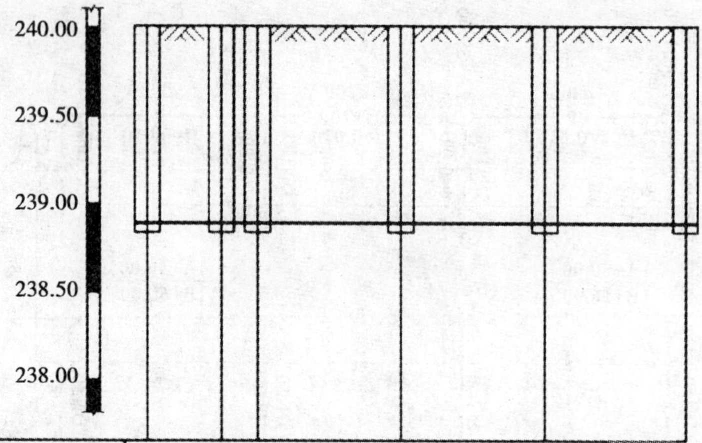

设计地面标高(m)	240.00		240.00		240.00		240.00		240.00		240.00
设计管中心标高(m)	238.89		238.90		238.90		238.91		238.93		238.95
管　径DN(mm)		100		100		75		75		75	
平面距离(m)		4		2		8		8		8	
编　号	J_1		J_2		J_3		J_4		J_5		J_6
管道基础	素土夯实										

图 5－23　给水管道纵断面图

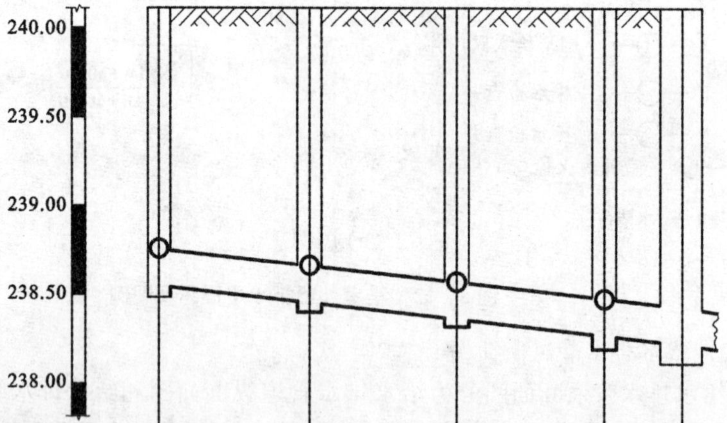

设计地面标高(m)	240.00		240.00		240.00		240.00		240.00
设计管内底标高(m)	238.50		238.42 238.42		238.34 238.34		238.26 238.21		238.17
坡　度		0.01		0.01		0.01		0.01	
管　径d(mm)		200		200		200		250	
平面距离(m)		8		8		8		8	
编　号	P_1		P_2		P_3		P_4		HC
管道基础	混凝土带形基础								

图 5－24　污水排水管道纵断面图

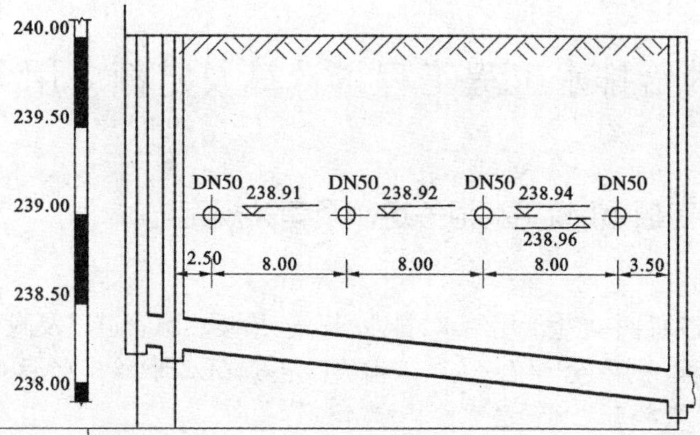

设计地面标高(m)	240.00		240.00		240.00
设计管内底标高(m)	238.22		238.20 238.20		237.90
坡　度		0.01		0.01	
管　径 d(mm)		200		200	
平面距离(m)		2		30	
编　号	YR_1		Y_1		Y_2
管道基础		混凝土带形基础			

图 5－25　雨水管道纵断面图

① 室外给水管道纵断面图的识读图。5－23 是图 5－22(a) 中给水管道的纵断面图。

② 室外污水排水管道纵断面图的识读。图 5－24 是图 5－22(a)中污水排水管道的纵断面图。

③ 室外雨水管道纵断面图的识读。图 5－25 是图 5－22(a)中雨水管道的纵断面图。

3）室外给水排水节点图

在室外给水排水平面图中，对检查井、消火栓井和阀门井及其内的附件、管件等均不作详细表示。为此，应绘制相应的节点图，以反映本节点的详细情况。

室外给水排水节点图分为给水管道节点图、污水排水管道节点图和雨水管道节点图三种图样。通常需要绘制给水管道节点图，而当污水排水管道、雨水管道的节点比较简单时可不绘制其节点图。

室外给水管道节点图识读时可以将室外给水管道节点图与室外给水排水平面图中相应的给水管道图对照着看，或由第一个节点开始，顺次看至最后一个节点为止。

图 5－26 是图 5－22(a)中给水管道的节点图。

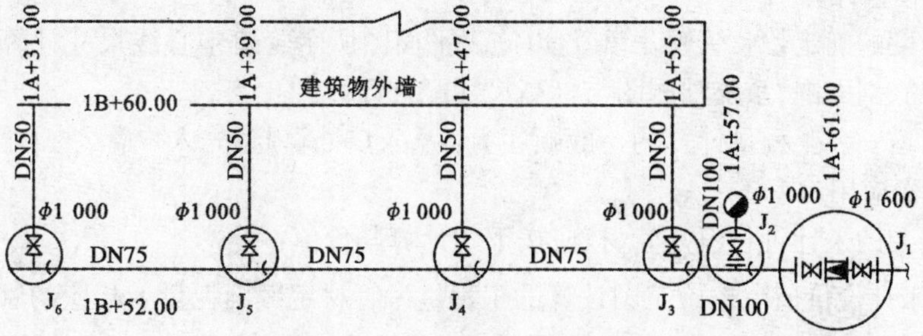

图 5－26　给水管道节点图

5.4　室内给排水工程工程量计算及定额应用

5.4.1　定额适用范围、相关定额及有关规定

1）定额的适用范围

新建、扩建项目中的生活用给水、排水、煤气、采暖热源管道以及附件配件安装、小型容器制作与安装工程，采用《全国统一安装工程预算定额》第八册《给排水、采暖、煤气工程》分册。

2）与相关定额册之间的关系

(1) 对于工业管道、生产生活共用的管道及高层建筑物内加压泵间的管道应使用《全国统一安装工程预算定额》第六册《工业管道工程》定额的相关项目。

(2) 消防喷淋管道安装执行《全国统一安装工程预算定额》第七册《消防及安全防范设备安装工程》定额的相关项目。

3）有关规定

(1) 给排水工程脚手架搭拆费按人工费的5%计算，其中人工工资占25%。

(2) 主体结构为现场浇筑采用钢模施工的工程，内外浇筑的人工乘以系数1.05，内浇外砌的人工乘以系数1.03。

(3) 设置于管道间、管廊内的管道、阀门、法兰、支架安装，人工乘以系数1.3。

(4) 超高增加费按《全国统一安装工程预算定额》第八册规定：高度超过3.6 m时，按超过3.6 m部分的定额人工费乘以定额中规定系数计算超高费。

5.4.2　管道工程工程量计算及定额应用

1）给排水管道界线划分

(1) 给水管道

① 室内外给水管道界线的划分是以建筑外墙皮1.5 m为界。入口处设阀门者以阀门为界。

② 室外给水管道与市政管道界线以水表井为界，无水表井者，以与市政管道碰头点为界。

(2) 排水管道

① 室内管道与室外管道的划分界线，是以出户第一个排水检查井为界。

② 室外管道与市政管道的划分界线，是以室外管道与市政管道碰头点为界。

2）室内给水管道安装

(1) 工程量计算

管道长度的确定：水平敷设管道，以施工平面图所示管道中心线尺寸计算；垂直安装管道，按立面图、剖面图、系统轴测图与标高尺寸配合计算。

给水管道安装工程量计算的一般顺序为：从入口处算起，先入户管、主干管，后支管。

(2) 定额应用

管道安装的未计价材料是管材，应按下式计算其价值：

管材未计价价值＝按施工图计算的工程量×管材定额消耗量×相应的管材单价

【例5-1】 如图5-27所示，计算排水管道工程量定额套用。管材采用铸铁排水管，水

泥接口。

【解】 ① 排水管道工程量计算见表 5-1 所示(设定管道中心距墙的安装距离为 130 mm,墙厚为 240 mm,抹灰层为 20 mm)。

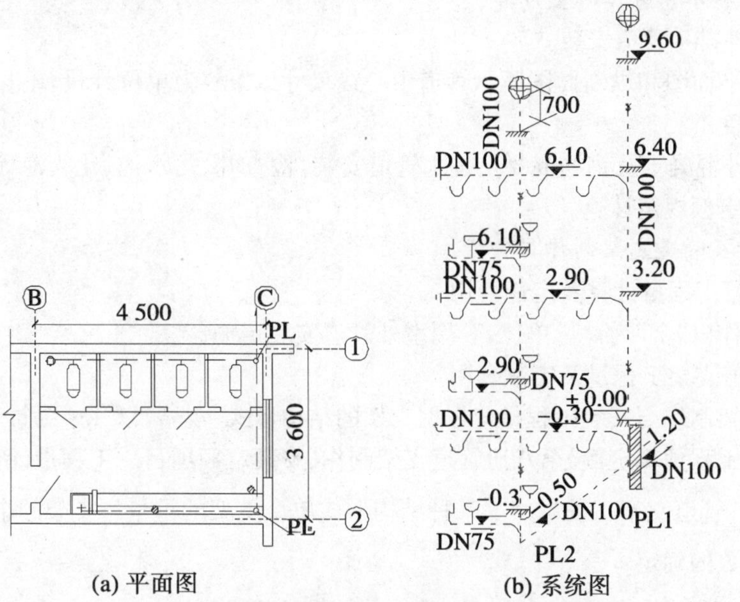

图 5-27 排水管道图

表 5-1 排水管道工程量计算表

序号	项目名称	单位	数量	部位提要	计 算 式
1	排水铸铁管 DN100	m	42.97	PL1、PL2	出户管 PL1 2.5+0.28+0.13+1.2+(9.6+0.7)+(4.5-0.28-0.13-0.2+0.3)底层+(4.5-0.28-0.13-0.2)×2+0.25×4×3(大便器横支管与大便器连接处)+PL2(3.6-0.28-0.13×2)+9.6+0.5+0.7=42.97
2	排水铸铁管 DN75	m	13.77	PL2	(4.5-0.28-0.13-1)×3 层+(0.6+0.3+0.3+0.3)×3 层=13.77

② 定额直接费计算见表 5-2 所示。按《全国统一安装工程预算定额》第八册套用。

表 5-2 排水管道工程预算表

序号	定额编号	项目名称	单位	数量	基价(元)	合价(元)	其中人工费	
							单价(元)	合价(元)
1	8-145	DN75 排水铸铁管(水泥接口)	10 m	1.38	249.18	343.87	62.23	85.88
2	8-146	DN100 排水铸铁管(水泥接口)	10 m	4.30	357.39	1 536.78	80.34	345.46
		小 计				1 880.65		431.34

3) 室外给水系统工程量计算及定额应用

(1) 室外给水管道安装

按施工图所示管道中心线长度以“m”为单位计量,不扣除阀门、管件所占长度。

(2) 室外给水管道栓类、阀门、水表的安装

① 阀门安装以螺纹、法兰连接分类，按直径大小分档次以"个"为单位计量。

② 水表安装同室内给水管道水表安装。

4) 室外排水系统工程量计算

(1) 室外排水管道安装

以施工平面图和纵断面图所示管道中心线尺寸以"m"为单位计量，不扣除窨井、管道连接件所占长度。

(2) 室外混凝土及钢筋混凝土排水管道安装，检查井、污水池、化粪池等构筑物建造，均按土建预算定额规定计算。

5) 套管及管道支架制作与安装

(1) 套管工程量计算及定额套用

套管制作以"个"为计量单位，套用室外管道安装定额。

(2) 管道支架工程量及定额套用

管道支架制作与安装工程量应根据支架的结构形式、规格，以"kg"为计量单位，执行《全国统一安装工程预算定额》第八册管道支架制作、安装定额项目。工程量计算公式为

管道支架工程量$=\sum$某种结构形式单个支架的重量$\times$支架的个数

支架个数的确定：

支架个数=某规格的管道长度

该规格管道支架的间距计算的得数有小数时取整。

钢管水平管道支架的间距可参考表5-3。

表5-3　钢管水平管道支架的间距

公称直径(mm)	15	20	25	32	40	50	70	80	100	125	150
不保温管道(m)	2.5	3.0	3.5	3.5	4.0	4.5	5.0	6.0	6.0	6.0	7.0
保温管道(m)	1.5	2.0	2.5	2.5	3.0	3.5	3.5	5.0	5.0	5.0	6.0

6) 法兰安装

法兰安装可按不同材质(铸铁、碳钢)、连接方式(螺纹、焊接)、管道公称直径，分别以"副"为单位计量，执行《全国统一安装工程预算定额》第八册法兰安装定额项目。

7) 管道伸缩器制作与安装

管道伸缩器包括螺纹连接法兰式套筒伸缩器、焊接法兰式套筒伸缩器、方形伸缩器的制作与安装。各种伸缩器制作与安装均以"个"为单位。

方形伸缩器除按伸缩器部分计算外，还应把伸缩器所占长度计入管道安装长度内。如图5-28所示，伸缩器所占长度为$L+2H$。

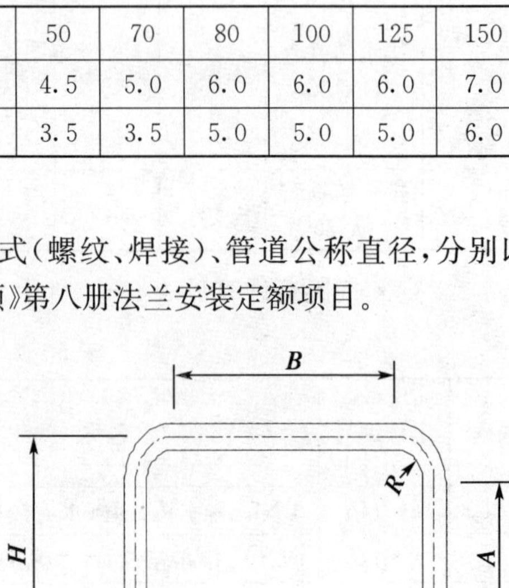

图5-28　方形伸缩器

8) 室内给水管道的消毒、冲洗及压力实验

室内给水管道的消毒、冲洗均按管道公称

直径分档，以长度“m”为计量单位。执行《全国统一安装工程预算定额》第八册管道消毒、冲洗项目。工程量计算时不扣除阀门、管件所占长度。

9）管道除锈工程量计算及定额应用

除锈有手工除锈、动力工具除锈、喷射除锈、化学除锈。

(1) 锈蚀程度划分。锈蚀程度可分为微锈、轻锈、中锈、重锈四种，区分标准如下：

微锈：氧化皮紧附，仅有少量锈点。

轻锈：部分氧化皮破裂脱落，红锈开始发生。

中锈：部分氧化皮破裂脱落，呈堆粉状。

重锈：大部分氧化皮破裂脱落，呈片状锈层或凸起的锈斑。

(2) 管道除锈工程量计算

钢管：
$$F = \pi DL$$

铸铁管：
$$F = 1.2\pi DL$$

式中：F——管道展开面积(m^2)；

π——圆周率；

D——管道外径(m)；

L——管道中心线长度(m)。

(3) 管道除锈以微、轻、中、重级，根据管道展开面积，以“m^2”为计量单位。

(4) 定额中已包含各种管件、阀门及设备人孔、管道凹凸部分的除锈。

10）管道土方及基础

室内外给排水管道土方工程及基础工程可按土建预算定额规定计算。

管道沟槽挖土方工程量计算公式如下(沟槽断面图见图 5-29 所示)：

$$V=h(b+kh)L$$

式中：h——沟的深度，按设计的室外地面标高与沟槽底标高之差计算(m)；

b——沟槽底的宽度，如设计有沟槽断面图时按设计沟槽底宽尺寸计算(m)；

L——沟的长度，按管道的安装长度计算(m)；

k——放坡系数，根据土的性质确定。

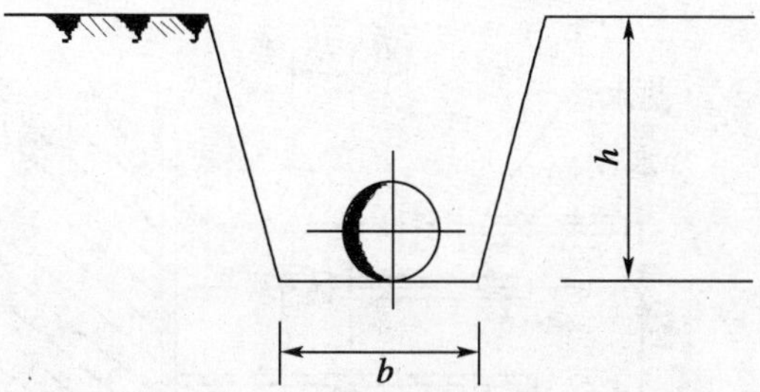

图 5-29 沟槽断面图

5.4.3 阀门安装工程量计算及定额应用

1）阀门安装

各种阀门安装工程量应按其不同类别、规格型号、公称直径和连接方式，分别以“个”为单位计算。阀门为未计价材料。

2）浮标液面针以及水塔、水池浮漂水位标尺制作与安装

(1) 浮标液面针的安装以“组”为单位计算。浮标为未计价材料。

(2) 水塔、水池浮漂水位标尺制作与安装均以“套”为单位计算。

5.4.4 水表组成与安装工程量计算及定额应用

水表是一种计量建筑物或设备用水量的仪表，根据连接方式及管道直径不同分为螺纹水表(DN≤40)及法兰水表(DN≥50)两种，见图5-30、图5-31所示。

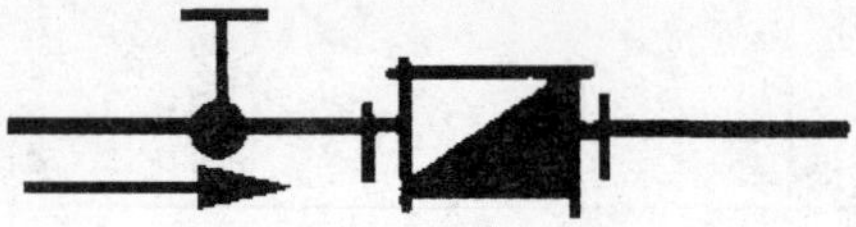

图5-30 螺纹连接水表

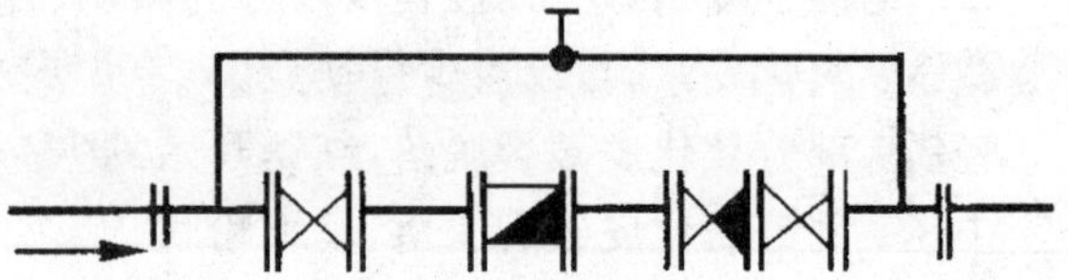

图5-31 法兰连接水表组

5.4.5 卫生器具的制作与安装工程量计算及定额应用

卫生器具的种类和规格繁多，有盆类、水龙头(喷头)类、便器类、排水口类、开(热)水器具等。

1) 浴盆安装

浴盆安装的范围与管道系统分界点为：给水的分界点为水平管与支管的交接处，水平管的安装高度按750 mm考虑。若水平管的设计高度与其不符时需增加引下(上)管，该增加部分管的长度计入室内给水管道的安装中。排水的分界点为排水管道的存水弯处，如图5-32所示。

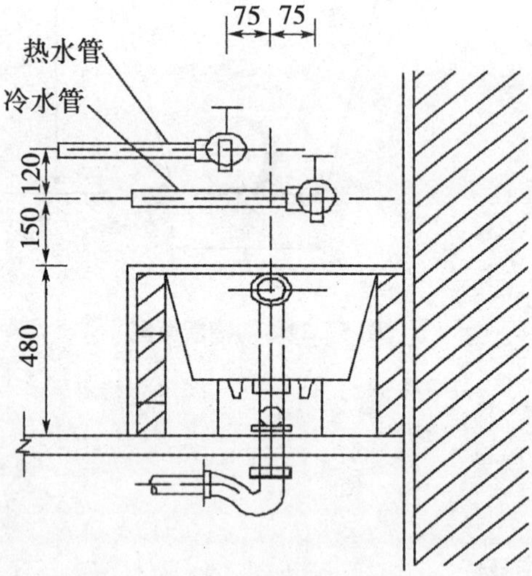

图5-32 排水管道的存水弯

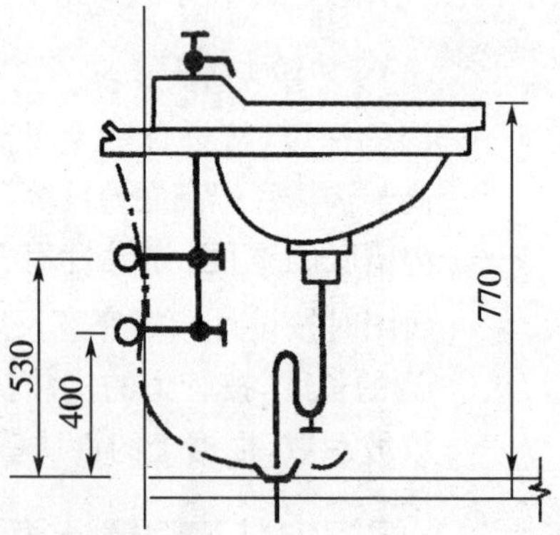

图5-33 排水的分界点

2) 洗脸(手)盆安装

洗脸(手)盆安装的范围与管道系统分界点为：给水的分界点为水平管与支管的交接处，水平管的安装高度按530 mm考虑。若水平管的设计高度与其不符时，需增加引下(上)管，该增加部分管的长度计入室内给水管道的安装中。排水的分界点为存水弯与排水支管(或短管交接处)，具体安装范围见图5-33所示。

3）洗涤盆安装

定额中洗涤盆水平管的安装高度按 900 mm 考虑，安装工作包括上下水管的连接，试水、安装洗涤盆，盆托架，不包括地漏的安装。如图 5－34 所示。

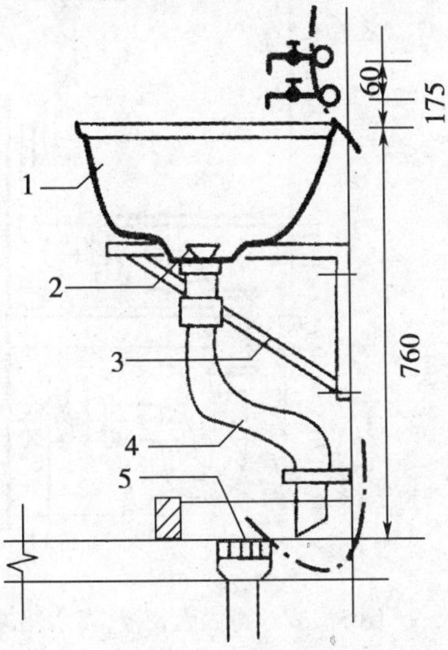

图 5－34　洗涤盆(带拖布池)安装范围

1—洗涤盆；2—排水栓；3—托架；4—排水弯管；5—地漏

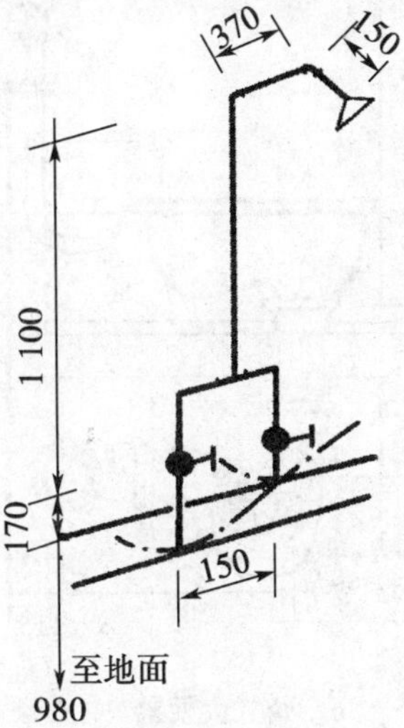

图 5－35　淋浴器的安装范围

4）淋浴器的组成与安装

淋浴器组成与安装按钢管组成或钢管制品(成品)分冷水、冷热水，以“10 组”为计量单位。执行《全国统一安装工程预算定额》第八册第四章“淋浴器组成安装”定额子目。

给水的分界点为水平管与支管的交接处，定额中水平管的安装高度按 1 000 mm 考虑，如水平管的设计高度与其不符时，则需增加引上管，该引上管的长度计入室内给水管道的安装工程量中，如图 5－35 所示。未计价材为莲蓬喷头、单双管成品淋浴器。

5）大便器安装

大便器安装按其型式(蹲式、坐式)、冲洗方式(瓷高水箱、瓷低水箱、普通冲洗阀、手压阀冲洗、脚踏阀冲洗、自闭冲洗阀)、接管材料等不同，以“套”为单位计算。

蹲式大便器以冲洗方式划分子目，定额单位为“10 套”。给水的分界点为水平管与支管交接处，定额中考虑的水平管的安装高度为：高位水箱 2 200 mm，普通阀门冲洗交叉点标高为 1 500 mm，其余为 1 000 mm。

“排水”计算到存水弯与排水支管交接处。蹲式大便器安装包括了固定大便器的垫砖，但不含蹲式大便器的砌筑。如图 5－36 和图 5－37 所示。

6）小便器安装

小便器安装根据其型式(挂斗式、立式)、冲洗方式(普通冲洗、自动冲洗)、联数(一联、二联、三联)不同，分别以“套”为单位计算。安装范围分界点为水平管与支管交接处，其水平管高度 1 200 mm，自动冲洗水箱的水平管高度为 2 000 mm，如图 5－38 所示。

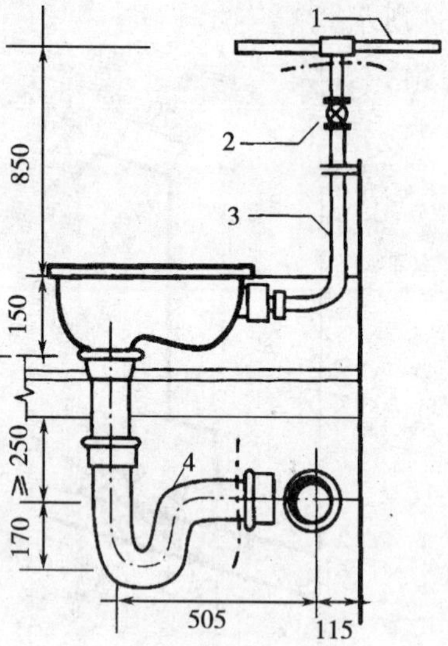

图 5-36　蹲式大便器(冲洗管式)安装

1—水平管;2—DN25 普通冲洗阀;
3—DN25 冲洗管;4—DN100 存水弯

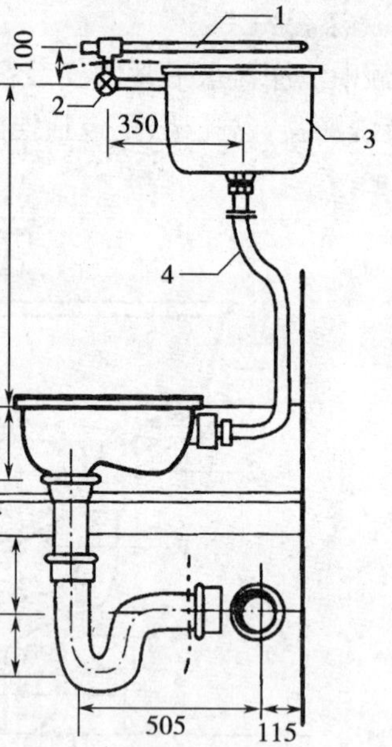

图 5-37　蹲式大便器(高水箱冲洗)安装

1—水平管;2—DN15 进水阀;
3—水箱;4—DN25 冲洗管

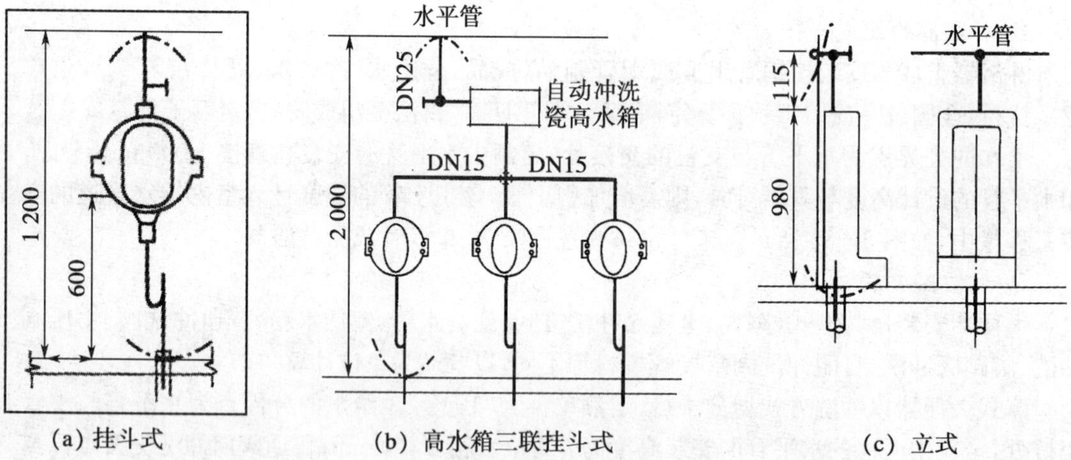

图 5-38　小便器的安装范围

7）大便槽、小便槽自动冲洗水箱安装

定额均以"10 套"为计量单位,未计价材为铁制自动冲洗水箱,但定额已包括了自动冲洗阀门及水箱托架制作和安装。

8）小便槽冲洗管制作、安装

定额以"10 m"为计量单位。定额中不包括阀门安装,其工程量按相应定额另行计算。

9）水龙头安装

水龙头安装按公称直径,以"个"为单位计算。

10）地漏安装

地漏安装根据其公称直径的不同分别以“个”为计量单位，地漏为未计价材。地漏安装示意图如图 5 - 39 所示。

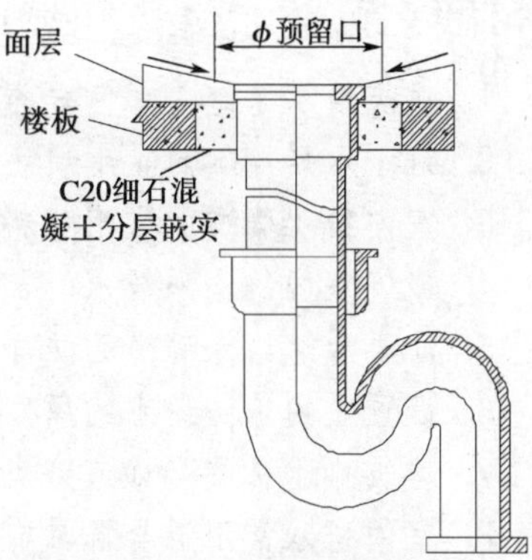

图 5 - 39　地漏安装示意图

11）清通口安装

清通口安装在楼层排水横管的末端，如图 5 - 40 所示。清通口有油灰堵口和丝堵堵口两种做法，其工程量以“个”为计量单位，执行“地面扫除口安装”子目。若用油灰堵口，油灰不计未计价材材料费，若用管箍和链堵则计算管箍和链堵的未计价材材料费。

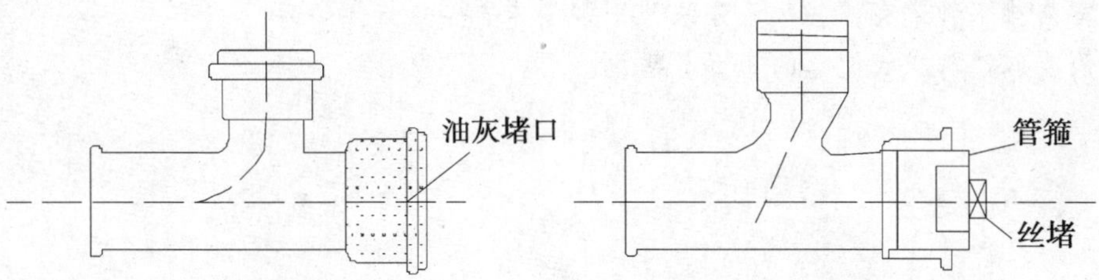

(a) 油灰堵口　　(b) 丝堵堵口

图 5 - 40　清通口构造

12）冷热水混合器安装

冷热水混合器安装以“套”为计量单位，未计价材为冷热水混合器。

13）蒸汽—水加热器安装

蒸汽—水加热器安装以“台”为计量单位，包括蓬头安装，未计价材为蒸汽式水加热器。

14）容积式热交换器安装

容积式热交换器安装以“台”为计量单位，未计价材为容器式水加热器。

15）电热水器、电开水炉安装

电热水器、电开水炉安装以“台”为计量单位，未计价材为电热水器。

16）饮水器安装

饮水器安装以“台”为计量单位，未计价材为饮水器。

5.4.6　小型容器制作与安装工程量计算及定额应用

1）钢板水箱制作

钢板水箱制作定额根据水箱的不同形式(圆形或矩形)及水箱重量不同划分子目。钢板水箱制作工程量按施工图所示尺寸，不扣除人孔、手孔质量，以“kg”为计量单位。

2）钢板水箱安装

钢板水箱安装按国家标准图集水箱容量，执行《全国统一安装工程预算定额》第八册第五章“水箱安装”定额子目。各种水箱安装均以“个”为计量单位。

3）大、小便槽冲洗水箱的制作

大、小便槽冲洗水箱的制作应区别“大便槽”和“小便槽”，分别以“kg”为计量单位。

复习思考题

1. 建筑给水系统是如何分类的？由哪几部分组成？
2. 给水水质及其防止水质污染的措施有哪些？
3. 室内给水管道的常用材料有哪些？
4. 建筑室内给水系统水表节点是如何布置的？
5. 简要叙述给水管道的防冻、防腐、防结露与防噪声措施。
6. 设置室内消防给水的原则是什么？
7. 建筑排水系统是如何分类的？由哪几部分组成？
8. 室内排水常用卫生器具有哪些？
9. 室内排水管道的常用材料有哪些？
10. 室内排水管道有哪些敷设方法与安装要求？
11. 简要叙述蹲式大便器的布置与敷设。

6 建筑采暖系统及预算

教学要求：通过本章的学习，应当对采暖系统的组成有所了解，掌握热水采暖系统的工作原理及热水采暖系统的形式；了解蒸汽采暖的工作原理及蒸汽采暖系统的形式；认识采暖系统组成中的各个设备；能够识读建筑采暖的施工图。

6.1 采暖系统概述

6.1.1 采暖工程的任务

建筑采暖也称为建筑供暖，即通过供热管道将热量从热源不断地输送给用户，并通过散热设备将热量传递到室内空间，同时又将冷却的热媒输送回热源再次加热的过程。采暖系统是指向室内输送、传递热量的一整套设施、设备等的总称。

6.1.2 采暖系统的设计热负荷

1）采暖室内、外空气计算参数

(1) 室内空气计算温度(t_n)

设计采暖时，冬季室内空气计算温度应根据建筑物的用途按下列规定采用：

① 民用建筑的主要房间，宜采用 16～24℃。不同民用建筑房间的具体设计温度可采用《全国民用建筑工程设计技术措施——暖通空调·动力》分册中提供的数值。

② 工业建筑的工作地点设计温度，宜采用：

轻作业 18～21℃；中作业 16～18℃；重作业 14～16℃；过重作业 12～14℃。

作业种类的划分，应按国家现行的《工业企业设计卫生标准》(GBZ 1－2002)执行。但当每名工人占用较大面积(50～100 m^2)时，轻作业时可低至 10℃，中作业时可低至 7℃，重作业时可低至 5℃。

辅助建筑及辅助用室，不应低于下列数值：

浴室 25℃； 办公室与休息室 18℃； 更衣室 25℃；

食堂 18℃； 盥洗室与厕所 12℃。

当工艺或使用条件有特殊要求时，各类建筑物的室内温度可按照国家现行有关专业标准和规范执行。

(2) 室内空气流速

设计采暖的建筑物，各类室内活动区的平均风速应符合下列规定：

① 民用建筑及工业企业辅助建筑，不宜大于 0.3 m/s。

② 工业建筑，当室内散热量小于 23 W/m² 时，不宜大于 0.3 m/s；当室内散热量大于或等于 23 W/m² 时，不宜大于 0.5 m/s。

(3) 室外空气计算温度(t_{wn})

采暖室外空气计算温度，应采用历年平均不保证五天的日平均温度。所谓“不保证”，是针对室外空气温度状况而言；“历年平均不保证”，是针对累年不保证总天数或小时数的历年平均值而言。采暖系统设计所采用的室外空气计算参数可从有关采暖通风与空气调节气象资料集中查找。

2) 采暖系统设计热负荷的计算

采暖系统的设计热负荷是采暖系统设计最基本的依据，应根据房间热平衡计算而得，即该房间在保持所要求的室内温度条件下，某段时间内，房间得到的热量和失去的热量应取得平衡。

(1) 设计热负荷的理论计算

采暖系统的设计热负荷应根据建筑物的得、失热量确定：

$$Q=Q_s-Q_d \tag{6-1}$$

式中：Q——采暖系统设计热负荷(W)；

Q_s——建筑物失热量(W)；

Q_d——建筑物得热量(W)。

建筑物失热量 Q_s 包括：围护结构的耗热量 Q_1；门窗缝隙渗入室内的冷空气耗热量 Q_2；门、孔洞开启侵入的冷空气耗热量 Q_3；工业建筑中还有湿物料水分蒸发所需的耗热量 Q_4；外部运入的冷物料的耗热量 Q_5；通风系统将空气从室内排到室外所带走的热量 Q_6。

建筑物得热量 Q_d 包括：太阳辐射进入室内的热量 Q_7；人体散热量 Q_8；灯光散热量 Q_9；工业建筑中还有最小负荷的工艺设备散热量 Q_{10}；热管道及其他热设备表面的散热量 Q_{11}；热物料的散热量 Q_{12}。

对于一般民用居住建筑和工艺设备产生或消耗热量很少的工业建筑，失热量 Q_s 只考虑上述前三项，得热量 Q_d 只考虑太阳辐射进入室内的热量。因此，对没有机械通风系统的建筑物，采暖系统的设计热负荷可用下式表示：

$$Q=Q_s-Q_d=Q_1+Q_2+Q_3-Q_7 \tag{6-2}$$

(2) 设计热负荷的估算

采暖系统设计热负荷的理论计算和统计是比较复杂的，而实际情况又是千变万化的，很难精确计算。集长期以来的经验，在民用建筑设计方案和初步设计阶段，按建筑的使用功能粗略估算设计热负荷是有效、快捷的方法。只设采暖系统的民用建筑，其采暖热负荷可按下列方法进行估算：

$$Q=qF \tag{6-3}$$

式中：Q——总热负荷(W)；

F——建筑总面积(m^2)；

q——单位面积热负荷(W/m^2)。

在方案设计中，当建筑总面积一定时，不同建筑功能的供暖热指标可参考表 6-1(摘自《暖通空调·动力技术措施》)中的数值进行选择，建筑总面积大，外围护结构热工性能好，窗户面积小，可采用较小的指标，反之采用较大的指标。

表 6-1　民用建筑方案设计估算指标

建筑物名称	q(W/m²)	建筑物名称	q(W/m²)
单层住宅	80～105	图书馆	45～75
住　宅	45～70	商　店	65～75
旅　馆	60～70	食堂、餐厅	115～140
办公楼	60～80	影剧院	90～115
医院、幼儿园	65～80	大礼堂、体育馆	115～160

6.1.3　采暖系统的组成与分类

1) 采暖系统的组成

采暖系统的任务是不断向室内供给一定的热量，补偿房间热量的损耗，使室内保持人们所需要的空气温度。采暖系统由热源部分、输送部分和散热部分组成，图 6-1 所示为集中供热系统示意图。

(1) 热源。热源是使燃料燃烧产生热，将热媒加热成热水或蒸汽的部分，如锅炉房、热交换站等。

(2) 输热管道。输热管道是指热源和散热设备之间的连接管道，将热媒输送到各个散热设备。

(3) 散热设备。散热设备是将热量传至所需空间的设备，如散热器、暖风机等。

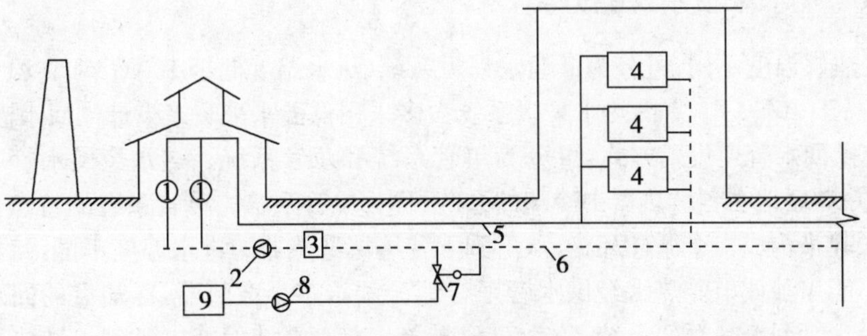

图 6-1　集中供热系统

1—热水锅炉；2—循环水泵；3—除污器；4—散热器；5—供水管；6—回水管；7—压力调节阀；8—补水泵；9—水处理装置

2) 采暖系统的分类

(1) 按热媒种类分类

① 热水采暖系统。以热水为热媒的采暖系统，当供水温度小于 100℃时，为低温热水供暖系统；当供水温度大于等于 100℃时，为高温热水供暖系统。主要应用于民用建筑。

② 蒸汽采暖系统。以水蒸气为热媒的采暖系统，根据蒸汽压力不同可分为高压蒸汽供暖系统（压力大于 0.07 MPa）、低压蒸汽供暖系统（压力小于等于 0.07 MPa）和真空蒸汽供暖系统（压力小于大气压）。主要应用于工业建筑。

③ 热风供暖系统。以空气为热媒的供暖系统称为热风供暖系统。根据送风加热装置安设位置不同，分为集中送风供暖系统和暖风机供暖系统。主要应用于大型工业车间。

（2）按设备相对位置分类

① 局部采暖系统。热源、热网、散热器三部分在构造上合在一起的采暖系统，如火炉采睡、简易散热器采暖、煤气采暖和电热采暖。

② 集中采暖系统。热源和散热设备分别设置，用热网相连接，由热源向各个房间或建筑物供给热量的采暖系统。

③ 区域采暖系统。以区域性锅炉房作为热源，供一个区域的许多建筑物采暖的供暖系统。

除以上供暖系统类型外，还有一些其他类型，如分户式天然气锅炉供暖系统、分户式电热供暖系统及分户式低温地板辐射供暖系统等。

6.2 热水采暖系统

采暖系统常用的热媒有水、蒸汽、空气。以热水作为热媒的采暖系统称为热水采暖系统。

热水采暖系统的热能利用率高，输送时无效热损失较小，散热设备不易腐蚀，使用周期长，且散热设备表面温度低，符合卫生要求，系统操作方便，运行安全，易于实现供水温度的集中调节，系统蓄热能力强，散热均匀，适用于远距离输送。

民用建筑多采用热水采暖系统，热水采暖系统也广泛应用于生产厂房和辅助建筑中。

6.2.1 热水采暖系统的分类

（1）按热媒温度不同，可分为低温水采暖系统（热水温度低于 100℃）和高温水采暖系统（热水温度高于 100℃）。室内热水采暖系统大多采用低温水采暖来设计供回水温度。

（2）按供回水管道设置方式，可分为单管系统和双管系统。热水经供水管顺序流过多组散热器，并顺序地在各散热器中冷却的系统，称为单管系统。单管系统的特点是立管上的散热器串联起来构成一个循环环路，从上到下各楼层散热器的进水温度不同，每组散热器的热媒流量不能单独调节。热水经供水管平行地分配给多个散热器，冷却后的回水自每个散热器直接沿水管回流热源的系统，称为双管系统。双管系统的特点是每组散热器都能组成一个循环环路，每组散热器的供水温度基本上是一致的，各组散热器可自行调节热媒流量，互相不受影响，如图 6-2、图 6-3 所示。

（3）按管道敷设方式，可分为垂直式系统和水平式系统。

（4）按系统循环的动力不同，可分为重力（自然）循环系统和机械循环系统。重力循环系统是靠供水与回水的密度差进行循环的系统，而机械循环系统是靠机械力（水泵压力）进行水循环的系统。

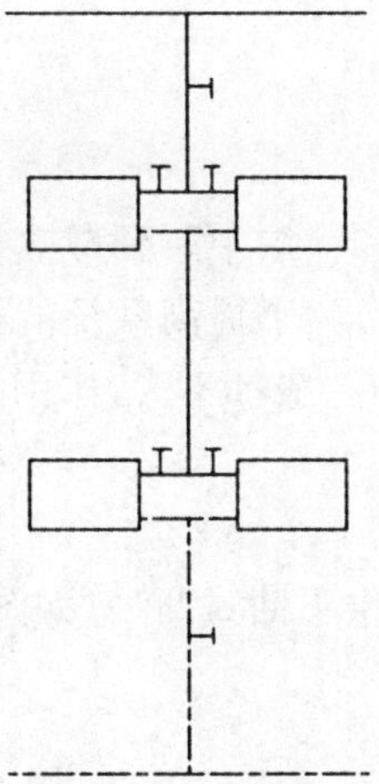

图 6-2　单管系统

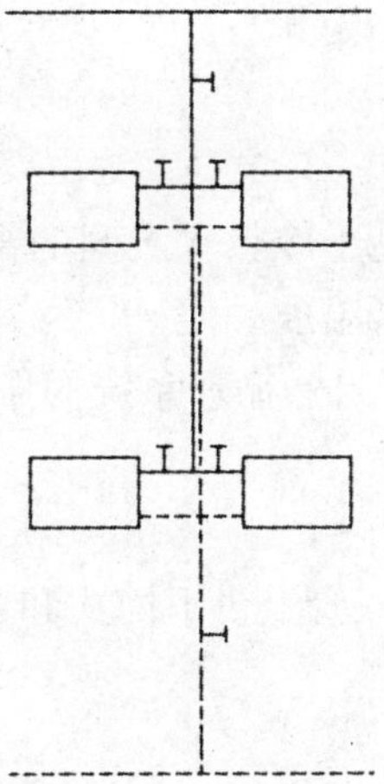

图 6-3　双管系统

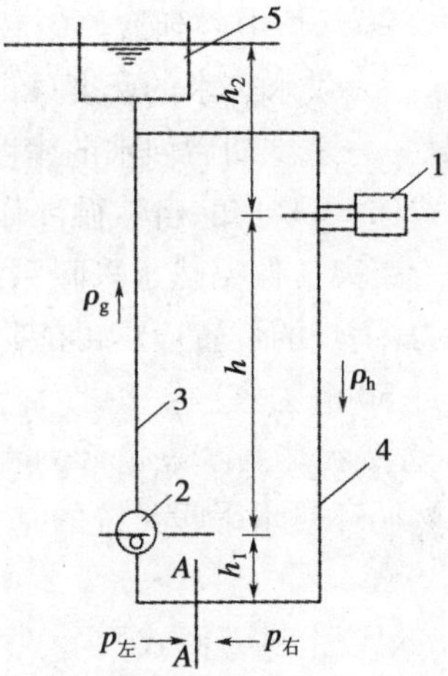

图 6-4　集中供热系统

1—散热器；2—热水锅炉；3—供水管；4—回水管；5—膨胀水箱

6.2.2　自然循环热水采暖系统

1）自然循环热水采暖系统的工作原理

图 6-4 为自然循环热水采暖系统的工作原理图。在这个系统中不设水泵，依靠锅炉加热和主要依靠散热器散热冷却造成供、回水温度差而形成的密度差来维持系统中水的循环，这种水的循环作用压力称为自然压头。

图中假设系统有一个加热中心 2（锅炉）和一个冷却中心 1（散热器），用供水管 3 和回水管 4 把散热器和锅炉连接起来。在系统的最高处连接一个膨胀水箱 5，用它来容纳水受热膨胀而增加的体积，并可作为系统最高排气点。运行前，先将系统内充满水，水在锅炉 2 中被加热后密度减小，热水沿供水管 3 进入散热器 1，在散热器 1 中的水放热冷却，密度增大，密度较大的回水再沿回水管 4 返回锅炉 2 重新加热，这种密度差形成了推动整个系统中的水沿管道流动的动力。

分析该系统循环作用压力时，假设热水在管路中流动时散失热量忽略不计，认为水温只是在锅炉和散热器处发生变化。假想回水管路的最低点断面 $A-A$ 处有一个阀门，若阀门突然关闭，$A-A$ 断面两侧会受到不同的水柱压力，两侧水柱压力差就是推动水在系统中循环流动的自然循环作用动力。

$A-A$ 断面两侧水柱压力分别为

$$p_{左}=g(h_1\rho_h+h\rho_g+h_2\rho_g) \tag{6-4}$$

$$p_{右}=g(h_1\rho_h+h\rho_h+h_2\rho_g) \tag{6-5}$$

断面 $A-A$ 两侧压力之差 $\Delta p= p_{左}-p_{右}$，即系统内的作用压力，其值为

$$\Delta p=gh(\rho_h-\rho_g) \tag{6-6}$$

式中：Δp——自然循环系统的作用力（Pa）；

g——重力加速度，取 9.81（m/s^2）；

h——锅炉中心到散热中心的垂直距离(m)；

ρ_g——供水热水的密度(kg/m^3)；

ρ_h——水冷却后回水的密度(kg/m^3)。

由式(6-6)可知，自然循环作用力取决于冷热水之间的密度差和锅炉中心到散热器中心的垂直距离。低温热水采暖系统，供回水温度一定(95℃/70℃)时，为了提高系统的循环作用压力，锅炉的位置应尽可能降低。由于自然循环系统的作用压力一般都不大，作用半径以不超过 50 m 为宜。

2) 自然循环热水采暖系统的主要形式

自然循环热水采暖系统的基本形式有双管上供下回式和单管上供下回式两种，如图 6-5 所示。

(1) 双管上供下回式

图 6-5(a)所示为双管上供下回式系统。其特点是各层散热器都并联在供、回水立管上，水经回水立管、干管直接流回锅炉。如不考虑水在管道中的冷却，则进入各层散热器的水温相同。

因为这种系统的供水干管在上面，回水干管在下面，故称为上供下回式。又由于这种系统中的散热器都并联在两根立管上，一根为供水立管，一根为回水立管，故称这种系统为双管系统。这种系统的散热器都自成一独立的循环环路，在散热器的供水支管上可以装设阀门，以便用来调节通过散热器的水流量。

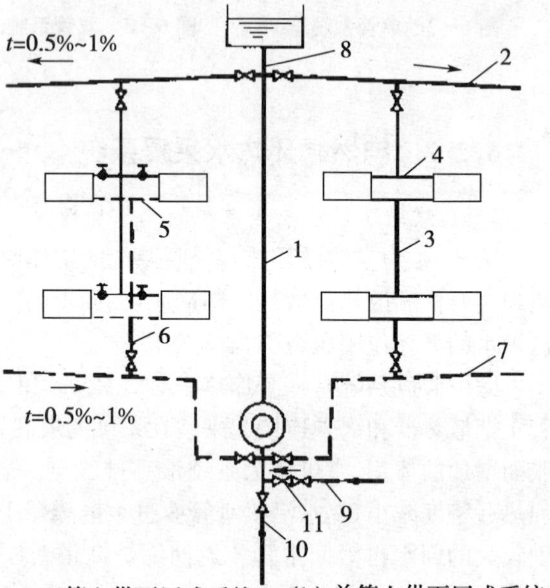

(a) 双管上供下回式系统　(b) 单管上供下回式系统

图 6-5　自然循环采暖系统

1—总立管；2—供水干管；3—供水立管；4—散热器供水支管；5—散热器回水支管；6—回水立管；7—回水干管；8—膨胀水箱连接管；9—充水管(接上水管)；10—泄水管(接下水道)；11—止回阀

(2) 单管上供下回式

图 6-5(b)所示为单管上供下回式系统。单管系统的特点是热水送入立管后由上向下顺序流过各层散热器，水温逐层降低，各组散热器串联在立管上。每根立管(包括立管上各层散热器)与锅炉、供回水干管形成一个循环环路，各立管环路是并联关系。与双管系统相比，单管系统的优点是系统简单，节省管材，造价低，安装方便，上下层房间的温度差异较小；缺点是顺流式不能进行个体调节。

上供下回式自然循环热水采暖系统管道布置的一个主要特点是：系统的供水干管必须有向膨胀水箱方向上升的流向。其反向的坡度为 0.5%～1.0%，散热器支管的坡度一般取 1%。这是为了使系统内的空气能顺利地排除，因为系统中若积存空气就会形成气塞，影响水的正常循环。在自然循环系统中，水流在干管中空气气泡的浮升速度为 0.1～0.2 m/s，而在立管中约为 0.25 m/s。因此，在上供下回自然循环热水采暖系统充水和运行时，空气能逆着水流方向，经过供水干管聚集到系统的最高处，通过膨胀水箱排除。为使系统顺利地排除空气和在系统停止运行检修时能通过回水干管顺利地排水，回水管应有沿水流向锅炉方向的向下坡度。

3）不同高度散热器环路的作用压力

在如图 6－6 所示的双管系统中，由于供水同时在上、下两层散热器内冷却，形成了两个并联环路和两个冷却中心。它们的作用压力分别为

$$\Delta p_1 = gh_1(\rho_h - \rho_g) \quad (6-7)$$

$$\Delta p_2 = g(h_1 + h_2)(\rho_h - \rho_g) = \Delta p_1 + gh_2(\rho_h - \rho_g) \quad (6-8)$$

式中：Δp_1——通过底层散热器 1 环路的作用压力(Pa)；

Δp_2——通过上层散热器 2 环路的作用压力(Pa)。

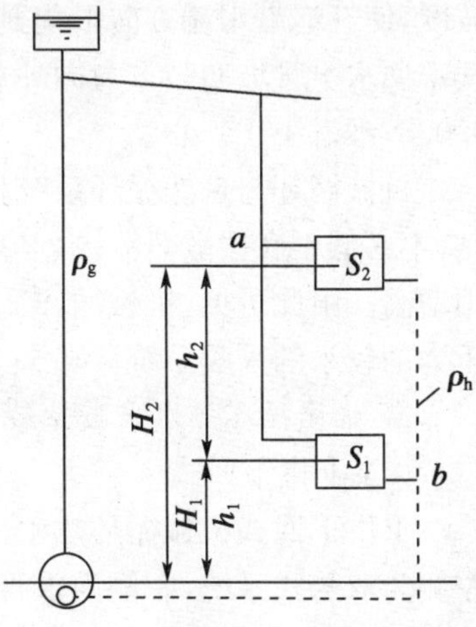

图 6－6　双管系统

由式(6－8)可见，通过上层散热器环路的作用压力比通过底层散热器的大，其差值为 $gh_2(\rho_h - \rho_g)$(Pa)。

由此可见，在双管系统中，由于各层散热器与锅炉的高差不同，虽然进入和流出各层散热器的供、回水温度相同(不考虑管路沿途冷却的影响)，也将形成上层作用压力大、下层压力小的现象。如选用不同管径仍不能使各层阻力损失达到平衡，由于流量分配不均，必然会出现上热下冷现象。

在采暖建筑物内，同一竖向各层房间的室温不符合设计要求的温度，而出现上、下层冷热不均的现象，通常称为系统垂直失调。由此可见，双管系统的垂直失调是由于通过各层的循环作用压力不同而出现的，而且楼层数越多，上下层的作用压力差值越大，垂直失调就会越严重。

6.2.3　机械循环热水采暖系统

1）机械循环热水采暖系统的工作原理

图 6－7 为机械循环热水采暖系统。该系统与重力循环热水采暖系统的主要区别是在系统中设置了循环水泵，主要靠水泵的机械能使水在系统中强制循环。系统运行前先用补水泵使系统充满水，然后启动水泵，系统中的水在循环水泵的驱动下由锅炉进入散热器，在散热器中放出热量后又回到锅炉，进行连续不断的循环流动。

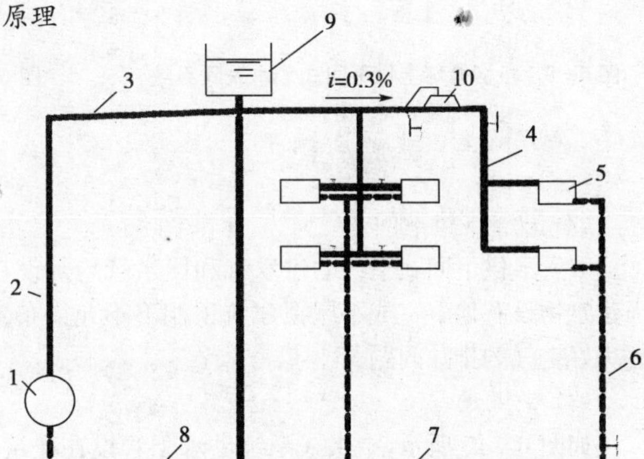

图 6－7　机械循环双管上供下回热水采暖系统

1—锅炉；2—总立管；3—供水干管；4—供水立管；5—散热器；6—回水立管；7—回水干管；8—水泵；9—膨胀水箱；10—集气罐

在这种系统中，水泵装在回水干管上，膨胀管连接在水泵吸入端管路上，膨胀水箱位于系统的最高点，由于它能容纳水受热后膨胀的

体积，因此可使整个系统处于正压状态下工作，不会有水汽化的状况发生，避免了因水汽化所带来的断水现象的产生。为了顺利排除系统中的空气，供水干管应按水流方向有向上的坡度，使气泡沿水流方向汇集到系统最高点，通过设在最高点的排气装置排除系统中的空气。回水干管坡向与重力循环相同：坡向锅炉的向下的坡度。供、回水干管的坡度一般为0.003，不得小于0.002。

机械循环与自然循环系统相比，主要优点是作用半径大，管径较小，锅炉房位置不受限制，不必低于底层散热器；缺点是因设循环水泵而增加了投资，消耗电能，运行管理复杂，费用增高。由此可见，机械循环适用于较大的采暖系统，而自然循环则适用于能利用自然作用压力的较小的采暖系统。

2）机械循环热水采暖系统形式

（1）上供下回式

上供下回式机械循环热水采暖系统有单管系统和双管系统两种形式。如图6－8所示，左侧为双管式系统，右侧为单管式系统。机械循环单管上供下回式热水采暖系统的形式简单、施工方便、造价低，是一种最常用的形式。

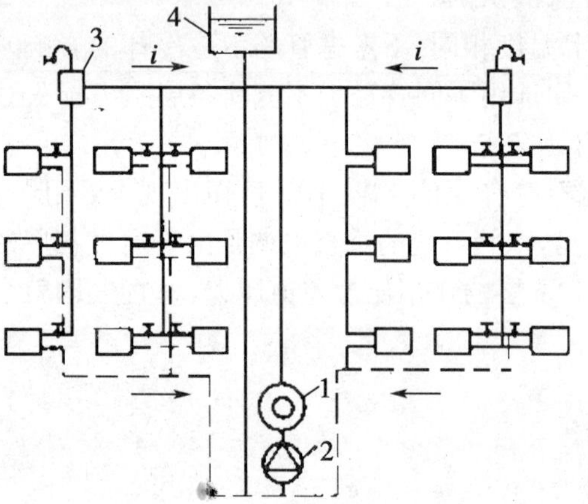

图6－8　机械循环上供下回式热水采暖系统

1—热水锅炉；2—循环水泵；
3—集气装置；4—膨胀水箱

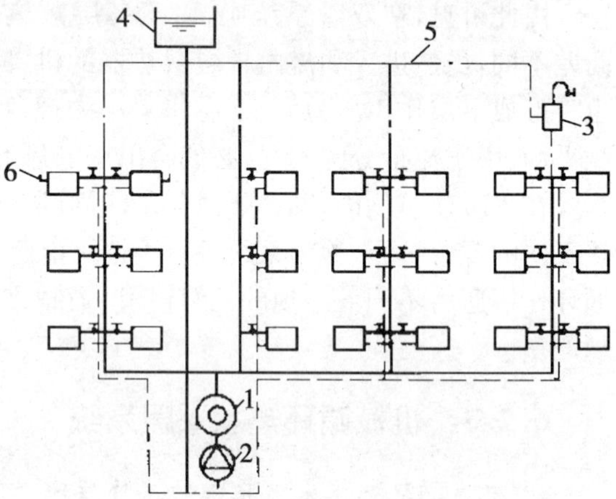

图6－9　机械循环下供下回式热水采暖系统

1—热水锅炉；2—循环水泵；3—集气罐；
4—膨胀水箱；5—空气管；6—放气阀

（2）双管下供下回式

双管下供下回式系统的供水管和回水管均敷设在所有散热器的下面，如图6－9所示。当建筑物设有地下室或平屋顶建筑顶棚下不允许布置供水干管时可采用这种形式，但必须解决好空气的排除问题。

（3）中供式

如图6－10所示，中供式系统供水干管设在建筑物中间某层顶棚的下面。中供式用于顶层梁下和窗下之间不能布置供水干管时，采用上部的供水干管式系统应考虑排气问题；下部的上供下回式系统，由于层数减少，可以缓和垂直失调问题。

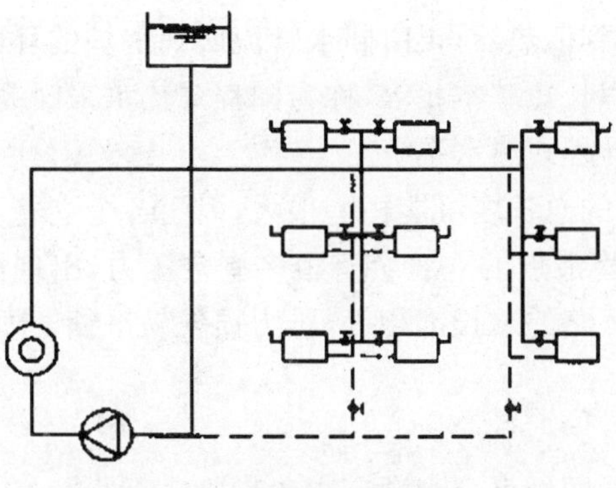

图 6-10 机械循环中供式热水采暖系统

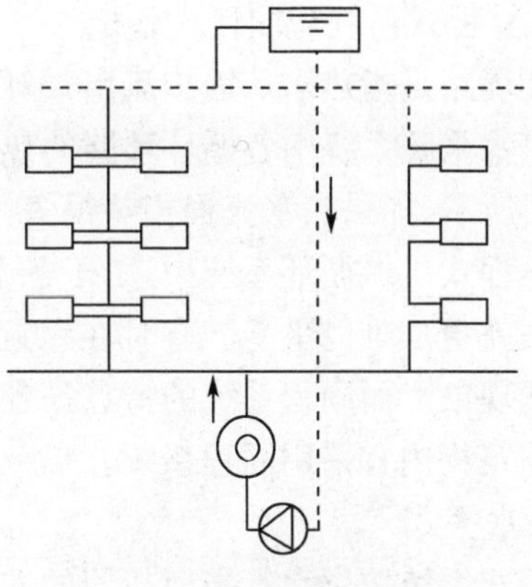

图 6-11 机械循环下供上回式(倒流式)热水采暖系统

(4) 下供上回(倒流)式

图 6-11 为机械循环下供上回式系统。该系统的供水干管设在所有散热器设备的下面,回水干管设在所有散热器的上面,膨胀水箱连接在回水干管上。回水经膨胀水箱流回锅炉房,再被循环水泵送入锅炉。这种系统的特点是由于热媒自下而上流过各层散热器,与管内空气泡上浮方向一致,因此系统排气好;水流速度可增大,节省管材;底层散热器内热媒温度高,可减少散热器片数,有利于布置散热器。该系统适用于高温水系统,但是这种系统由于散热器是下进上出的连接方式,其平均温度低,因此采用的散热器较多。

(5) 混合式

图 6-12 为机械循环混合式系统。混合式系统是由下供上回式(倒流式)和上供下回式两组串联组成的系统。水温 t'_g 的高温水自下而上进入第Ⅰ组系统,通过散热器,水温降到 t'_m 后再引入第Ⅱ组系统,系统循环水温度再降到 t'_h 后返回热源。由于两组系统串联,系统的压力损失大些。这种系统一般只宜使用在连接于高温热水网路上的卫生条件要求不高的民用建筑或生产厂房。

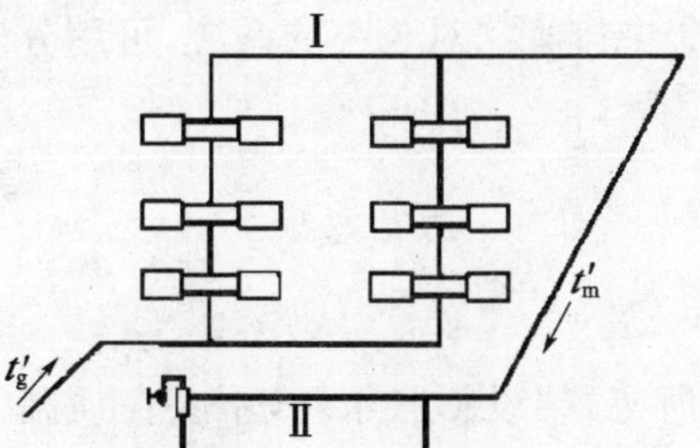

图 6-12 机械循环混合式热水采暖系统

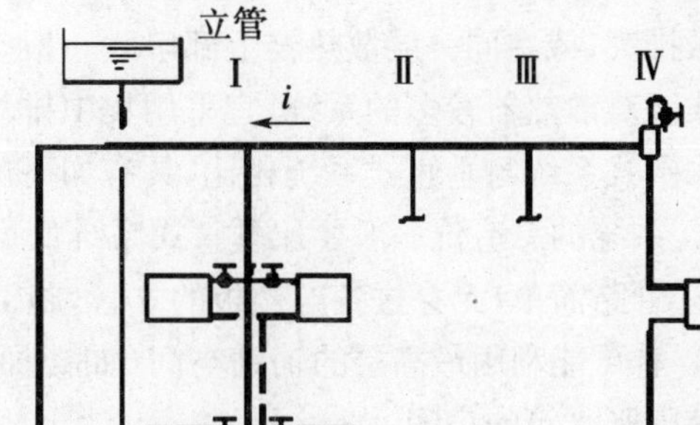

图 6-13 机械循环同程式热水采暖系统

(6) 异程式系统与同程式系统

循环环路是指热水从锅炉流出，经供水管到散热器，再由回水管流回到锅炉的环路。如果一个热水采暖系统中各循环环路的热水流程长短基本相等，称为同程式热水采暖系统，如图 6－13 所示；如果热水流程相差很多，称为异程式热水系统。

在异程式机械循环系统中，由于各个环路的总长度可能相差很大，因而各个立管环路的压力损失就更加难以平衡。有时在靠近总支管最近的立管会有很多剩余压力，出现严重的水平失调现象。而同程系统的特点是各立管环路的总长都相等，压力损失易平衡。所以，在较大的建筑物内宜采用同程系统。

(7) 水平式

水平式系统按供水管与散热器的连接方式同样可分为顺流式和跨越式两类。

图 6－14 为水平单管顺流式系统。该系统是将同一楼层的各组散热器串联在一起，热水水平地顺序流过各组散热器，它同垂直顺流式系统一样，不能对散热器进行个体调节。

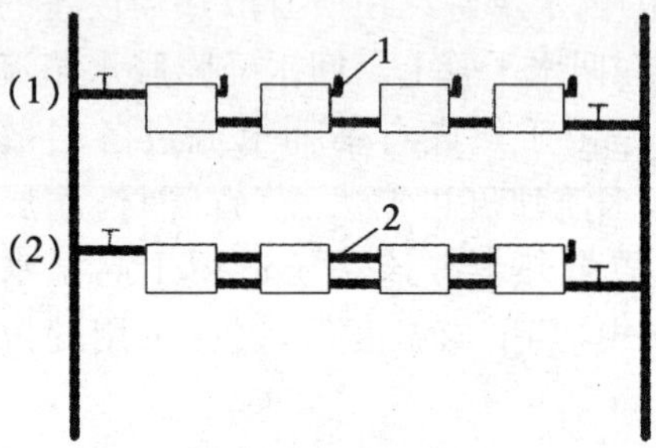

图 6－14　水平串联式热水采暖系统

1—放气阀；2—空气管

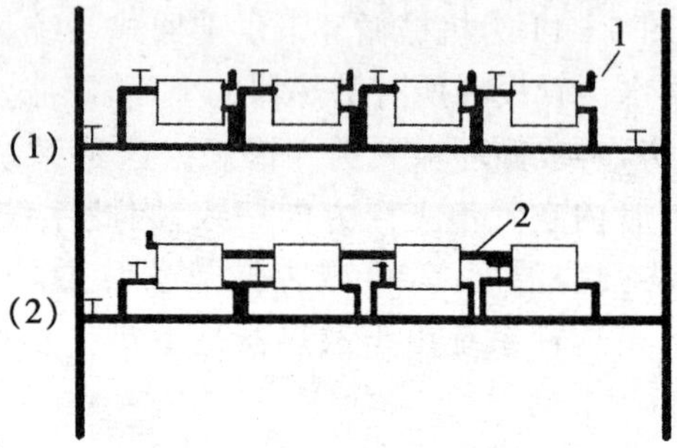

图 6－15　水平跨越式热水采暖系统

1—放气阀；2—空气管

图 6－15 为水平单管跨越式系统。该系统在散热器支管间连接一跨越管，热水一部分流入散热器，一部分经跨越管直接流入下组散热器。这种形式允许在散热器支管上安装阀门，能够调节散热器的进水流量。

水平式系统的排气方式要比垂直式上供下回系统复杂些，它需要在散热器上设置放气阀分散排气，或在同一层散热器上部串联一根空气管集中排气。对较小的系统，可用分散排气方式。对散热器较多的系统，宜采用集中排气方式。

水平式系统与垂直式系统相比，具有如下优点：

① 系统的总造价一般要比垂直式系统低。

② 管路简单，无穿过各层楼板的立管，施工方便。

③ 有可能利用最高层的辅助空间(如楼梯间、厕所等)架设膨胀水箱，不必在顶棚上专设安装膨胀水箱的房间。

④ 对一些各层有不同使用功能或不同温度要求的建筑物，采用水平式系统更便于分层管理和调节。

6.2.4　高层建筑热水采暖系统

目前，国内高层建筑热水采暖系统主要有以下几种方式：

1）分区式采暖系统

分区式采暖系统将高层建筑热水采暖系统在垂直方向上分成若干个相互独立的系统，如图 6－16 所示。系统高度的划分(即下层系统的高度)取决于散热器、管材的承压能力和室外热力管网的压力情况，而且下层系统一般直接与室外热力管网相连。上层系统与室外热力管网采用间接连接，使上层系统的水压与外网的水压状况没有联系，互不影响，热能的交换是在水-水换热器中进行的。当采用一般的铸铁散热器时，因为承压能力较低，多采用这种间接连接的方法。

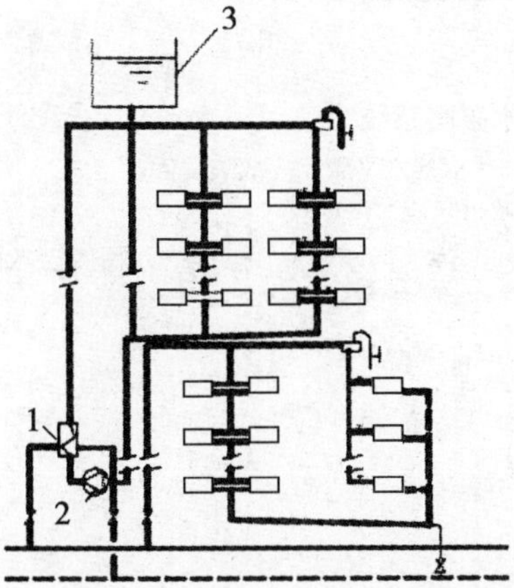

图 6－16　高层建筑分区式采暖系统

1—换热器；2—循环水泵；3—膨胀水箱

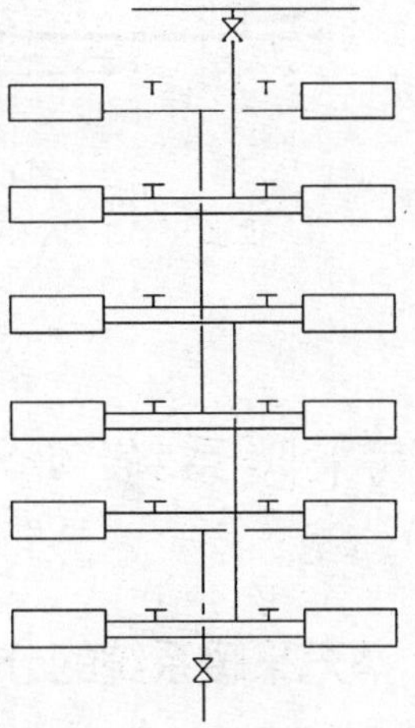

图 6－17　单管、双管混合系统

2）单管、双管混合式采暖系统

单管、双管混合系统如图 6－17 所示，在垂直方向上分为若干组，每组分为若干层，每组为双管系统，而各组之间采用单管连接，这就是所谓的单管、双管混合系统。这种系统避免了因楼层高单纯采用双管系统所造成的严重垂直失调现象；而且支管管径都比单管系统中的支管管径小很多；由于局部系统都是双管系统，可在支管上装设调节阀门来调节散热器的流量。因此单管、双管混合系统对单管、双管系统的特点兼而有之，是应用较多的一种热水采暖方式。

3）双线式采暖系统

双线式采暖系统分为垂直式和水平式系统，垂直式双线单管热水采暖系统由竖向的Ⅱ形单管式立管组成，如图 6－18 所示。一根是上升立管，另一根是下降立管，因此各层散热器的平均温度近似地可认为相同，可以减轻垂直失调。散热器采用蛇形管或辐射板式(单块或砌入墙内的整体式)结构。由于单管立管的阻力较小，容易引起水平失调，可以在下降立管上设置节流孔板来增大阻力，或者采用同程式系统来消除水平失调现象。双线式采暖系统不能解决下部散热器超压问题。

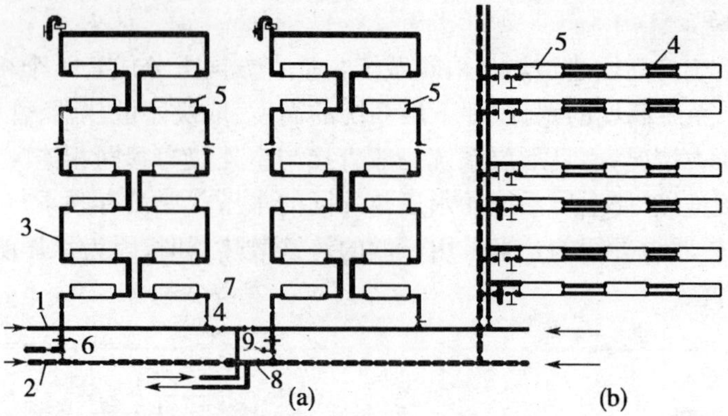

图 6-18　双线式热水采暖系统

1—供水干管；2—回水干管；3—双线立管；4—双线水平管；5—散热设备；
6—节流孔板；7—调节阀；8—截止阀；9—排水阀

6.3　蒸汽采暖系统

6.3.1　蒸汽采暖系统的分类

(1) 蒸汽采暖系统按供气压力的大小可分为高压蒸汽采暖系统，它的供气压力大于 70 kPa；低压蒸汽采暖系统，它的供气压力等于或低于 70 kPa；真空蒸汽采暖系统，它的供气压力低于大气压。

(2) 蒸汽采暖系统按干管布置方式的不同，可分为上供式、中供式和下供式蒸汽采暖系统。

(3) 按立管布置特点的不同，可分为单管式和双管式蒸汽采暖系统。

(4) 按回水动力的不同，可分为重力回水和机械回水蒸气采暖系统两种形式。

6.3.2　蒸汽采暖系统的工作原理

以水蒸气作为热媒的采暖系统称为蒸汽采暖系统，图 6-19 是蒸汽采暖系统原理图。水在蒸汽锅炉中被加热成具有一定压力和温度的饱和蒸汽，蒸汽靠自身压力作用通过管道流入散热器内，在散热器内放出热量后蒸汽变成凝结水。凝结水靠重力经疏水器(阻汽疏水)后沿凝结水管道返回凝结水箱内，再由凝结水泵送入锅炉重新被加热变成蒸汽。如此循环往复，进行蒸汽供暖系统的连续运行过程。

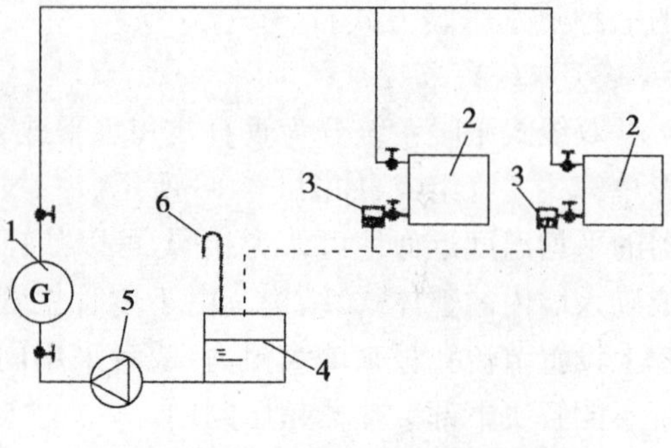

图 6-19　蒸汽采暖系统原理图

1—蒸汽锅炉；2—散热器；3—疏水器；
4—凝结水箱；5—凝结水泵；6—凝结水管

6.3.3 蒸汽采暖系统的形式

1) 低压蒸汽采暖系统

(1) 重力回水低压蒸汽采暖系统

图 6-20 为重力回水低压蒸汽采暖系统，这种系统锅炉内的蒸汽依靠自身压力作用进入散热器，产生的凝结水靠重力流回锅炉。该采暖系统形式简单，不需要设置凝结水箱和凝结水泵，节省电能，投资少，但只适用于小型蒸汽采暖系统。

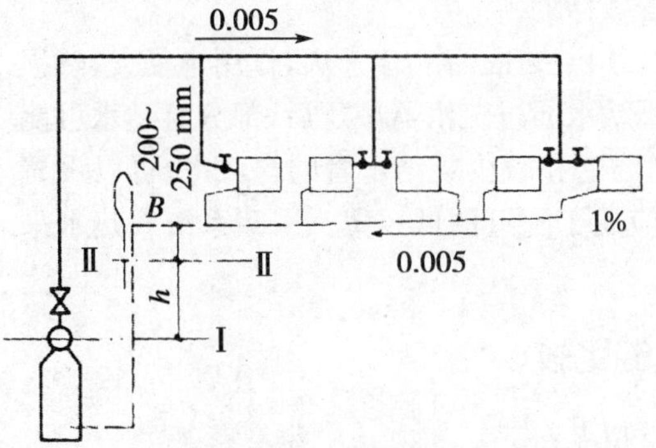

图 6-20 重力回水低压蒸汽采暖系统

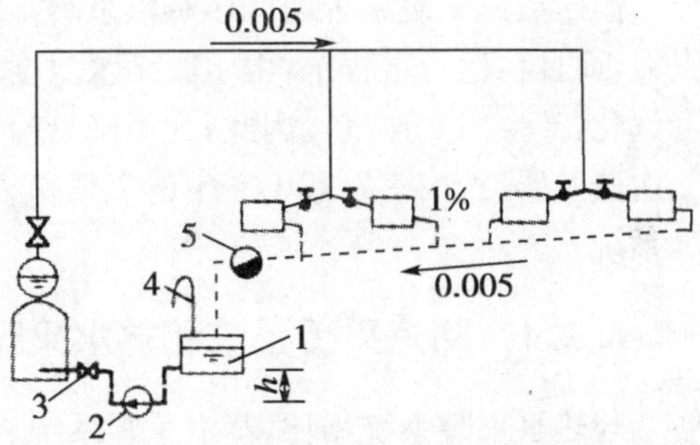

图 6-21 机械回水低压蒸汽采暖系统

1—凝结水箱；2—凝结水泵；3—阀门；4—凝结水管；5—疏水器

(2) 机械回水低压蒸汽采暖系统

机械回水低压蒸汽采暖系统与重力回水低压蒸汽采暖系统不同的是，该系统中有凝结水泵和凝结水箱，且凝结水箱低于凝结水干管，散热器内产生的凝结水经疏水器靠重力流回凝结水箱，再由凝结水泵将水箱中的水送入锅炉，如图6-21 所示。由于机械回水低压蒸汽采暖系统供热作用半径大，应用较为普遍，因此该系统适用于较大型蒸汽采暖系统。

2) 高压蒸汽采暖系统

在高压蒸汽采暖系统中，使用最多、最基本的系统形式是双管的上供下回式系统，如图 6-22 所示。

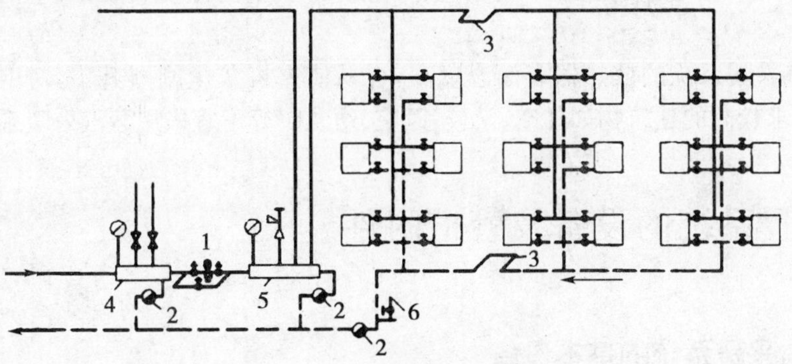

图 6-22 高压蒸汽采暖系统

1—减压装置；2—疏水器；3—方形伸缩器；4—减压阀前分汽缸；5—减压阀后分汽缸；6—放气阀

这种系统室外管网的高压蒸汽通过管道先进入生产用分汽缸，由此分汽缸向各生产点或车间供汽，同时分出另一股高压蒸汽，通过减压阀适当减压后进入采暖用分汽缸，由此分汽缸向各采暖系统供汽。高压蒸汽在散热器中散热后形成凝结水，通过高压疏水器进入凝结水管汇集后流入室外凝结水管网。

高压蒸汽采暖系统不像低压蒸汽采暖系统那样在每组散热器出口处或每根立管下端装设疏水器，而是集中在凝水干管的末端装设高压疏水器。为了检修方便，每组散热器的蒸汽支管和凝结水支管均装阀门。由于高压蒸汽和高压凝结水的温度都较高，为了吸收管道受热后产生的热伸长量，蒸汽和凝结水干管上都应安装伸缩器。

高压蒸汽采暖系统与低压蒸汽采暖系统相比，其供汽压力高，流速大，作用半径大，热损失大，而且在运行过程中，由于凝结水温度高，在凝结水通过疏水器减压后，部分凝结水可能会汽化，产生二次蒸汽。因此，为了降低凝结水的温度和减少凝结水管的含汽率，可以设置二次蒸发器，二次蒸发器中产生的低压蒸汽可以应用于附近的低压蒸汽采暖系统或热水采暖系统。

6.3.4 蒸汽采暖系统和热水采暖系统的比较

与热水采暖系统相比，蒸汽采暖系统具有以下特点：

(1) 蒸汽采暖系统中，由于热媒平均温度高，散热器的传热系数大，所需要的散热器片数要少于热水采暖系统。

(2) 由于热水采暖的流量大，允许流速小，因此热水采暖系统的管径比蒸汽采暖系统的管径大，所以在管路造价方面，蒸汽采暖系统也比热水采暖系统要少。

(3) 在高层建筑采暖时，蒸汽采暖系统不会产生很大的静水压力。而热水采暖系统静压大，层数多时底层易超压。

(4) 蒸汽采暖系统中由于热胀冷缩、水击、疏水器失灵等原因容易形成跑、冒、滴、漏。同时，蒸汽采暖系统管道内壁的氧化腐蚀要比热水采暖系统快，特别是凝结水管道更易损坏。

(5) 真空蒸汽采暖系统要求的严密度很高，并需要有抽气设备。

(6) 蒸汽采暖系统的热情性小，即系统的加热和冷却过程都很快，它适用于间歇供暖的场所，如剧院、会议室等。而热水采暖系统蓄热能力大，室内温度波动小，室内温度比较稳定、舒适。

(7) 蒸汽采暖系统的散热器表面温度高，容易使有机灰尘剧烈升华，对卫生不利。因此，对卫生要求较高的建筑物如住宅、学校、医院、幼儿园等不宜采用蒸汽采暖系统。

6.4 采暖系统的设备及管道附件

6.4.1 采暖系统的基本设备

1) 锅炉

锅炉是供热之源。锅炉及锅炉设备是保证锅炉能安全可靠、经济有效地把燃料的化学能转化为热能，进而将热能传递给水，以产生热水或蒸汽。

(1) 锅炉分类

① 按生产的热媒分，可分为热水锅炉：生产热水的锅炉；蒸汽锅炉：生产蒸汽的锅炉。

② 按工作压力分，可分为低压锅炉：蒸汽压力(相对压力)低于70 kPa或热水温度低于115℃的锅炉；高压锅炉：蒸汽压力(相对压力)高于70 kPa或热水温度高于115℃的锅炉。

③ 按锅炉出厂形式分，可分为散装锅炉：锅炉各部件在现场组装成整体；快装锅炉：锅炉出厂时已经组装成为整体。

(2) 锅炉的基本构造

锅炉主要由"汽锅"和"炉子"两大部分组成。汽锅是由锅筒(或称汽包)、管束、水冷壁、联箱和下降管等组成的一个封闭的热交换器。炉子是由炉排及炉墙所包围的炉膛组成的燃烧设备。此外，为保证锅炉的正常工作和安全，还必须设有安全阀、水位计、水位报警器、压力表、主阀、排污阀和止回阀等配件。

(3) 锅炉工作过程

① 燃料的燃烧过程。如图6-23所示，燃料由炉门1投入炉膛2中，铺在炉箅3上燃烧；空气受烟囱8的引风作用，由灰门4进入灰坑5，并穿过炉箅缝隙进入燃料层进行助燃。燃料燃烧后变成烟气和炉渣，烟气流向汽锅6的受热面，通过烟道7经烟囱8排入大气。

② 烟气与水的热交换过程。燃料燃烧时放出大量热能，这些热能主要以辐射和对流两种方式传递给汽锅里的水，所以，汽锅也就是一个热交换器。由于炉膛中的温度高达1 000℃以上，因此，主要以辐射方式将热量传递给汽锅壁，再传给锅炉中的水。在烟道中，高温烟气冲刷汽锅的受热面，主要以对流方式将热量传给锅炉中的水，从而使水受热并降低了烟气的温度。

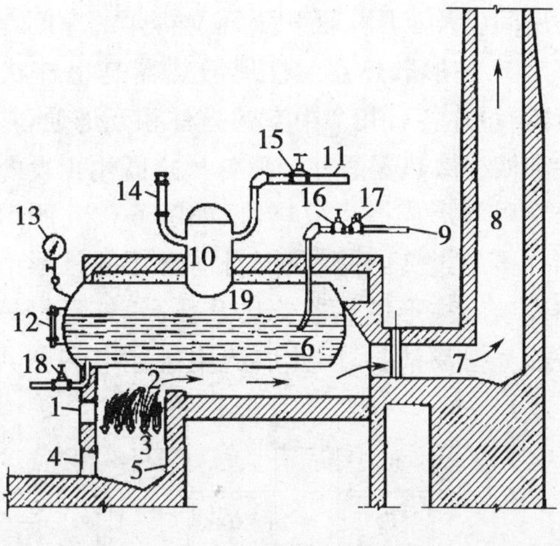

图6-23　锅炉的工作原理图

1—炉门；2—炉膛；3—炉箅；4—灰门；5—灰坑；6—汽锅；7—烟道；8—烟囱；9—给水管；10—干汽室；11—蒸汽管道；12—水位表；13—压力表；14—安全阀；15—主汽阀；16—给水阀；17—回水阀；18—排污阀；19—蒸汽空间

③ 水受热的汽化过程。由给水管道9将水送入汽锅里至一定的水位，汽锅中的水接受锅壁传来的热量而沸腾汽化。沸腾水形成的气泡由水底上升至水面以上的蒸汽空间，形成汽和水的分界面——蒸发面。蒸汽离开蒸发面时带有很多水滴，湿度较大，到了蒸汽空间后，由于蒸汽运动速度减慢，大部分水滴会分离下来，蒸汽上升到干汽室10后还可以分离出部分水滴，最后带少量水分由蒸汽管道11送出。

2）散热器

散热器是以对流和辐射两种方式向室内散热的设备。散热器应有较高的传热系数，有足够的机械强度，能承受一定压力，消耗金属材料少，制造工艺简单，同时表面应光滑，易清扫，不易积灰，占地面积小，安装方便，美观，耐腐蚀。

散热器按材质分为铸铁、钢制和铝合金等；按构造形式分为管形、翼形、柱形、板形等。

目前，我国常用的散热器有以下几种：

(1) 铸铁散热器

铸铁散热器是由铸铁浇铸而成，结构简单，具有耐腐蚀、使用寿命长、热稳定性好等特点，因而被广泛应用。工程中常用的铸铁散热器有冀形和柱形两种。

① 冀形散热器。冀形散热器又分为圆冀形和长冀形，外表面有许多肋片，如图 6－24 所示。冀形散热器承压能力低，易积灰，外形不很美观，不易组成所需散热面积，适用于散发腐蚀性气体的厂房和湿度较大的房间以及工厂中面积大而又少尘的车间。

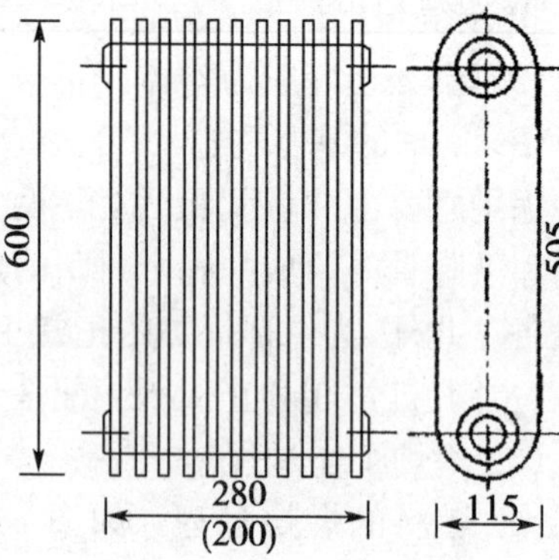

图 6－24 翼形散热器

② 柱形散热器。柱形散热器是呈柱状的单片散热器，每片各有几个中空的立柱相互连通，常用的有二柱和四柱散热器两种。片与片之间用正反螺丝连接，根据散热面积的需要，可把各个单片组合在一起形成一组散热器，如图 6－25 所示。每组片数不宜过多，一般二柱不超过 20 片，四柱不超过 25 片。我国目前常用的柱形散热器有带脚和不带脚两种片型，便于落地或挂墙安装。柱形散热器传热系数高，外形也较美观，占地面积较小，易组成所需的散热面积，表面光滑易清扫，因此广泛用于住宅和公共建筑中。

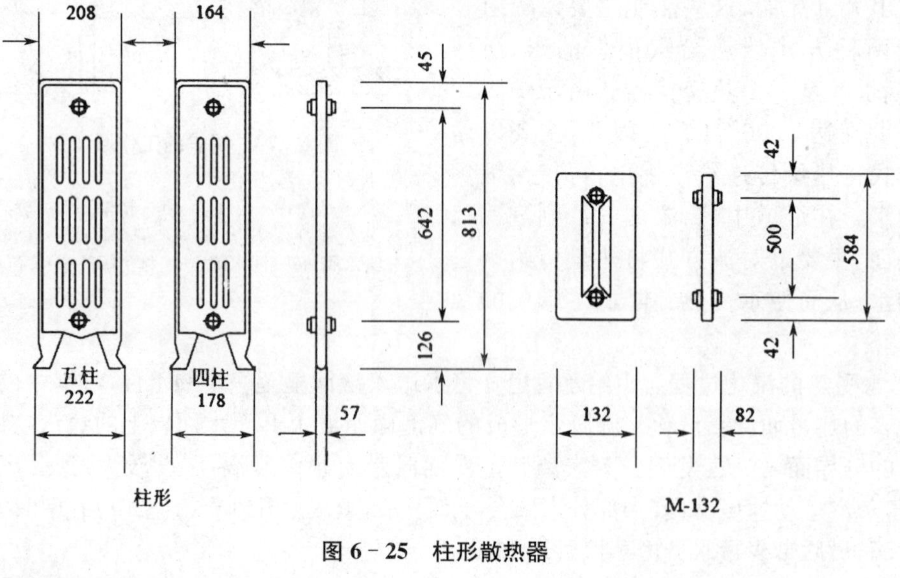

图 6－25 柱形散热器

(2) 钢制散热器

钢制散热器主要有闭式钢串片（图 6－26）、钢板式（图 6－27）、柱形等几种类型。与铸铁散热器相比，它具有以下特点：金属耗量少，多由薄钢板压制焊接或钢管焊接而成；耐压强度高，一般可达到 0.8～1.0 MPa，而铸铁散热器只有 0.4～0.5 MPa；外形美观，便于布置。其最严重的缺点是容易被腐蚀，使用寿命较短。

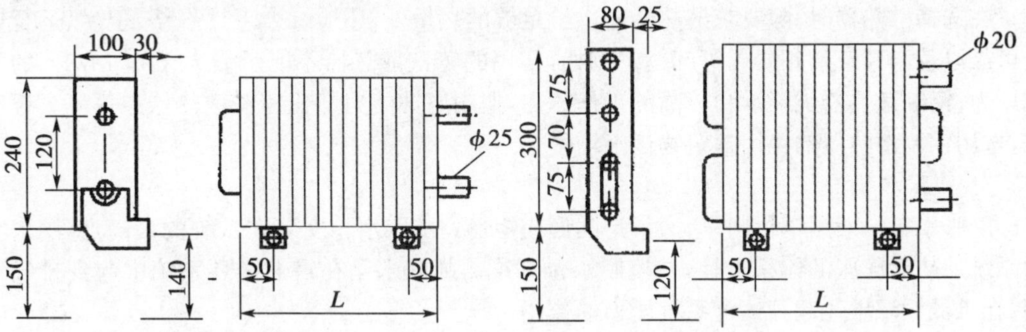

(a) 240×100　　(b) 300×80

图 6-26　闭式钢串片对流散热器示意图

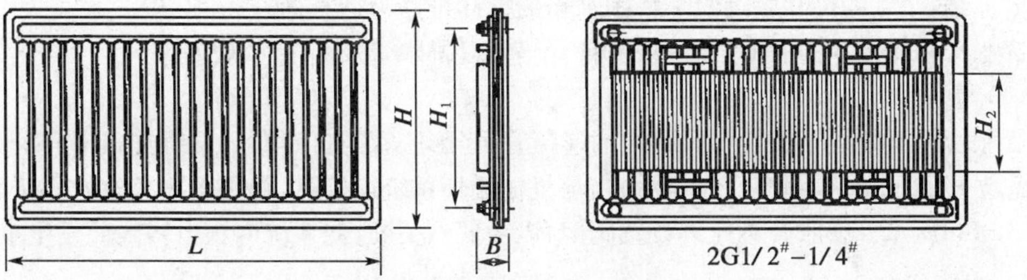

图 6-27　钢板式散热器

(3) 铝合金散热器

铝合金散热器常用的是柱式散热器，体积小，重量轻，金属耗量少，美观，多挂在墙上，起装饰作用，但水容量小，造价高。

(4) 散热器的布置

散热器设置在外墙窗口下面最为合理。这样经散热器上升的对流热气流沿外窗上升，能阻止渗入的冷空气沿墙和窗户下降，因而防止冷空气直接进入室内工作区域，使房间温度分布均匀，流经室内的空气舒适暖和。

散热器应尽量少占建筑使用面积和有效空间，且与室内装修相协调。

散热器有明装和暗装两种，如图 6-28 所示。一般情况下，为了使散热器更好地散热，散热器应采用明装。在建筑、工艺方面有特殊要求时，应将散热器加以围挡，但要设有便于空气对流的通道。楼梯间的散热器应尽量放置在底层。双层外门的外室、门斗不宜设置，以防冻裂。

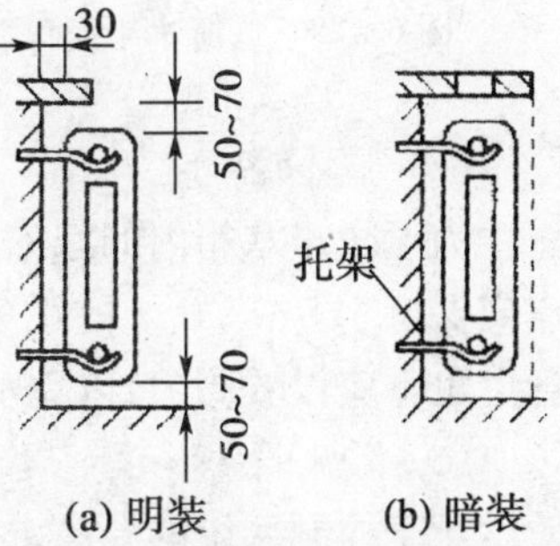

(a) 明装　　(b) 暗装

图 6-28　散热器安装

在热水采暖系统中，支管与散热器的连接应尽量采用上进下出的方式，且进出水管尽量在散热器同侧，这样传热效果好且节约支管；下进下出的连接方式传热效果较差，但安装简单，对分层控制散热量有利；下进上出的连接方式传热效果最差，但这种连接方式有利于排气。

安装在同一房间内的散热器可以增设立管而进行横向串联，连接管径一般采用 DN32。同一房间的散热器安装高度应保持一致，并且要使干管及散热器支管具有规范要求的坡度。

在选择散热器时，除要求散热器能供给足够的热量外，还应综合考虑经济、卫生、运行安全可靠以及与建筑物相协调等问题。例如，常用的铸铁散热器不能承受大于 0.4 MPa 的工作压力；钢制散热器虽能承受较高的工作压力，但耐腐蚀能力却比铸铁散热器差等等。近年来，选用钢制散热器的民用建筑物逐渐增多。

3) 膨胀水箱

膨胀水箱一般用钢板制作，通常是圆形或矩形。膨胀水箱安装在系统的最高点，用来容纳系统加热后膨胀的体积水量，并控制水位高度。膨胀水箱在自然循环系统中起到排气作用，在机械循环中还起到恒定系统压力的作用。

在上供下回热水采暖系统中，其膨胀水箱常放置在顶棚内；在平顶房屋中，则将膨胀水箱放置在专设的屋顶小室内，膨胀水箱由承重墙、楼板梁等支撑；下供下回式热水采暖系统中，膨胀水箱常放置在楼梯间顶层的平台上。膨胀水箱外应有一保温小室以免水箱中水在停运时冻结，小室的尺寸应以便于膨胀水箱的拆卸维修为计算标准。

膨胀水箱箱体上连有膨胀管、溢流管、信号管、排水管及循环管等管路。

(1) 膨胀管

膨胀管是系统主干管与膨胀水箱的连接管，当膨胀管与自然循环系统连接时，膨胀管应接在总立管的顶端，如图 6－29 所示；当与机械循环系统连接时，膨胀管应接在水泵入口前，如图 6－30 所示。膨胀管不允许设置阀门，以免偶然关断，使系统内压力增高而发生事故。

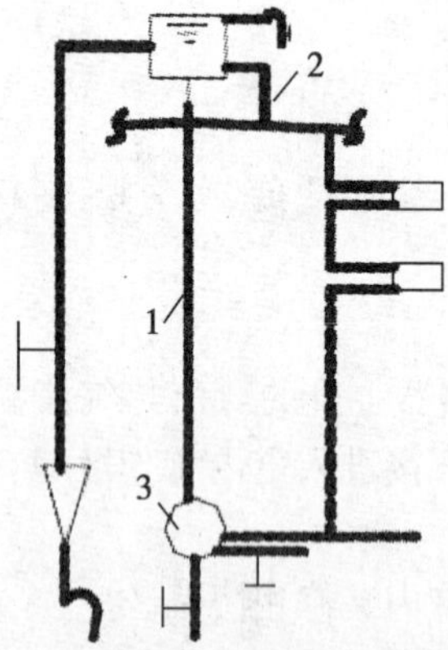

图 6－29　膨胀水箱与自然循环系统的连接

1—膨胀管；2—循环管；3—加热器

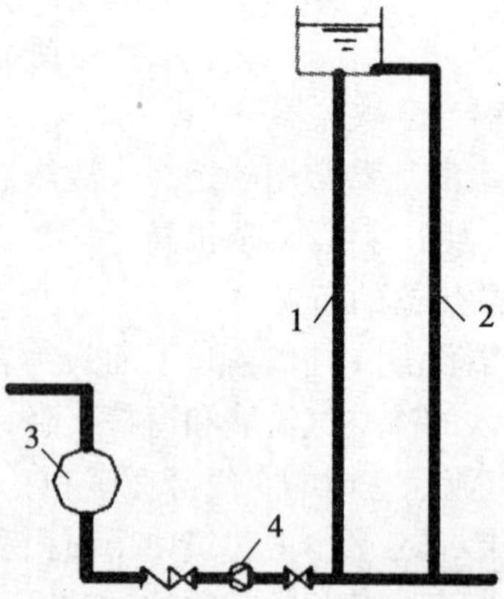

图 6－30　膨胀水箱与机械循环系统的连接

1—膨胀管；2—循环管；3—加热器；4—水泵

(2) 循环管

为了防止水箱内的水冻结，膨胀水箱需设置循环管。在机械循环系统中，连接点与定压点应保持 1.5～3.0 m 的距离，以使热水能缓慢地在循环管、膨胀管和水箱之间流动。循环管上也不应设置阀门，以免水箱内的水冻结。

(3) 溢流管

用于控制系统的最高水位，当水的膨胀体积超过溢流管口时，水溢出，就近排入排水设施中。溢流管上也不允许设置阀门以免偶然关闭而使水从入孔处溢出。

(4) 信号管

用于检查膨胀水箱水位，决定系统是否需要补水。信号管控制系统的最低水位应接至锅炉房内或人们容易观察的地方，信号管末端应设置阀门。

(5) 排水管

用于清洗、检修时放空水箱用，可与溢流管一起就近接入排水设施，其上应安装阀门。

4) 排气设备

排气设备是及时排除采暖系统中空气的重要设备，在不同的系统中可以用不同的排气设备。在机械循环上供下回式系统中，可用集气罐、自动排气阀来排除系统中的空气，且装在系统末端最高点。集气罐一般由直径为 100～250 mm 的短管制成，分立式和卧式两种。而自动排气阀的自动排气是靠本体内的自动机构使系统中的空气自动排出系统外，它外形美观、体积小、管理方便、节约能源。在水平式和下供式系统中，用装在散热器上的手动放气阀来排除系统中的空气。

热水采暖上供下回式系统中，一个系统中的两个环路不能合用一个集气罐，以免热水通过集气罐互相串通，造成流量分配的混乱。

5) 疏水器

疏水器的作用是自动阻止蒸汽逸漏且迅速排出用热设备以及管道中的凝水，同时还能排除系统中积留的空气和其他不凝性气体。因此疏水器在蒸汽采暖系统中是必不可少的重要设备，它通常设置在散热器回水管支管或系统的凝水管上。最常用的疏水器主要有机械型疏水器、热动力型疏水器和热静力型疏水器三种。其中，机械型疏水器是利用蒸汽、凝水的密度差，形成凝水液位来控制凝水排气孔自动启闭的疏水器；热动力型疏水器是利用蒸汽、凝水在流动过程中压力、比容的变化来控制流道启闭的疏水器；热静力型疏水器是利用蒸汽、凝水的温度变化引起恒元件膨胀和收缩来控制启闭的疏水器。凝水流入疏水器后，经过一个缩小的孔口流出。此孔的启闭由内装酒精的金属波形囊控制，当蒸汽经过疏水器时酒精受热蒸发，体积膨胀，波形囊伸长，带动底部的锥形阀，堵住小孔，使蒸汽不能流入凝水管。直到疏水器内的蒸汽冷凝成水后波形囊收缩，小孔打开，排出凝水。当空气或较冷的凝水流入时，波形囊加热不够，小孔继续开着，它们可以顺利通过。

疏水器很容易被系统管道中的杂质堵塞，因此在疏水器前应有过滤措施。

6) 除污器

除污器是阻留系统热网水中的污物以防它们造成系统室内管路阻塞的设备，除污器一般为圆形钢质筒体，其接管可取与干管相同的直径。除污器一般安装在采暖系统的入口调压装置前，或锅炉房循环水泵的吸入口和换热器前面；其他小孔口也应该设除污器或过滤器。

7) 散热器控制阀

散热器控制阀安装在散热器入口管上，是根据室温和给定温度之差自动调节热媒流量的大小来自动控制散热器散热量的设备，主要应用于双管系统中，单管跨越系统中也可使用。这种设备具有恒定室温、节约系统能源的功能。

6.4.2 采暖系统的管道布置与安装

1) 室外供热管网布置

室外供热管网有枝状和环状两种布置形式。一般厂区、建筑小区多采用枝状管网。对于任何时间都不允许间断供热的用户应采用环状管网，它比枝状管网提高了供热的可靠性，但管网的造价和钢材消耗量都将增大。

室外供热管网的敷设有架空敷设、地沟敷设、直埋敷设三种方式。架空敷设分为高支架(≥4 m)、中支架(2.5～4 m)和低支架敷设。地沟敷设分为通行地沟(≥1.8 m)、半通行地沟(0.8～1.6 m)和不通行地沟。

2) 采暖系统室内管道布置与安装

布置室内管网时，管路沿墙、梁、柱平行敷设，力求布置合理(管线短)，安装、维护、管理方便，有利于排气及泄水，水利条件好，不影响室内美观。

室内采暖管路敷设方式有明装和暗装两种。明装有利于散热器的传热和管路的安装、检修。暗装时应考虑检修方便。

(1) 干管的布置与敷设

应合理划分支路，目的在于合理地分配热量，便于控制、调节和维修。

水平干管要有正确的坡度和坡向，对于机械循环热水采暖管道的坡度一般为 0.003，不小于 0.002；自然循环热水采暖系统管道的坡度一般为 0.005～0.01；蒸气系统汽水同向流动的蒸气管道坡度一般为 0.003，不小于 0.002；管道坡向应尽量使汽水流动方向一致，干管变径不应使用补芯变径，应使用偏心变径，热水管道应采用顶平连接，蒸汽管道应采用底平连接。管道变径点一般按流向设在三通后 200 mm 处。

在上供下回式供暖系统中，供水干管布置在建筑物顶层，可明装敷设在顶板下，也可暗装敷设在吊顶内。回水干管一般敷设在建筑物首层的地沟内或地下室；回水干管有时也可明装敷设在首层房间的地面上。当供暖管道布置在地沟内或管槽内时应采取保温措施，当明装敷设在房间地面上的回水管道过门时需设置过门地沟或门上绕行管道，并设排气和泄水阀门，如图 6-31 所示。

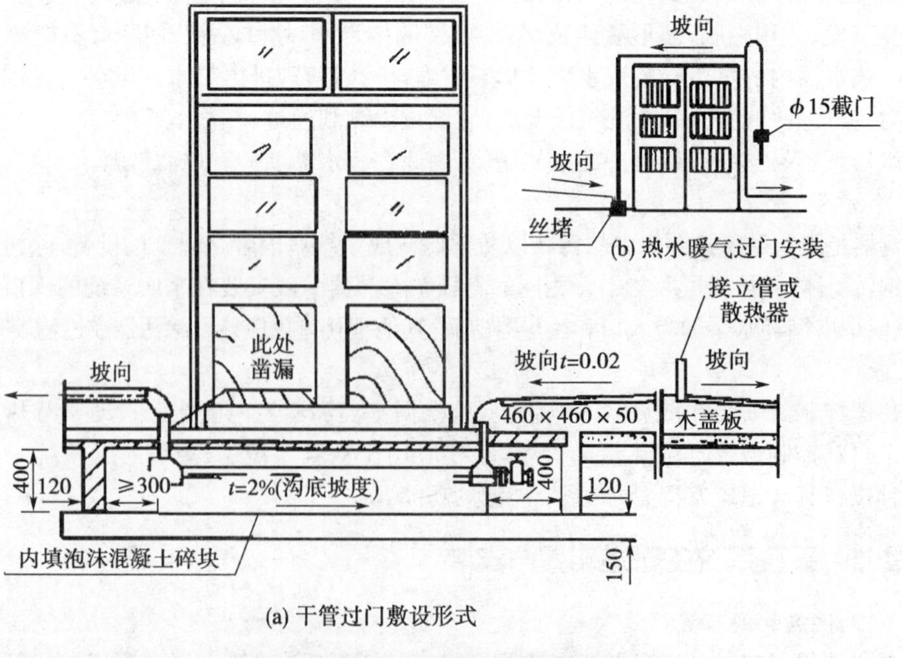

图 6-31　干管必须穿过门洞时的安装

(2) 立管的布置与敷设

立管可布置在房间窗间墙内或墙身转角处，对于有两面外墙的房间，立管宜设置在温度低的外墙转角处。楼梯间的立管尽量单独设置。

要求暗装时，立管可敷设在墙体内预留的沟槽内，也可敷设在管道竖井内。管井应每层用隔板照断，以减少由于井中空气对流而形成的立管热损失。此外，每层还应设检修门供维修之用。

当立管穿楼板时应设置钢套管，楼板内的套管上端应高出地面 20 mm，有给水、排水设备的房间应高出地面 50 mm。下端应与楼板底面相平，立管与套管间隙应用油膏嵌缝，如图 6－32 所示。

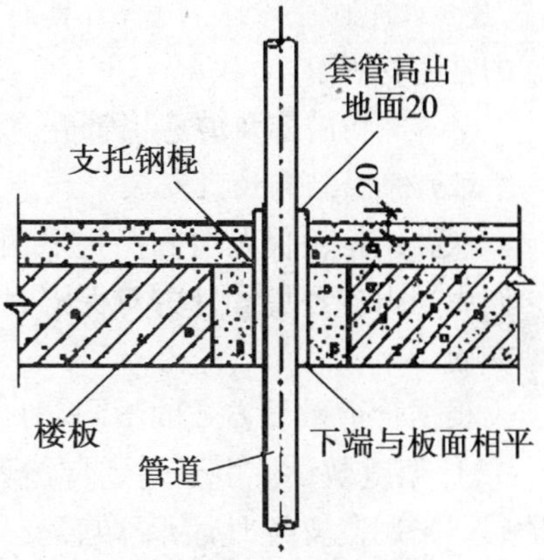

图 6－32　立管穿楼板做法

(3) 散热器支管的布置与敷设

支管的布置与散热器的位置及进水口和出水口的位置有关。支管与散热器的连接方式有三种，如图 6－33 所示。进水口、出水口可以布置在同侧，也可以布置在异侧。支管与散热器的连接方式一般采用上进下出异侧或同侧连接方式，异侧连接方式散热效果好，同侧连接方式具有管路短、美观的优点。连接散热器的支管应有坡度，以利于排气和泄水，坡度一般为 0.01。

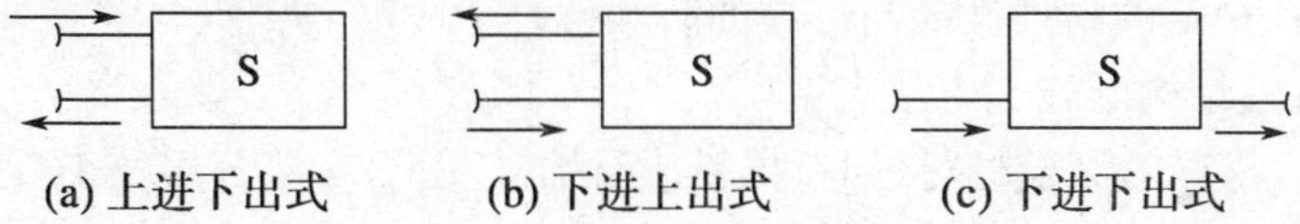

图 6－33　支管与散热器的连接方式

当水平管道穿过室内墙壁时，应设置镀锌铁皮套管，墙壁内的套管两端与饰面相平，间隙用油膏嵌缝。

3) 采暖系统常用管材及连接方式

采暖管道常用的管材有非镀锌钢管、无缝钢管、PEX 管(交联聚乙烯)、PE－RT 管(耐高温聚乙烯)、铝塑复合管、PB 管(聚丁烯)。

非镀锌钢管广泛用于室内低温热水采暖系统，无缝钢管用于蒸汽采暖系统及高温热水采暖系统中。当 DN≤32 时采用螺纹连接；当 DN＞32 时采用焊接或法兰连接。

PEX 管、PE－RT 管、铝塑复合管、PB 管主要应用于低温热水地板辐射采暖系统中。PEX 管采用管件(卡套式)连接，方便快捷，管道意外损坏时可整根更换。PE－RT 管材用管件连接，为同材质热熔焊接，方便快捷，安全牢固，无渗漏之忧。

4) 采暖系统管道、设备的保温

(1) 保温的一般要求

为了减少热量的损耗、节省燃料及防止冬季因管道或设备内水温降低造成危害，必须对热的或某些冷的管道和设备进行保温。

保温应在防腐和水压试验合格后进行。如果需要先做保温，应在管道连接处留出环形焊缝，待水压试验合格后再对管道连接处进行保温。

对保温材料的要求是：重量轻，导热系数小，耐热性能好，具有一定的机械强度，不腐蚀管道，可燃物少，吸水率低，易于加工成型，施工方便，价格低廉。

保温材料种类繁多，《民用建筑节能设计标准》推荐以下两种保温材料（适合于供热管道）：

① 水泥膨胀珍珠岩管壳，具有较好的保温性能，产量大，价格比较便宜，是目前管道保温的常用材料。

② 岩棉、矿棉及玻璃棉管壳，保温性能良好，无毒，耐用且施工方便。

(2) 保温结构及其安装

保温结构由保温层和保护层两部分组成。管道的防腐涂料层包含在保护层内。保护层的作用是阻挡环境和外力对保温材料的影响，以延长保温结构的寿命。保护层包括防水、防潮在内。

根据管道敷设方式的不同，对保温结构的要求也不同：

① 架空敷设。由于受到自然环境的侵袭，考虑到检修不方便，因而要求强度较高的保护层。采用高支架时，为了减轻支架负担，保温层的重量应较小。

② 通行地沟。因为检修方便，不受较大的机械性负荷，又很少受潮湿的影响，因而保温结构可较简单。

③ 不通行地沟。由于地沟中温度高、湿度大，常有水侵入，甚至可能有水暂时淹没管道而又不能经常维修，因此要求具有良好的防水及防潮性能。

④ 埋地敷设。管道直接埋地，保温结构承受土壤及地面负荷，而且检修困难，因而要求较高的机械强度、稳定的物理性能与可靠的防水性。

采暖管道保温结构的施工方法有：

① 涂抹式。将湿的保温材料（如石棉粉或石棉硅藻土）直接分层抹于管上。

② 预制式。在预制场将保温材料制成块状、扇形、半圆形等，然后扎于管上。

③ 填充式。将保温材料充填于管子四周特制的套子或铁丝网中，或将保温材料直接填充于地沟或无沟敷设的槽内。松散的、纤维状的材料都可用来填充。

④ 浇灌式。常用在不通行地沟及埋地敷设中。浇灌材料大多是泡沫混凝土。近年来也使用硬质泡沫塑料，在钢板制模具内注入配好的原料，在管外直接发泡成型。

⑤ 捆扎式。利用成型的柔软而具有弹性的保温织物（如矿渣棉毡或玻璃棉毡）直接包裹在管道或附件上。

6.5 建筑采暖施工图

采暖施工图是采暖系统施工的依据和必须遵守的文件。施工图可使施工人员明白设计人员的设计意图，施工图必须由正式的设计单位绘制并签发。施工时，未经设计单位同意，不能随意对施工图中的规定内容进行修改。

6.5.1 建筑采暖施工图的组成

采暖系统施工图一般由设计说明、平面图、采暖系统图、详图、主要设备材料表等部分组成。施工图是设计结果的具体体现，表示出建筑物的整个采暖工程。

1）设计说明

设计图纸难以表达的问题一般用设计说明来表达。设计说明是对设计图纸的重要补充，其主要内容如下：

（1）建筑物的采暖面积、热源的种类、热媒参数、系统总热负荷。

（2）采用的散热器的型号及安装方式、系统形式。

（3）在安装和调整运转时应遵循的标准和规范。

（4）在施工图上无法表达的内容，如管道防腐保温、油漆、水压试验等。

（5）管道连接方式，所采用的管道材料。

（6）在施工图上未作表示的管道附件安装情况，如在散热器支管上与立管上是否安装阀门等。

一般中小型工程的设计说明直接写在图纸上，工程较大、内容较多时另附专页编写，放在一份图纸的首页。施工人员看图时，应首先看设计说明，然后再看其他图。在看图过程中，针对图上的问题再看设计说明。

2）采暖平面图

采暖平面图是利用正投影原理，采用水平全剖的方法表示出建筑物各层采暖管道及设备的平面布置，一般有以下内容：

（1）建筑的平面布置（各房间分布、门窗和楼梯间位置等）。在图上应注明轴线编号、外墙总长尺寸、地面及楼板标高等与采暖系统施工安装有关的尺寸。

（2）散热器的位置（一般用小长方形表示）、片数及安装方式（明装、半暗装或暗装）。

（3）干管、立管（平面图上为小圆圈）和支管的水平布置，同时注明干管管径和立管编号。

（4）主要设备或管件（如支架、补偿器、膨胀水箱、集气罐等）在平面上的位置。

（5）用细虚线画出采暖地沟、过门地沟的位置。

（6）引入口的位置，供、回水总管的走向、位置及采用的标准图号（或详图号）。

平面图一般包括标准层平面图、顶层平面图、底层平面图。在平面图中，管道用粗线（粗实线、粗虚线）表示，其余均用细线表示。平面图常用的比例有 1∶50、1∶100、1∶200 等。

3）采暖系统图

系统图又称流程图，也叫系统轴测图，是按正面斜轴测图的方式绘制的。系统图与平面图配合，表明了整个采暖系统的全貌。系统图包括水平方向和垂直方向的布置情况。散热器、管道及其附件（阀门、疏水器）均在图上表示出来。此外，还标注各立管编号、各段管径和坡度、散热器片数、干管的标高。系统图比例和平面图相同，主要包括以下内容：

（1）采暖管道的走向、空间位置、坡度，管径及变径的位置，管道与管道之间的连接方式。

（2）散热器与管道的连接方式。

（3）管路系统中阀门的位置、规格，集气罐的规格和安装形式（立式或卧式）。

（4）膨胀水箱、疏水器、减压阀的位置以及规格和类型。

（5）立管编号。

4）详图

详图是当平面图和系统图表示得不够清楚而又无标准图时所绘制的补充说明图，它用局部放大比例来绘制，常用的比例是 1∶10、1∶50。详图能表示采暖系统节点与设备的详细构造及安装尺寸要求，包括节点图、大样图和标准图。

(1) 节点图

节点图能清楚地表示某一部分采暖管道的详细结构和尺寸，但管道仍然用单线条表示，只是将比例放大，使人能看清楚。例如，有的采暖入口处管道的交叉连接复杂，设备种类较多，在系统图中不易表达清楚，因此需要另画一张比例较大的详图，即节点图。

(2) 大样图

管道用双线图表示，看上去有真实感。

(3) 标准图

标准图是具有通用性质的详图，一般由国家或有关部委出版标准图案，作为国家标准或部标准的一部分颁发。例如，散热器的安装，按《N112》施工，N112 就是散热器安装所采用的标准图号。

5) 主要设备材料表

为了便于施工备料，保证安装质量和避免浪费，使施工单位能按设计要求选用设备和材料，一般的施工图均应附有设备及主要材料表，简单项目的设备材料表可列在主要图纸内。设备材料表的主要内容有编号、名称、型号、规格、单位、数量、质量、附注等。

6.5.2 建筑采暖施工图的识读

1) 建筑采暖工程常用图例(见表 6－2)

表 6－2 采暖系统图例

序号	名称	图例	序号	名称	图例
1. 各类标注法			2. 系统编号		
1	焊接钢管	用公称直径表示 例：DN32	1	采暖立管编号	(Ln) L—立管代号 n—立管编号
2	无缝钢管	用外径和壁厚表示 例：D108×4	2	采暖入口编号	(Rn) R—入口代号 n—入口编号
3	坡向	———→———	3. 各类管道		
4	流向	———→———	1	采暖供水管	————————
5	标高	1.200 ▽　　−1.200 ▽	2	采暖回水管	—— —— ——
6	散热器	□	3	蒸汽管	——Z——Z——
	柱式	标注片数 例：[10]	4	凝结水管	——N——N——
	圆翼形	标注根数×排数 例：3×2 □	5	膨胀水管	——P——
	光面管	标注管径 长度 排数 例：D108×2 000×3 □	6	补给水管	——B——
	串片式	标注长度 排数	7	循环水管	——X——
	板式	标注高度 长度	8	溢排水管	——Y——
	扁管式	标注高度 长度	9	保温管	∿∿∿∿

续表 6-2

序号	名　称	图　例
	4. 阀门及附件	
1	截止阀	
2	闸　阀	
3	蝶　阀	
4	止回阀	
5	安全阀	
6	减压阀	
7	手动排气阀	
8	自动排气阀	
9	角　阀	
10	三通阀	
11	电磁阀	
12	电动二通阀	
13	电动三通阀	
14	散热器三通阀	
15	散热三通阀	
16	散热器放风门	
17	浮球阀	
18	过滤器	
19	除污阀	
20	集气罐	
21	疏水器	
22	节流孔板	
23	固定支架（单管）	
24	固定支架（多管）	
25	丝堵或盲板	
26	方形伸缩器	
27	套形伸缩器	
28	波纹管伸缩器	
29	金属软管伸缩器橡胶软接头	
	5. 采暖设备	
1	散热器	
2	暖风机	
3	膨胀水箱	
4	管道泵	
5	容积式换热器	
	6. 仪表及传感元件	
1	压力表	
2	温度计	
3	流量计	
4	流量传感元件	
5	液位传感元件	

2）采暖施工图识读步骤

施工图是工程的语言，是重要的技术文件，是施工人员进行施工的指导手册，必须按照国家规定的制图标准进行绘制。成套的专业施工图识读步骤如下：

(1) 首先看图纸目录，了解此套图纸的组成、张数，然后再详细分析图纸。

(2) 采暖施工图和其他工程施工图一样，所表示的设备、管道和附件等一般采用统一图例，在识读前应先掌握有关图例，了解图例代表的内容。

(3) 通读设计施工说明，对工程概况有所了解，搞清楚设计对施工提出的具体做法和要求。

(4) 平面图和系统图对照看，先看各层平面图，再看系统图，既要看清供暖系统的全貌和各部位的关系，也要搞清楚供暖系统各部分在建筑物中所处的位置。

(5) 系统图中图例及线条较多，应沿着流体流动方向看。一般供暖系统图识读顺序为：从供暖的用户入口处开始，经供水总管、总立管、水平干管、立管、支管、散热器到回水支管、立管、干管、回水总管，再到用户入口，顺着管道流体流向把平面图和系统图对照看，搞清每条管道的名称、方向、标高、管径、坡度、变径、分流点、合流点，散热器的位置、型号、规格、组数、片数，阀门的位置、型号、规格、数量，集气罐、伸缩器、固定支架的位置和数量等。

(6) 注意立管和水平干管在安装时与墙面的距离，图中有时没有将立管和直管的拐弯连接画出，干管的位置有时也没有完全按投影方法绘制。

(7) 识读图纸时应注意支架及散热器安装时的预留孔洞、预埋件等对土建的要求，以及与装饰工程的密切配合，这些对于保证工程质量和进度有着重要意义。

3）采暖施工图识读实例

某三层办公楼采暖系统施工图图纸包括一层采暖平面图（图 6-34），二、三层采暖平面图（图 6-35）和采暖系统图（图 6-36），比例均为 1∶100。

(1) 看图中所选图例，了解供回水管、散热器等管道设备及附件的图例表示。

(2) 通读设计施工说明，了解所选热源、散热器型号规格，管材及连接方式，阀门的选择、防腐以及保温方法等。

设计说明如下：

① 工程概况。本建筑为某办公楼，建筑面积 960 m^2，热媒为来自锅炉房的 70～95℃热水，系统的设计压力为 14 278 Pa，系统总负荷为 70 060 W，平均面积热负荷为 73 W/m^2。

② 采暖系统。根据该建筑的特点，采用垂直双管上供下回同程式系统。

③ 散热器及管材的选用。散热器选用 M-132 型，落地安装；管道采用焊接钢管。

④ 管道连接和安装

a. DN≤32 mm 的焊接钢管采用螺纹连接，DN>32 mm 的焊接钢管采用焊接。

b. 管道与阀门或其他设备、附件连接时，可采用螺纹或法兰连接，与散热器连接的支管上应设活接头。

c. 管道穿墙、穿楼板时应埋设钢制套管，安装在楼板内的套管的顶部应高出地面 20 mm，底部与楼板底面平齐；安装在墙壁内的套管，其顶部应与饰面相平。

d. 散热器支管应有坡度，当支管全长小于或等于 500 mm 时，坡度值为 5 mm，大于 500 mm 时坡度值为 10 mm。散热器支管长度大于 1.5 m 时应在中间安装管卡。

⑤ 防腐与保温

a. 采暖管道不论明装、暗装均应进行调直、除锈和刷防锈漆。管道、管件及支架等刷底漆前应先清除表面的灰尘、污垢、锈斑及焊渣等物。

b. 室内明装不保温的管道、管件及支架刷一道防锈底漆，两道耐热色漆或银粉漆，保温管道刷两道防锈底漆后再做保温层。

c. 用户入口管、室内暖沟回水干管均做保温，保温材料为岩棉套管保温材料，保温层厚度 40 mm，保温层外包玻璃丝布并刷热沥青漆两遍。

⑥ 阀门选择。供回水总管上为截止阀，其他立支管上设闸阀，选用 P21 T－4 型立式自动排气阀。

⑦ 沿外墙回水干管的敷设方向，设置宽×高为 1 000 mm×1 200 mm 的半通行地沟。

⑧ 试压与清洗

a. 管道安装完毕后应进行水压试验，试验压力为 0.4 MPa，在 10 min 内压降不大于 0.02 MPa，不渗不漏为合格。

b. 试压合格后应对系统进行反复冲洗，直至排出的水不带泥沙铁屑等杂物且水色清澈为合格。

⑨ 其他未说明的各项施工要求，应严格遵守《采暖与卫生工程施工及验收规范》(GBJ242)以及其他有关规范的规定。

(3) 看各层平面图，了解建筑物的基本情况。该建筑物共三层，双面走廊，三个入口。建筑物内设有办公室、传达室、会议室、卫生间等，各层布置相同。

结合设计说明看平面图，弄清各房间散热器的布置位置及片数。从图中可以看出，该建筑物内各房间、楼梯间、走廊等均布置有散热器，各房间和楼梯间的散热器沿外墙窗台下布置，走廊的散热器布置在两个入口处，各层散热器布置位置完全相同。片数已分别标注在各层平面图中。

看底层平面图，了解热力入口的设置情况。从底层平面图可以看出，供水总管从西面入口处经地沟引入，过 1 轴线后与采暖立管 1 连接。回水总管出口与供水总管入口在同一位置。本系统设一个热力入口，入口处设有截止阀、压力表、温度计、循环管、泄水阀等。

(4) 把平面图和系统图结合起来看，弄清系统采用的图式及干管、立管的布置情况。从平面图和系统图可知，采暖系统为双管上供下回式。整个系统是一个环路，供水干管沿外墙敷设，供水干管布置在顶层天棚下面，回水干管在底层地沟内，系统共设 16 组立管。图上已标出了管径、坡度、标高等。供水总管 DN50 从－1.2 m 处穿外墙进入室内，与供水总立管 1 连接，上升至 9.35 m 高处后与顶层的供水干管相接。供水干管沿外墙逆坡敷设，干管坡度为 0.003，坡向与水流方向相反，末端设卧式集气罐一个，放气管引到厕所小便槽上方。支立管 15 组，管径为 DN15，每根立管上、下各设闸阀一个。回水管均敷设在地沟内，顺坡敷设，坡度为 0.003，回水干管起端标高－0.25 m，环绕建筑外墙，经卫生间地沟至建筑西入口外墙处，下降至－1.2 m，穿墙引出。供回水干管管径变化情况均标注在系统图中。

(5) 管道防腐、保温按图纸说明做。固定支架及其设置按施工及验收规范，做法见国标。

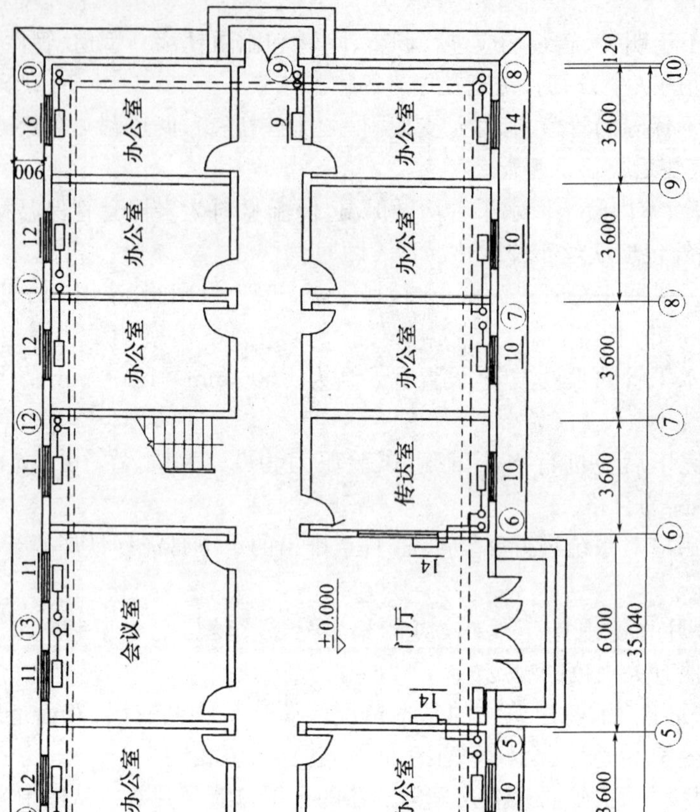

图6-34　一层采暖平面图（1：100）

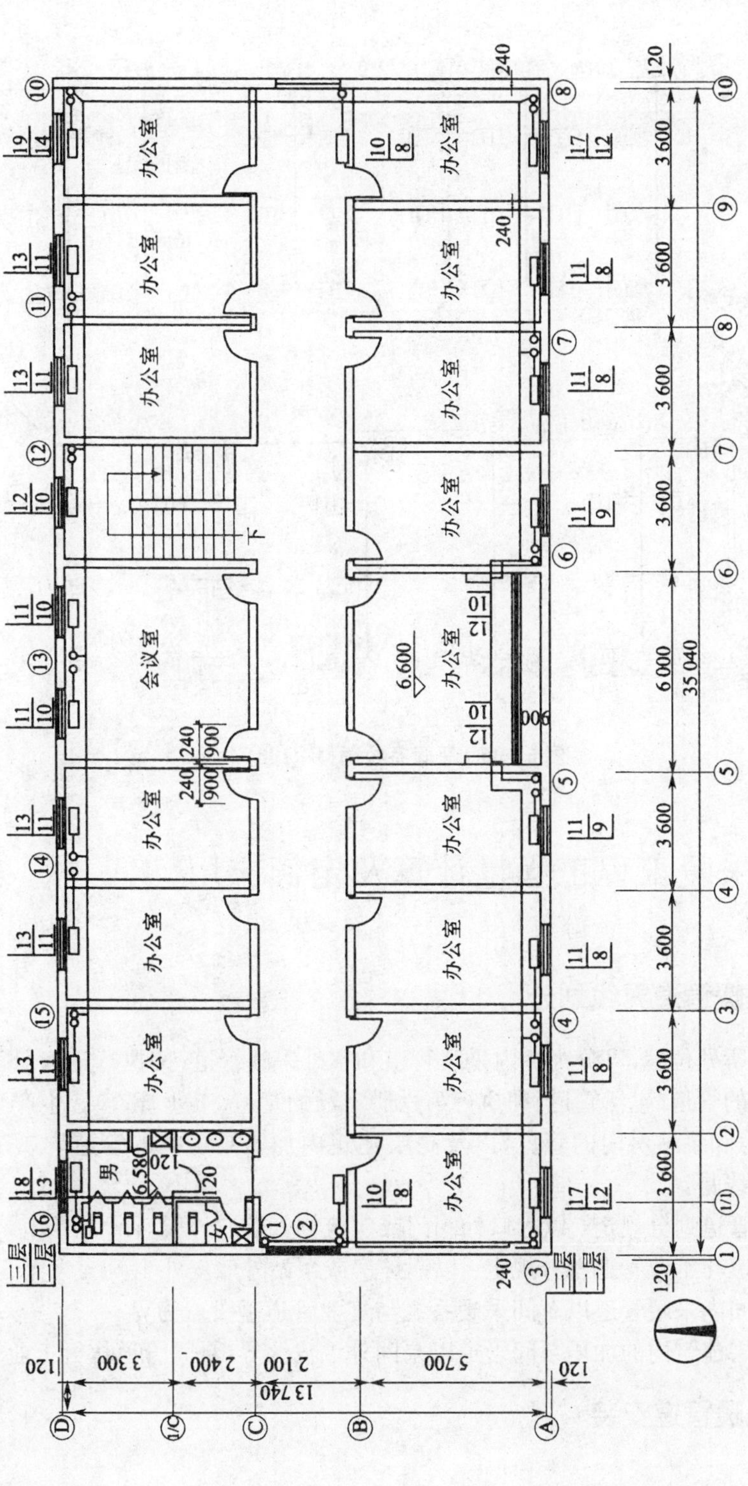

图6-35　二、三层采暖平面图（1∶100）

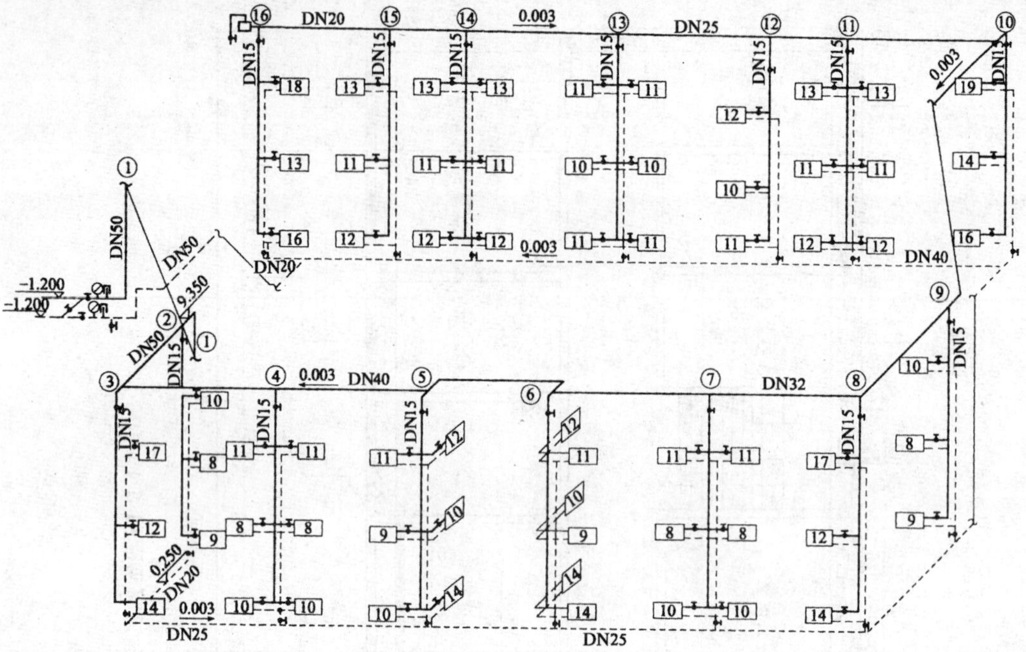

图 6-36　采暖系统图(1∶100)

6.6　室内采暖工程工程量计算及定额应用

6.6.1　采暖管道界线划分

采暖管道按所处位置，可分为室内采暖管道和室外采暖管道；按执行定额册不同可分为执行第八册定额的管道（生活管道）和执行第六册定额的管道（工业管道）。生产生活共用的采暖管道、锅炉房和泵站房内的管道，以及高层建筑内加压泵房内的管道均属工业管道范围。具体划分界线是：

(1) 室内外管道划分规定：以入口处阀门或建筑物外墙皮外 1.5 m 为界。

(2) 生活管道与工业管道划分规定：以锅炉房或泵站外墙皮外 1.5 m 为界。

(3) 工厂车间内采暖管道以车间采暖系统与工业管道碰头点为界。

(4) 设在高层建筑内的加压泵间管道以泵间外墙皮为界，泵间管道执行工业管道定额。

6.6.2　采暖管道安装

1) 工程量计算

(1) 工程量计算规则

采暖管道工程量，不分干管、支管，均按不同管材、公称直径、连接方法分别以“m”为单位计算。计算管道长度时，均以图示中心线的长度为准，不扣除阀门及管件所占长度。管道中成组成套的附件（如减压阀、疏水器等）、伸缩器所占长度定额中已综合考虑，也不扣除。

采暖立管、支管上如有缩墙、躲管的灯叉弯、半圆弯时(如图 6－37 所示),增加的工程量应计入管道工程量中。增加长度可参照表 6－3 中的数值计取。

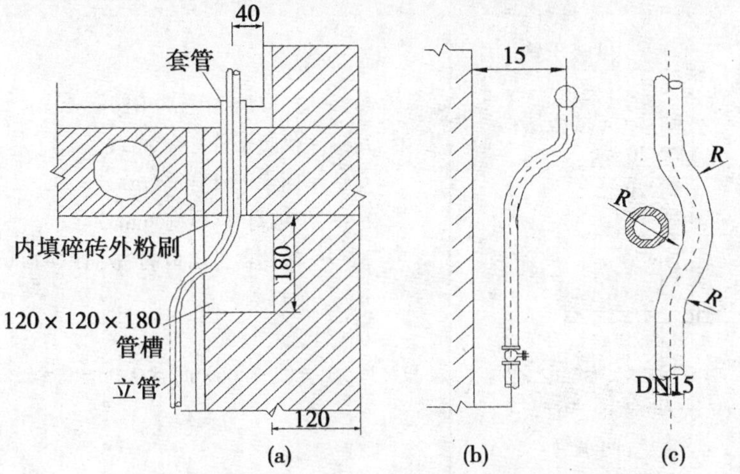

图 6－37　缩墙、躲管的灯叉弯、半圆弯示意图

(2) 采暖管道立管、支管工程量计算示例

① 立管

表 6－3　灯叉弯、半圆弯增加长度表

管　别	灯叉弯(mm)	半圆弯(mm)
支　管	35	50
立　管	60	60

采暖系统立管应按管道系统图中的立管标高以及立管的布置形式(单管式、双管式)计算工程量。在施工图中,立管中间变径时,分别计算工程量。供水管变径点在散热器的进口处,回水管变径点在散热器的出口处。

a. 单管顺流。图 6－38 是单管顺流式立管、支管安装示意图。计算示例如表 6－4 所示(立管与干管有一段距离)。

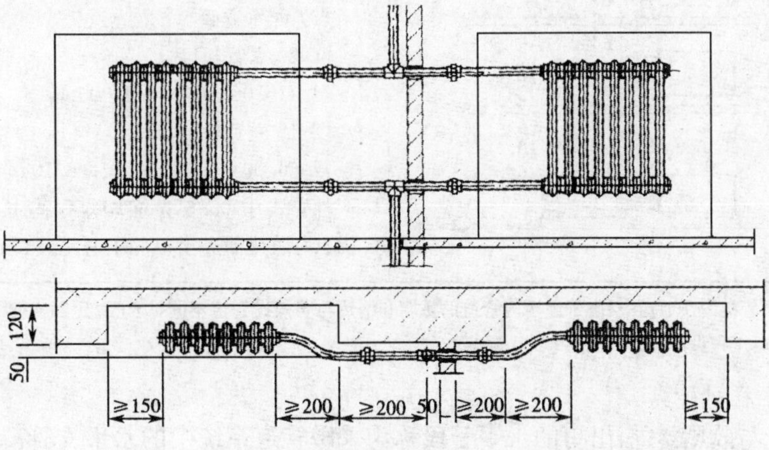

图 6－38　柱形散热器单管顺流式立管、支管安装示意图

表 6-4 单管顺流式立管长度计算

<table>
<tr><th>图　　示</th><th>计　　算</th></tr>
<tr><td>
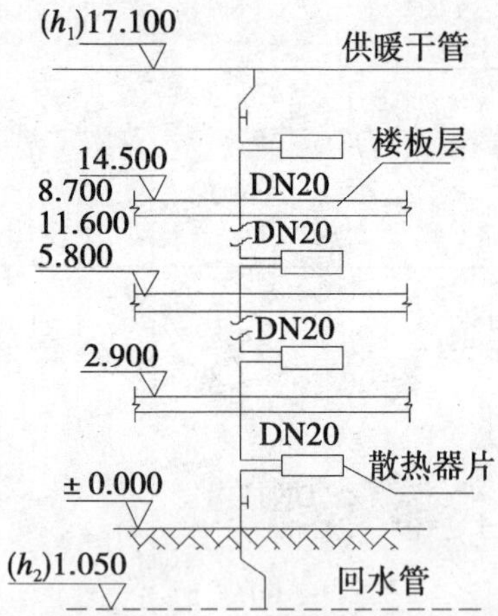

</td><td>

$H=h_1-h_2+2b-h_o\times n$

式中：h_1——供暖干管标高(m)；
h_2——回水干管标高(m)；
b——缩墙灯叉弯(60 mm)；
h_o——散热器进出口的中心距(642 mm)；
n——楼层数。
DN20 立管长度：
$H=17.10-(-1.05)+2\times0.06-0.642\times6=14.42$ m
</td></tr>
</table>

b. 双管式。双管式立管、支管长度计算示例如表 6-5 所示。

表 6-5 双管式立管长度计算

<table>
<tr><th>图　　示</th><th>计　　算</th></tr>
<tr><td>
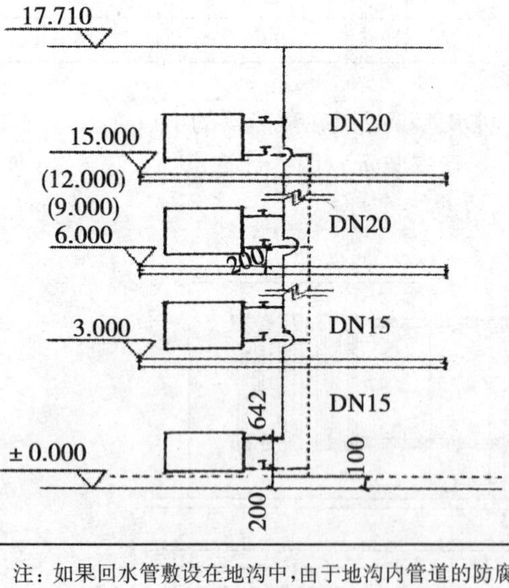

</td><td>
(1) 供水立管
DN20 立管长度：
$H=17.71-6.00-0.642-0.20+3\times0.06=11.05$ m
DN15 立管长度：
$H=6.00+2\times0.06=6.12$ m
(2) 回水立管
DN20 立管长度：
$H=15.00-6.00=9.00$ m
DN15 立管长度：
$H=6.00+0.20-0.10=6.10$ m
注：式中 0.06 为缩墙灯叉弯长度(60 mm)，0.642 为散热器进出口的中心距(642 mm)
</td></tr>
</table>

注：如果回水管敷设在地沟中，由于地沟内管道的防腐和绝热与明敷设管道不同，为了套定额方便，可按地下、地上分别列项，工程量计算时应以±0.000 为界。

② 支管工程量计算

连接立管与散热器进、出口的水平管段称为采暖管道系统中的水平支管。水平支管的计算是比较复杂的，在采暖系统中，由于各房间散热器的大小不同、立管和散热器的安装位置不同，水平支管的计算就不同。为了使计算长度尽可能接近实际安装长度，水平支管的计算一般应按建筑平面图上各房间的细部尺寸，结合立管及散热器的安装位置分别进行。下面就双立管式中几种常见的布置形式计算支管工程量。

a. 立管在墙角，散热器在窗中安装，见表 6－6 所示。

表 6－6　立管在墙角，散热器在窗中安装的支管

图　　示	计　　算
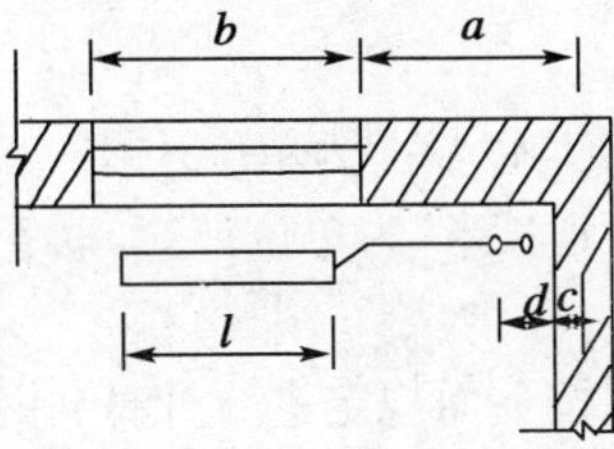	$L=[a+b/2-(d+c)-l/2+35\text{ mm}]\times 2\times n$ 式中：L——供、回水管总长度(m)； n——楼层数； l——散热器长度(m)； a——窗边距墙中心的长度(m)； b——窗宽度(m)； c——半墙厚度(m)； d——两个立管距离中心点至墙边距离(m)； 35 mm——缩墙灯叉弯增加长度。

b. 立管在墙角，散热器在窗边安装，见表 6－7 所示。

表 6－7　立管在墙角，散热器在窗边安装的支管

图　　示	计　　算
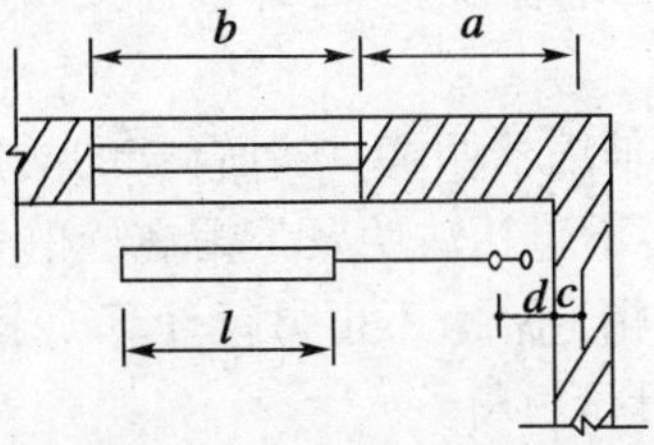	$L=[a-(d+c)]\times 2\times n$ 式中：L——供、回水管总长度(m)； n——楼层数； l——散热器长度(m)； a——窗边距墙中心的长度(m)； c——半墙厚度(m)； d——两个立管距离中心点至墙边的距离(m)。

c. 立管在墙角，两边带散热器窗中安装，如表 6－8 所示。

表 6－8　立管在墙角，两边带散热器在窗中安装的支管

图　　示	计算公式
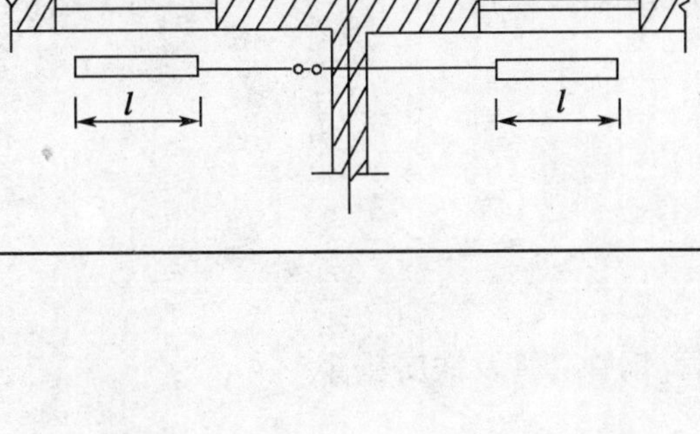	$L=(2a+2\times b/2-2\times l)\times 2\times n$ 式中：L——供、回水管总长度(m)； n——楼层数； l——散热器长度(m)； a——窗边距墙中心的长度(m)； b——窗宽度(m)。

2）定额套用

室内采暖系统管道和给水管道套用同样的定额项目，其定额套用规定和方法相同，本部分不再重复。

6.6.3 供暖设备与器具及附件安装

1）工程量计算

（1）散热器

① 铸铁散热器。长翼、圆翼、柱形铸铁散热器组成安装均以“片”为单位计算。

② 光排管散热器制作与安装按光排管的长度以“单管延长米”为单位计算，联管作为计价材料已列入定额，其长度不得计入工程量内。

③ 钢制散热器安装。钢制散热器根据不同种类，分别按下面规定进行计算：钢制闭式散热器按不同型号以“片”为单位计量；钢制板式散热器按不同型号以“组”为单位计算；钢制壁式散热器按不同重量（15 kg 以内，15 kg 以上）以“组”为单位计算；钢制柱式散热器按不同片数（6～8 片，10～12 片）以“组”为单位计算。

（2）管路组件组成与安装

成组的减压器、疏水器以“组”为单位计算，单体的减压阀和疏水阀以“个”为单位计算。

（3）管道伸缩器安装

伸缩器制作与安装，定额按不同形式分法兰式套筒伸缩器安装（分螺纹连接和焊接）和方形伸缩器制作与安装。

各种伸缩器制作与安装均以“个”为单位计量。方形伸缩器两臂，按其臂长的两倍，加算在同管径的管道延长米内。螺纹法兰式套筒伸缩器安装不包括法兰及带帽螺栓的费用，应另外计算。焊接法兰式套筒伸缩器已包括法兰、螺栓、螺帽、垫片，不再另行计算。套筒伸缩器在计算管道长度时所占长度不扣除，套筒伸缩器为未计价材料。

（4）管道支架制作与安装

管道支架制作和安装定额按一般管架编制。型钢支架套用一般支架定额。

支架定额中已包括制作和安装用的螺栓，螺母和垫片应另行计算。

管道支架制作与安装，室内管道 DN32 以内的定额已包括在内，不再计算，DN32 以上的按图示尺寸以“100 kg”为单位计量。

管道支架的总重量 $=\sum$（某种规格的管道支架个数×该规格管道支架的每个重量），水平管道支架间距同给水设置方法，垂直管道支架可按楼层每层设置一个。计算公式如下：

$$G_n = G_{理} L(1+损耗率) \tag{6-9}$$

式中：G_n——型钢的重量（kg）；

$G_{理}$——型钢的理论质量（kg/m）；

L——型钢的图示尺寸（m）；

损耗率——一般按 5%计算。

（5）套管制作与安装

① 套管分类。套管分柔性套管、刚性套管、钢管套管及铁皮套管。

② 套管制作与安装工程量计算。柔性及刚性套管适用于管道穿过建筑物时管道必须要密封的部位，如管道穿过屋面板、水池水箱壁、地下室壁、防暴车间的墙等需要安装套管。穿过水池、地下室壁及屋面的刚性及柔性防水套管制作与安装工程量以“个”为单位计量，执行《全国统一安装工程预算定额》(下同)第六册相应定额子目。

穿墙及过楼板钢套管的制作与安装，按室外管道中钢管(焊接)项目计算，钢套管规格一般比管道直径大1～2号，工程量计算同给水管道部分。

镀锌铁皮套管制作以“个”为单位计量，其安装已包括在管道定额内，不再另行计算。

(6) 管道消毒冲洗

管道消毒冲洗按施工图说明或技术规范要求套用相应定额，工程量计算按管道公称直径不同，不扣除阀门、管件所占长度，以“m”为单位计量。

(7) 其他管道附件及阀门的计算规定同给水工程。

2) 定额套用

(1) 散热设备

① 各种散热器，不分明装和暗装，按类型分别选用相应子目，柱形散热器若是无足支撑，需挂装时，可套用M-132型散热器定额子目；钢制闭式散热器定额中不包括托钩的价格；所有散热器安装子目中均不含散热器的价格，散热器应按未计价材料进行处理。

② 暖风机安装。按暖风机不同重量(分50 kg,100 kg,150 kg,…,2 000 kg)，以“台”为单位计量。

③ 太阳能集热器安装。按不同单元重量(100～140 kg,141～200 kg,…,300 kg以上)，以“个单元”为单位计量。

④ 热空气幕安装。按空气幕的不同型号、不同重量(150 kg,150～200 kg,200 kg以上)以“台”为单位计量。

(2) 其他内容套用

减压器、疏水器成组安装时，以“组”为单位套用定额。减压器、疏水器组成与安装是按N108《采暖通风国家标准图集》编制的，如实际组成与此不同时，阀门和压力表数量可按实调整，其余不变。

如果是单体安装，按阀门部分项目套用子目。

在套用定额时一定要注意定额中的未计价材料，按未计价材料的计算规定计算。

集气罐的制作与安装应按公称直径不同，以“个”为单位计量，套用第六册定额“工业管道”中相应的规定执行。

膨胀水箱安装工程量以水箱的总容量(m^3)，以“个”为单位计量。

分气缸(分水缸)制作按制作材料和重量的不同，以“100 kg”为单位计量，其安装按重量，以“个”为单位计量。

6.6.4 管道、设备的除锈、刷油、绝热工程

室内采暖工程中，还应根据设计情况对采暖管道、金属支架、铸铁散热器片的除锈、刷油、保温费用进行计算。本书第5章中已经讲过给排水管道的除锈和刷油的费用计算办法，本节中采暖管道的除锈和刷油与其相同的就不再重复。

1）工程量计算规则

（1）除锈工程量计算

① 管道除锈工程按管道表面展开面积以"m^2"为单位计算，同给水管道计算方法。

② 金属支架除锈用人工和喷砂除锈时，以"kg"为单位计量；若用砂轮和化学除锈，以"m^2"为单位计量。可按金属结构每 100 kg 折成 7.25 m^2 面积来折算。

③ 散热器除锈工程量按散热器散热面积计算。常用铸铁散热器散热面积见表 6-9 所示。

表 6-9 常用铸铁散热器散热面积

散热器型号		外形尺寸(mm)	散热器面积(mm)
柱 形	四柱 813 四柱 760 五柱 813 M132	813×164×57 760×116×51 813×208×57 584×132×200	0.28 0.235 0.37 0.24
长翼形	大 60 小 60	600×115×280 600×132×200	1.17 0.80
圆翼形	D 75	168×168×1 000	1.80

（2）刷油工程量计算

① 管道表面刷油按管道表面积以"m^2"计量，工程量计算同除锈工程量。管道漆标志色环等零星刷油执行相应定额子目，其人工乘以系数 2.0。

② 金属支架刷油以"kg"为单位计算，按每"100 kg"折算 7.25 m^2 计算。

③ 铸铁散热器刷油工程量同散热器除锈工程量。

（3）绝热保温工程量计算

管道保温工程量按下式以"m^3"为单位计量，不扣除法兰、阀门所占长度。其计算公式如下：

$$V_{管}=L\pi(D+\delta+\delta\times3.3\%)(\delta+\delta\times3.3\%) \quad (6-10)$$

或

$$V_{管}= L\pi(D + 1.033\delta)\times1.033\delta \quad (6-11)$$

式中：D——管道外径(m)；

δ——保温层厚度(m)；

3.3% ——保温(冷)层偏差。

管道保温瓦块制作工程量按下式计算：

$$V_{制}=瓦块安装工程量\times(1+加工损耗率)$$

加工损耗率按 5%～8%考虑。

绝热层各种材料的加工制作套用相应子目，但如为外购成品按地区商品价格计算。

阀门、法兰保温工程量以"个"计量，主材单价按实调整。保温层的保护层制作工程量以

“m^2”计量，其计算公式如下：

$$S=\pi(D+2.1\delta+0.082)L \tag{6-12}$$

式中：2.1——调整系数；

0.082——捆扎线直径或钢带厚；

D——管道外径(m)；

δ——保护层厚度(m)；

L——管道长度(m)。

管道表面刷油按所刷遍数、油漆种类及管道保温层表面的不同材料套相应子目。

2) 预算定额套用

(1) 定额中喷砂除锈按二级标准确定，如变更级别，一级按人工、材料、机械乘以系数1.1，三级、四级乘以系数0.9，具体级别划分标准见第十一册“刷油、防腐蚀、绝热工程”第一章说明。

(2) 定额不包括除微锈(标准氧化皮完全紧附，仅有少量锈点)，微锈发生时按轻锈定额的人工、材料、机械乘以系数0.2。

(3) 因施工发生的二次除锈，其工程量另行计算。

(4) 定额按安装地点就地刷(喷)油漆考虑，如安装前集中刷油漆，人工乘以系数0.7(暖气片除外)。

(5) 定额中没有列第三遍刷油漆的子目，若同一种油漆，设计需刷第三遍油漆时，可套用第二遍子目。

(6) 管道绝热工程，除法兰、阀门外，均包括其他各种管件绝热。

阀门绝热工程量计算公式为

$$V=\pi(D+1.033\delta)\times2.5D\times1.033\delta\times1.05\times N \tag{6-13}$$

式中：D——管道直径(m)；

1.033——调整系数；

δ——绝热层厚度(m)；

1.05——系数；

N——阀门个数(个)。

法兰绝热工程量计算公式为

$$V=\pi(D+1.033\delta)\times1.5D\times1.033\delta\times1.05\times N \tag{6-14}$$

式中符号含义与阀门相同。

(7) 保温层厚度大于100 mm时，按两层施工计算工程量。

(8) 聚氨酯泡沫塑料发泡工程，是按现场直喷无模具考虑的，若采用有模具施工，其模具制作与安装以施工方案另计。

(9) 设备、管道绝热均按现场先安装后绝热考虑，若先绝热后安装的，其人工乘以系数0.9。

6.6.5 其他费用的计算

1）脚手架搭拆费

脚手架搭拆费按人工费的5%计算，其中人工工资占25%。

2）采暖工程系统调试

采暖工程系统调试费按采暖工程人工费的15%计算，其中人工工资占20%。

3）超高增加费

超高增加费的计算规定同给排水工程部分。

4）高层建筑增加费

高层建筑增加费计算规定同给排水工程部分。

6.7 室内民用燃气工程量计算及定额应用

燃气是一种气体燃料，按其来源不同，主要有天然气、人工燃气和液化石油气三大类。城镇燃气供应方式主要有管道输送和瓶装供应两种，本书只介绍管道输送方式的民用燃气室内管道系统的施工图预算编制。

燃气经净化后通过管网输送到城镇燃气管网系统。城镇管网系统常包括市政管网系统、室外管网系统和室内管道系统三个部分。

三部分的分界线是：室外管网和市政管网的分界点为两者的碰头点。室内管道和室外管网的分界有两种情况，一是由地下引入室内的管道以室内第一个阀门为界，见图6-39所示；二是由地上引入室内的管道以墙外三通为界，见图6-40所示。

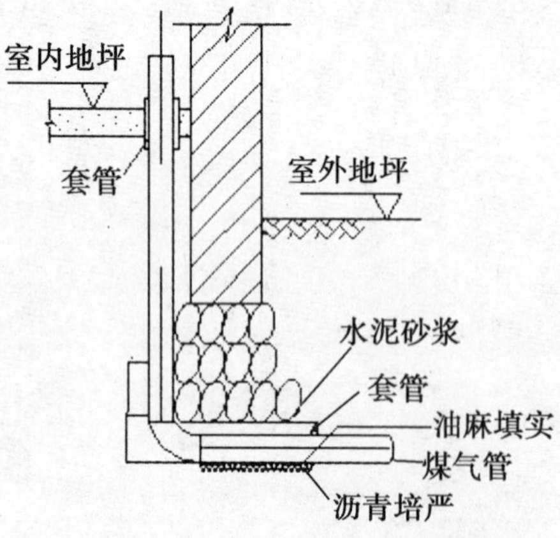

图6-39 地下引入管道示意图

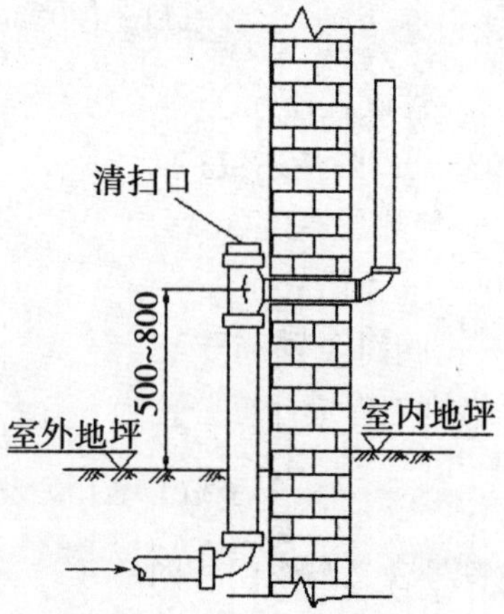

图6-40 地上引入管道示意图

6.7.1 民用燃气管道、管道附件及常用煤气用具安装

室内民用燃气系统由进户管道（引入管）、户内管道（干管、立管、支管）、燃气计量表和燃气用具设备四大部分组成。如图6-41所示。

1）进户管道（引入管）

自室外管网至用户总开闭阀门为止，这段管道称为进户管道（引入管）。

引入管直接引入用气房间（如厨房）内，但不得敷设在卧室、浴室、厕所。当引入管穿越房屋基础或管沟时应预留孔洞，加套管，间隙用油麻、沥青或环氧树脂填塞；引入管应尽量在室外穿出地面，然后再穿墙进入室内。在立管上设三通、丝堵来代替弯头。

2）室内管道

自用户总开闭阀门起至燃气表或用气设备的管道称为室内管道。室内管道分为水平干管、立管、用户支管等。

（1）水平干管

引入管连接多根立管时应设水平干管。水平干管可沿楼梯间或辅助房间的墙壁明敷设，管道经过的房间应通风良好。

（2）立管

立管是将燃气由水平干管（或引入管）分送到各层的管道。立管一般敷设在厨房、走廊或楼梯间内。立管通过各层楼层时应设套管。套管高出地面至少 50 mm，套管与立管之间的间隙用油麻填堵，沥青封口。立管在一幢建筑中一般不改变管径，直通上面各层。

（3）用户支管

由立管引向各层单独用户计量表及煤气用具的管道为用户支管，支管穿墙时也应有套管保护。

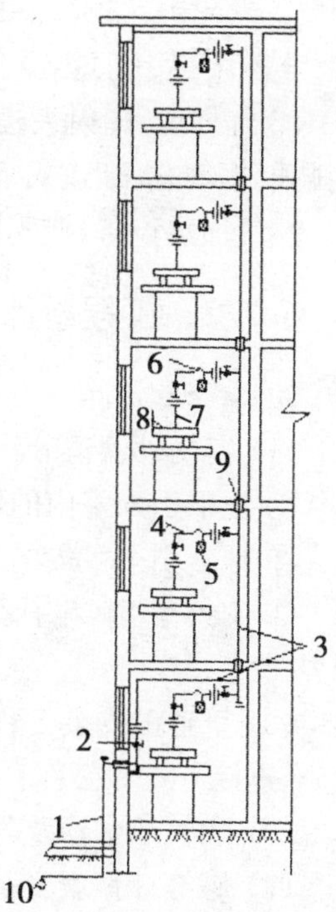

图 6－41　室内民用燃气系统组成示意图

1—进户管（引入管）；2—入口总阀门；3—水平干管及立管；4—用户支管；5—计量表；6—软管；7—用具连接管；8—燃气用具；9—套管；10—室外管网

3）常用管材及连接方式

埋地管道通常用铸铁管或焊接钢管，采用柔性机械咬口或焊接连接，室内明装管道全部用镀锌钢管，螺纹连接，以生料带或厚白漆为填料。不得使用麻丝做填料。

4）燃气表安装

居民家庭用户应装一只燃气表。集体、企业、事业单位用户，每个单独核算的单位最少应装一只燃气表。膜式燃气表分为单管和双管。双管是指燃气进口和出口管接头均分别从燃气表引出；单管是指进、出口都在此管接头上。

5）燃气炉灶安装

燃气炉灶通常是放置在砖砌的或混凝土板的台子上，进气口与燃气表的出口（或出口短管）以橡胶软管连接。

6）热水器安装

热水器通常安装在洗澡间外面的墙壁上，安装时，热水器的底部距地面约 1.5～1.6 m。

对于大容量的热水器需安装排烟管，排烟管应引至室外，在其立管端部安装伞形帽。

冷水阀出口与热水器进口以及热水器出水口与莲蓬头进水口的管段可采用胶管连接，热水器进气口的管段采用白铁管及胶管连接。

7）燃气加热设备安装

定额中燃气加热设备安装有开水炉（JL－150型、YL－150型）；采暖炉型号有箱式、YHRQ红外线、辐射采暖炉；沸水器型号有容积式、自动沸水器、消毒器；快速热水器型号有直排式、平衡式、烟道式等。

燃气加热设备，按不同用途规定型号，分别以“台”为单位计量。

6.7.2 工程量计算及定额套用

1）工程量计算

(1) 室内外管道分界

① 地下引入室内的管道以室内第一个阀门为界。

② 地上引入室内的管道以墙下三通为界。

③ 室外管道（包括生活用燃气管道、民用小区管网）和市政管道以两者的碰头点为界。

(2) 管道的安装工程量计算规则同给水管道部分。按管道的安装部位（室内或室外）、材质、连接方式和公称直径的不同分别列项计算。

(3) 燃气热水器及其他加热设备均以“台”为单位计量。

(4) 燃气计量表安装，区分民用燃气表、公商用燃气表及工业用罗茨表，根据不同规格、型号以“块”为单位计量，不包括表托、支架、表底基础。

(5) 长距离管道中的附件如抽水缸、调长器按公称直径不同均以“个”为单位计量。

(6) 燃气管道钢套管制作与安装以“个”为单位计量，计算方法同采暖管道。燃气嘴安装以“个”为单位计量。钢套管及燃气嘴均为未计价材料，材料费另计。

2）定额套用

(1) 各种管道安装套用第八册第七章燃气管道的定额项目，其内容包括：① 管件制作（包括机械煨弯、三通、异径管）；② 管道、管件安装；③ 室内托钩角钢卡制作与安装。

(2) 定额项目中的钢管（焊接连接）适用于无缝钢管和焊接钢管。

(3) 阀门、法兰安装。按第八册相应项目另行计算。

(4) 穿墙套管、铁皮套管按第八册相应项目计算；内墙用钢套管按室外钢管焊接定额计算；外墙钢套管按第六册工业管道定额相应项目执行。

(5) 燃气计量表安装定额，区分民用燃气表、公商用燃气表及工业用罗茨表，根据不同规格、型号列项，定额中不包括表托、支架、表底基础，应另套其他定额项目计算。

(6) 抽水缸安装，定额中有铸铁抽水缸（0.005 MPa以内）、碳钢抽水缸（0.005 MPa以内）等项内容。对于铸铁抽水缸安装已包括缸体、抽水管安装；对于碳钢抽水缸安装还包括了下料、焊接及缸体与抽水立管组装。

(7) 调长器安装，调长器式燃气管道的波形钢制补偿器安装按其公称直径套用调长器安装定额，定额基价包括了调长器与管道连接的一副法兰安装。

(8) 定额中已包含燃气工程的气压试验，不再另行计算。

3）工程量计算及定额套用时应注意的问题

(1) 燃气用具安装已考虑了与燃气用具前阀门连接的短管在内，不得重复计算。

(2) 室内管道安装定额中已包括了托钩、角钢管卡的制作与安装，不得另计。

(3) 阀门抹密封油、研磨已包括在管道安装中,不得另计。

(4) 调长器及调长器与阀门连接,包括一副法兰安装,螺栓规格和数量以压力为0.6 MPa的法兰装配,如压力不同可按设计要求的数量、规格进行调整,其他不变。

【例6-1】 图6-42为某六层住宅厨房人工煤气管道布置图及系统图,管道采用镀锌钢管螺纹连接,明敷设。煤气表采用民用燃气表(双表头)3 m^3/h,煤气灶为JZR-83自动点火灶,采用XW15型单嘴外螺纹燃气嘴,燃气管道采用旋塞阀门。管道距墙40 mm,连接燃气表支管长度为0.9 m。试计算其定额直接费。

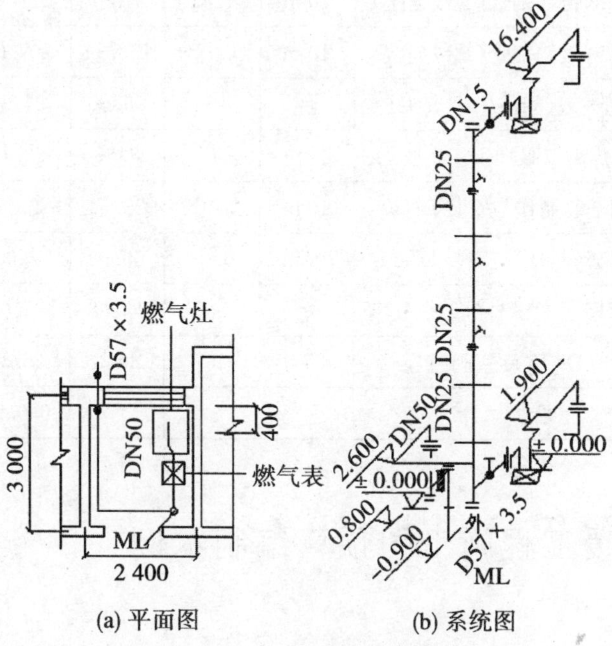

图6-42 燃气工程平面图和系统图

【解】 本例中工程量计算包括煤气管、煤气表、煤气灶、燃气嘴工程量。定额执行《全国统一安装工程预算定额》第八册相关子目。

(1) 工程量计算

① 管道工程量计算。本例中煤气管道的室内外分界线为进户三通。

a. DN50镀锌钢管(进户管):0.04+0.28+0.04(穿墙管)+(2.6-0.8)(竖管)+(3-0.14-0.08-0.04-0.04)+(2.4-0.16-0.08)=7.02 m=0.702(10 m)

b. DN25镀锌钢管(立管):16.4-1.9=14.5 m=1.45(10 m)

c. DN15镀锌钢管(支管):(3.0-0.14-0.08-0.4+0.9×2)×6=25.08 m=2.51(10 m)

② 燃气表6台。

③ 燃气灶6台。

④ 燃气嘴6个。

⑤ 旋塞阀门6个。

⑥ 钢套管 DN40 5个×0.21=1.05 m

DN80　1个×0.32=0.32 m

(2) 定额直接费计算(见表6-10)

表6-10　定额直接费

序号	定额编号	项目名称	单位	数量	单价(元)	合价(元)	其中工人费(元)	
							单价	合价
1	8-589	DN15镀锌钢管(螺纹连接)	10 m	2.48	67.94	168.49	42.89	106.37
2	8-591	DN25镀锌钢管(螺纹连接)	10 m	1.45	84.67	122.77	50.97	73.91
3	8-594	DN50镀锌钢管(螺纹连接)	10 m	0.70	153.71	107.60	64.09	44.86
4	8-625	燃气表($3\ m^3/h$双表头)	台	6	15.80	94.80	15.56	93.35
5	8-648	焦炉双眼灶JZ-2型	台	6	8.86	53.16	6.50	39.00
6	8-572	钢套管制作与安装DN40	10 m	0.105	23.54	2.47	18.34	1.93
7	8-574	钢套管制作与安装DN80	10 m	0.03	66.63	2.00	18.9	0.57
8	8-678	XW15型单嘴外螺纹燃气嘴	个	6	13.68	82.08	13.00	78.00
9	8-241	DN15旋塞阀门	个	6	4.43	26.58	2.32	13.92
		合　计				659.95		451.91

6.8　室内采暖工程施工图预算编制示例

1) 设计说明

本工程是一栋三层砖混结构办公楼,层高3 m,其采暖工程施工图见图6-43～图6-46所示。

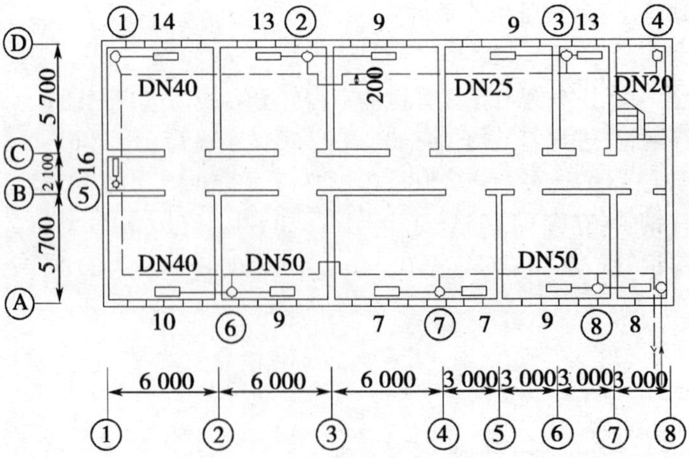

图6-43　一层采暖平面图

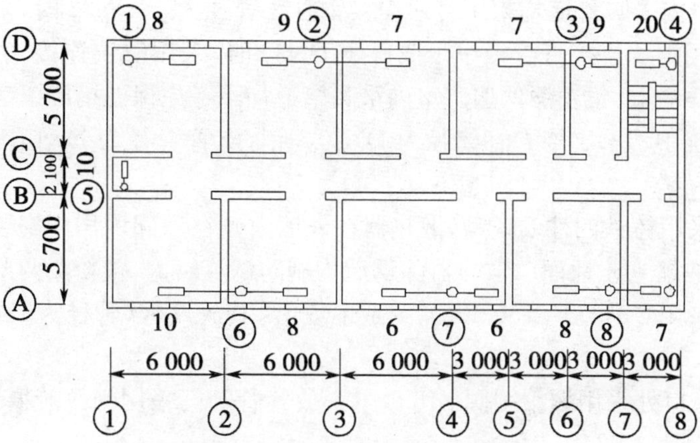

图 6-44　二层采暖平面图

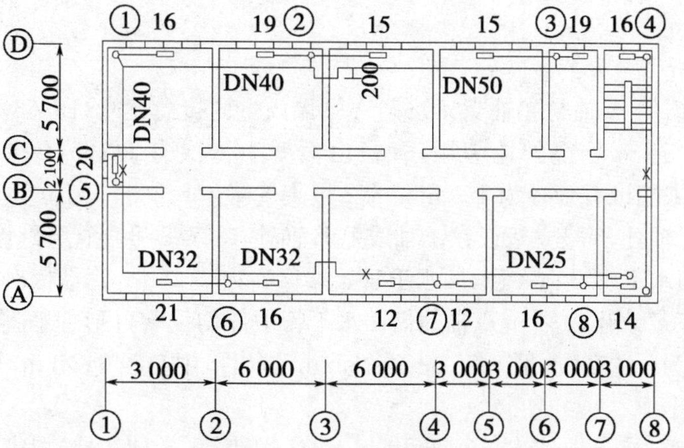

图 6-45　三层采暖平面图

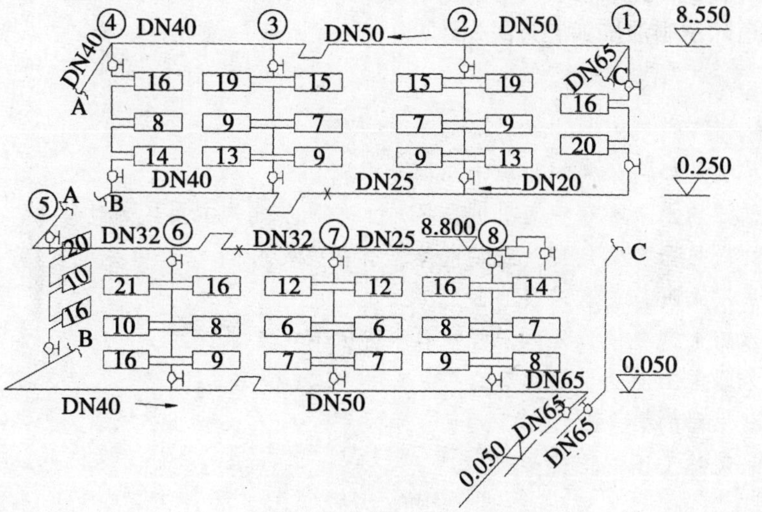

图 6-46　采暖系统图

(1) 本工程室内采暖管道均采用普通焊接钢管。管径大于 DN32 时，采用焊接连接(管道与阀门连接采用螺纹连接)；管径小于或等于 DN32 时，采用螺纹连接。室内供热管道均先除锈后刷防锈漆一遍、银粉漆两遍。室内采暖管道均不考虑保温措施。

(2) 供暖系统中，1～8 号立管管径为 DN20，所有支管管径为 DN15，其余管径见图中标注。

(3) 散热器采用铸铁四柱 813 型，散热器在外墙内侧在房间内居中安装，一层散热器为挂装，二、三层散热器立于地面。散热器除锈后均刷防锈漆一遍、银粉漆两遍。

(4) 集气罐采用 2 号(D=150 mm)，为成品安装，其放气管(管径为 DN15)接至室外散水处。

(5) 阀门：入口处采用螺纹闸阀 Z15T－10；放气管阀门采用螺纹旋塞阀 X11T－16；其余采用螺纹截止阀 J11T－16。

(6) 管道采用角钢支架∠50×5，支架除锈后均刷防锈漆一遍、银粉漆两遍。

(7) 穿墙及穿楼板套管选用镀锌铁皮套管，规格比所穿管道大两个等级。

2) 工程量计算

(1) 图纸分析

引入管在一层的 A 轴与⑧轴交叉处穿 A 轴墙入室内接总立管(DN65)。总立管接供水干管在标高为 8.55 m 处绕外墙一周，管径由大变小依次有 DN65、DN50、DN40、DN32、DN25，供水干管末端设有管径为 150 mm 的 2 号集气罐。1、2、3、4 号立管分别设在 D 轴线上的⑧、⑥、③、①轴处，5 号立管设在①轴线上 B 轴处，6、7、8 号立管分别设在 A 轴线上②、④、⑦轴线处。回水干管设在一层，回水干管始端标高为 0.25 m，管径依次为 DN20、DN25、DN40、DN50、DN65。沿 A 轴和 D 轴的供回水干管中部均设有方形伸缩器。四柱 813 型铸铁散热器的规格为：柱高(含足高 75 mm)813 mm，进出口中心距 642 mm，每小片厚 57 mm。

(2) 工程量计算

根据施工图纸，按分项依次计算工程量。建筑物墙厚(含抹灰层)取定 280 mm，管道中心到墙表面的安装距离取定 65 mm，散热器进出口中心距为 642 mm，穿墙及楼板的管道采用比管道直径大两个等级的镀锌铁皮套管。散热器表面除锈刷油工程量根据其型号按散热面积计算，管道除锈刷油按其展开面积计算。

复习思考题

1. 采暖系统是如何分类的？由哪些部分组成？
2. 自然循环热水采暖系统与机械循环热水采暖系统的主要区别是什么？
3. 常用的散热器有哪几种？安装散热器有哪些要求？
4. 试述蒸汽采暖与热水采暖的区别。
5. 膨胀水箱上需要设置哪些配管？各个配管有何要求？
6. 简述采暖施工图的主要内容。
7. 简述疏水器的概念及作用。
8. 简述采暖施工图的识读步骤。

7 通风与空调系统设备及预算

教学要求：通过本章的学习，应当了解通风系统的分类和组成；掌握空调系统的分类和组成、通风系统主要设备和构件、通风空调系统设备的安装；能够识读空调系统主要设备图；了解通风空调系统工程量计算及定额的应用。

7.1 通风系统的分类和组成

通风工程是送风、排风、除尘、气力输送以及防烟、排烟系统工程的总称。其任务是把室外的新鲜空气送入室内，把室内受到污染的空气排放到室外。它的作用在于消除生产过程中产生的粉尘、有害气体、高度潮湿和辐射热的危害，保持室内空气清洁和适宜，保证人的健康和为生产的正常进行提供良好的环境条件。

7.1.1 通风系统的分类

1）就通风的范围而言，通风方式可分为全面通风和局部通风

（1）全面通风

全面通风方式是整个房间进行通风换气，实质是稀释环境空气中的污染物，在条件限制、污染源分散或不确定等原因，采用局部通风方式难以保证卫生标准时可以采用。按其对有害物控制机理的不同，又分为以下几种：

① 稀释通风。该方法是对整个房间（或车间）进行通风换气，用新鲜空气把整个房间的有害浓度稀释到最高允许浓度之下。该方法所需的全面通风量大，控制效果差。

② 单向流通风。通过有组织的气流运动，控制有害物的扩散和转移，保证操作人员在呼吸区内达到卫生标准的要求。这种方法具有通风量小、控制效果好等优点，如图 7－1 所示。

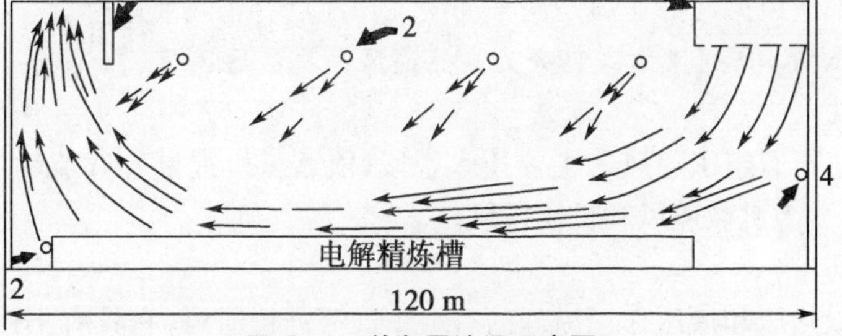

图 7－1 单向风流通示意图

1—屋顶排风机组；2—局部加压射流；3—屋顶送风小室；4—基本射流

③ 均匀流通风。速度和方向完全一致的宽大气流称为均匀流,用它进行的通风称为均匀流通风。它的工作原理是利用送风气流构成的均匀流把室内污染空气全部压出和置换,气流速度原则上要控制在 0.2～0.5 m/s 之间。这种通风方法能有效排出室内污染空气,如图 7-2 所示。

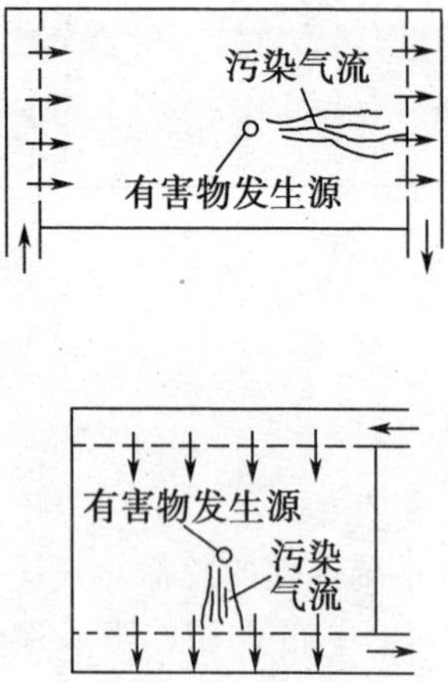

图 7-2　均匀流通风示意图

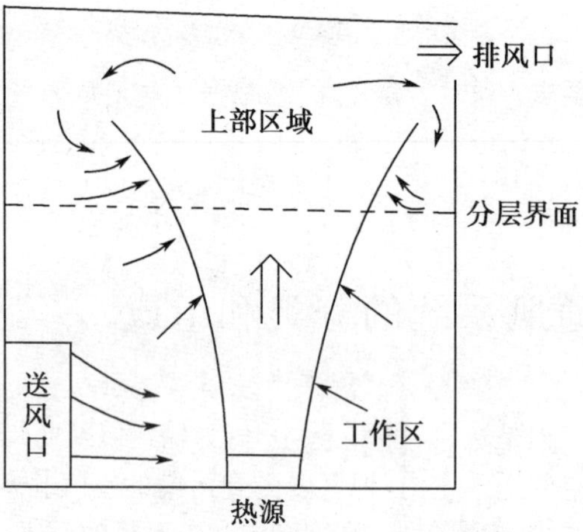

图 7-3　热置换通风示意图

④ 置换通风。置换通风的概念和均匀流通风是基本相同的。在有余热的房间,由于在高度方向上具有稳定的温度梯度,如果经较低的风速将送风温差较小的新鲜空气直接送入室内工作区,低温的新风在重力作用下先是下沉,随后慢慢扩散,在地面上方形成一层薄薄的空气层。而室内热源产生的热气流,由于浮力作用而上升,并不断卷吸周围空气。这样由于热气流上升时的卷吸作用、后续新风的推动作用和排风口的抽吸作用,地板上方的新鲜空气缓慢向上移动,形成类似于向上的均匀的流动,于是工作区的浑浊空气为后续的新风所替代,这种方式称为热置换通风。它具有节能、通风效率高等优点,如图 7-3 所示。

(2) 局部通风

局部通风是对房间局部区域进行通风以控制局部区域污染物的扩散,或在局部区域内获得较好的空气环境。按其功能可分为局部排风和局部送风。

局部排风:是利用局部气流直接在有害物质产生地点对其加以控制或捕集,不使其扩散到车间作业地带。它具有排风量小、控制效果好等优点。

局部送风:较长时间操作的工作地点,当其温度达不到卫生要求或辐射热度大于室外温度时应设置局部送风。局部送风是用来冲淡工作地点有害物质超标。

2) 按照动力的不同,通风方式可分为自然通风和机械通风

(1) 机械通风

机械通风是进行有组织通风的主要技术手段,依靠风机提供空气流动所需的压力和风量进行通风,它可分为机械送风和机械排风。

(2) 自然通风

自然通风是以热压和风压作用原理的有组织气流进行通风,它具有不使用机械动力、经济的特点。热压主要产生在室内外温度存在差异的建筑环境空间;风压主要是指室外风作

用在建筑物外围护结构，造成室内外静压差。

由于自然通风易受室外气象条件的影响，特别是风力的作用很不稳定，所以自然通风主要在热车间排除余热的全面通风中采用；某些热设备的局部排风也可以采用自然通风；当工艺要求进风需经过过滤和净化处理时，或进风能引起雾或凝结水时，不能采用自然通风。

7.1.2 通风系统的组成

通风系统由于设置场所的不同，其系统组成也各不相同。以机械通风系统为例，一般主要由以下部分组成，如图 7-4 所示。

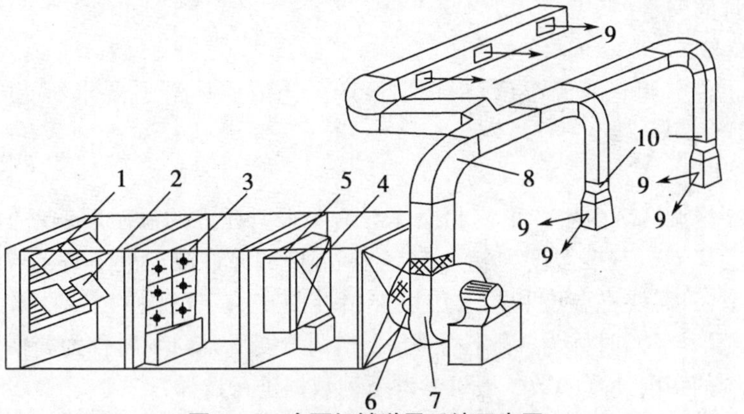

图 7-4 全面机械送风系统示意图

1—百叶窗；2—保温阀；3—过滤器；4—空气加热器；5—旁通阀；6—启动阀；7—风机；8—风道；9—送风口；10—调节阀

(1) 通风系统

由新风百叶窗、空气处理设备(过滤器、加热器等)、通风机(离心式、轴流式、流式)、风道以及送风口等组成。

(2) 排风系统

由排风口(排风罩)、风道、空气处理设备(除尘器、空气净化器等)、风机、风帽等组成。

7.2 空调系统的分类和组成

空调工程是空气调节、空气净化与洁净空调系统的总称。其任务是提供空气处理的方法，净化或者纯净空气，保证生产工艺和人们正常生活所要求的清洁度；通过加热或冷却、加湿或去湿来控制空气的温度和湿度，并且不断地进行调节。它的作用是为人们生产或生活创造一定的恒温恒湿、高清洁度和适宜的气流速度的室内空气环境。

7.2.1 空气调节的内容和基本参数

1) 空气调节的内容

简言之，空调就是对空气经过处理的通风，根据其使用环境、服务对象可分为以下几种：

(1) 舒适空调。以室内人员为服务对象、创造舒适环境为任务而设置的空调。如商场、办公楼、宾馆、饭店、公寓等建筑物。

(2) 工业空调。以保护生产设备和益于产品精度或材料为主，以保证室内人员满足舒适要求为次而设置的空调。如车间、仓库等场所。

(3) 超净空调或洁净室空调。对空气尘埃浓度有一定要求而设置的空调。如电子工业、生物医药研究室、计算机房等场所。

2) 空调调节的基本参数

大多数空调系统主要是控制空气的温度和相对湿度，常用空调基数和空调精度来表示空调房间对设计的要求。

(1) 空调基数

空调基数也称空调基准温湿度，指根据生产工艺或人体舒适要求所指定的空气温度(t℃)和相对湿度 φn%。

(2) 空调精度

空调精度指空调区域内生产工艺和人体舒适要求所允许的温湿度偏差值；表示空调区域内基准温度为▽ t℃，基准湿度为▽ φn%，空调温度的允许波动范围是±1℃，湿度的允许波动范围为±5%。需要将温度和相对湿度严格控制在一定范围的空调，称为恒温恒湿空调；当空调精度▽ $t \geqslant 1$℃时称为一般性空调，当空调精度▽ $t \leqslant 1$℃时称为高精度空调。对于舒适性空调系统的室内计算参数一般可参考下列数据进行选择：

① 夏季

温度：24～28℃

相对湿度：40%～65%

风速：≯0.3 m/s

② 冬季

温度：18～22℃

相对湿度：40%～60%

风速：≯0.2 m/s

7.2.2 空调系统的分类

1) 按空气处理设备的集中程度分类

(1) 集中式空调系统。所有的空气处理设备全部集中在空调机房内。根据送风的特点，又可分为单风道系统、双风道系统和变风量系统。

(2) 半集中式空调系统。除了安置在集中的空调机房内的空气处理设备外，还有分散在空调房间内的空气处理末端设备。这些末端设备可以对进入空调房间之前的送风再进行一次处理。如再热器、带热交换器的诱导器、风机盘管机组等。

(3) 局部式空调系统。即空调机组(又称空调机)。这种机组的冷、热源，空气处理设备，风机和自动控制元件，全部集中在一个箱体内。如柜式空调机、窗式空调机等，其本身就是一个紧凑的空调系统，它可以根据需要灵活安置在空调房间内或其邻室内。

通常将集中式和半集中式空调系统统称为中央空调系统。根据建筑物的特点，中央空调系统可认定单一的集中式空调系统，或是单一的风机盘管加新风系统，或既有集中式系统又有风机盘管加新风系统。

2) 按负担冷热负荷的介质分类

(1) 全空气系统。这种系统是空调房间的冷热负荷全部由经过处理的空气来承担，集中式空调系统就是全空气系统。

(2) 全水系统。这种系统是空调房间的冷热负荷全部靠水作为冷热介质来承担，它不能解决房间的通风换气问题，一般不单独采用。

(3) 空气—水系统。这种系统是空调房间的冷热负荷既靠空气又靠水来承担，风机盘管加新风系统就是这种系统。

(4) 制冷剂式系统。这种系统空调房间的冷热负荷直接由制冷系统的制冷剂来承担，局部式空调系统就属此类。

3) 按空气冷却盘管中不同的冷却介质分类

(1) 直接蒸发式系统。制冷剂直接在冷却盘管内蒸发，吸取盘管外空气热量。它适用于空调负荷不大，空调房间比较集中的场合。

(2) 间接冷却式系统。制冷剂在专用的蒸发器内蒸发吸热，冷却冷冻水(又称冷媒水)；冷冻水由水泵输送到专用的水冷式表面冷却空气。它适用于空调负荷较大，房间分散或者自动控制要求较高的场合。

4) 按主送风道中空气的流速分类

(1) 高速系统。主送风道风速在 20～30 m/s。

(2) 低速系统。主送风道风速在 12 m/s 以下。

风速大，风管尺寸小，易于布置。但是阻力却按风速的平方规律增加，致使风的压头和噪声大大增加，目前介于两者之间的中速系统应用比较多。

5) 按采用新风量的多少分类

(1) 直流式系统。空调器所处理的空气全部是新风，送风在空调房间内进行热湿交换同化后全部由排风管排到室外，没有回风管道。这种系统卫生条件好，但是耗能大，经济性差，适用于散发有害气体，不宜使用回风的空调场所。

(2) 闭式系统。空调器处理的全部是再循环空气(回风)，不补充新风。这种系统能耗小，但卫生条件差，适用于只有温湿度调节要求或者无法使用新风的空调场所。

(3) 混合式系统。空调器处理的空气由新风和回风混合而成。新风量约占总的送风量的 10%～100%。这种系统兼有直流式系统和闭式系统的优点，应用得较为普遍。

7.2.3 空调系统组成

空调系统由于种类不同，其系统组成也各不相同。我们以通常的集中式空调系统为例，如图 7-5 所示，一般主要由新风百叶入口、空气处理设备(过滤器、表冷器、加热器、喷水室、消音器等)、风机、风道、送(回)风口等组成。

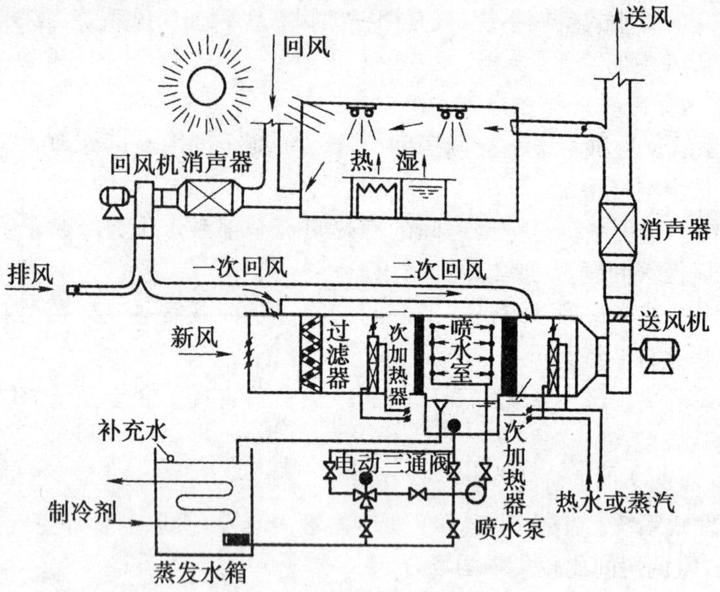

图 7－5　集中式空调系统示意图

7.2.4　空调系统的选择

一般应根据建筑物的用途、规模、使用特点、室外气候条件负荷变化情况和参数要求等因素，通过技术经济比较来选择空调系统。

(1) 建筑物内负荷特性相差较大的内区与周边区，以及同一时间内须分别进行加热和冷却的房间，宜分区设置空气调节系统。

(2) 空气调节房间较多，且各房间要求单独调节的建筑物，条件许可时，宜采用风机盘管加新风系统。

(3) 空气调节房间总面积不大或建筑物中仅个别或少数房间有空气调节要求时，宜采用整体式房间空调机组。

(4) 空气调节单个房间面积较大，或虽然单个房间面积不大，但各房间的使用时间、参数要求、负荷条件相近，或空调房间温度、湿度要求较高，条件许可时，宜采用全空气集中式系统。

(5) 要求全年空气调节的房间，当技术经济比较合理时，宜采用热泵式空气调节机组。

在满足工艺要求的条件下，应尽量减少空调房间的空调面积和散热、散湿设备。当采用局部空气调节或局部区域空气调节能满足使用要求时，不应采用全室性空调。

根据空调房间的送风要求，需考虑确定不同的空气处理方案，如表 7－1 所示。

表 7－1　空调房间空气处理方案

季　节	空气处理方案
夏　季	喷水室喷冷水或用表面冷却器冷却减湿→加热器再热
	固体吸湿剂减湿→表面冷却器冷却
	液体吸湿剂冷却减湿

续表 7-1

季　节	空气处理方案
冬　季	加热器预热→喷蒸汽或水加湿→加热器再热
	加热器预热→喷蒸汽加湿
	喷热水加热加湿→加热器再热
	加热器预热→一部分喷水加湿(另一部分未加湿)相混合

7.3 通风系统主要设备和构件

机械送风系统一般由进风室、空气处理设备、风机、风道和送风口等组成;机械排风系统一般由排风口、排风罩、净化除尘设备、排风机、排风道和风帽等组成。此外,还应设置必要的调节通风和启闭系统运行的各种控制部件,即各式阀门等。以下介绍主要设备和构件。

7.3.1 风机

1) 风机分类与构造

通风机根据其结构和作用原理分为离心式、轴流式和贯流式三种类型,大量使用的是离心式和轴流式通风机。在一些特殊场所使用的还有耐高温通风机、防爆通风机、防腐通风机和耐磨通风机等。随着科学技术和国民经济的发展,对节能和环保的要求日益迫切,近年来高效率、低噪音的各类风机不断问世。

2) 通风机的选择

(1) 根据被输送气体(空气)的成分和性质以及阻力损失大小,选择不同类型的风机。如输送含有爆炸、腐蚀性气体的空气时,需选用防爆防腐型风机;输送含有强酸、碱类气体的空气时,选用塑料通风机;一般工厂、仓库和公共建筑的通风换气,可选用离心风机;通风量大、压力小的通风系统以及用于车间防暑散热的通风系统,多选用轴流风机。

(2) 根据通风系统的通风量和风道系统的阻力损失,按照风机产品样本确定风机型号;以按计算值乘以安全系数作为选型值($L_{风机}$、$P_{风机}$),产品样本值应大于等于选型值。

风量的安全系数为:1.05~1.10,即 $L_{风机}=(1.05\sim1.10)L$。

风压的安全系数为:1.10~1.15,即 $P_{风机}=(1.10\sim1.15)P$。

式中,L、P 为通风系统中计算所得的总风量和总阻力损失。

风机选型还应注意使所选用风机正常运行工况处于高效率范围。另外,样本中所提供的性能选择表或性能曲线是指标准状态下的空气,所以,当实际通风系统中空气条件与标准状态相差较大时应进行换算。

7.3.2 室内送风、排风口

室内送风口是送风系统中风道的末端装置。送风道输入的空气通过送风口以一定的速度均匀地分配到指定的送风地点;室内排风口是排风系统的始端吸入装置,车间内被污染的空气经过排风口进入排风道内。室内送风、排风口的位置决定了通风房间的气流组织形式。

室内送风口的形式有多种，图 7－6 所示为直接在风道上开孔口送风形式，根据开孔位置有侧向送风口，图(a)所示的送风口无调节装置，不能调节送风流量和方向；图(b)所示的送风设置了插板，可改变送风口截面积的大小，调节送风量，但不能改变气流的方向。常用的室内送风口还有百叶式送风口，图 7－7 所示布置在墙内或暗装的风道可采用这种送风口，将其安装在风道末端或墙壁上。百叶式送风口有单层、双层和活动式、固定式、双层式，不但可以调节风向，而且也可以控制送风速度。

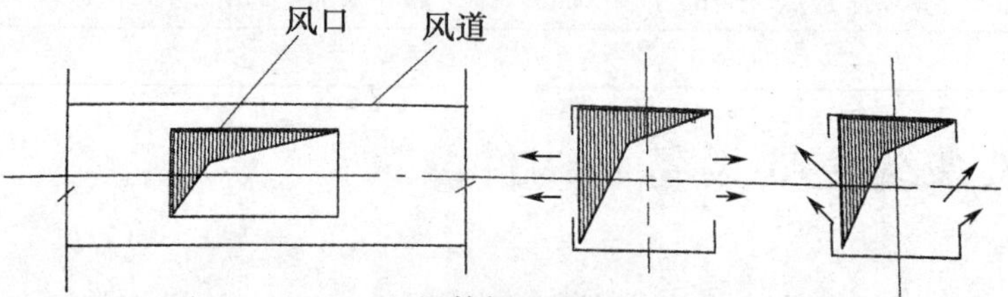

(a) 风管侧送风口

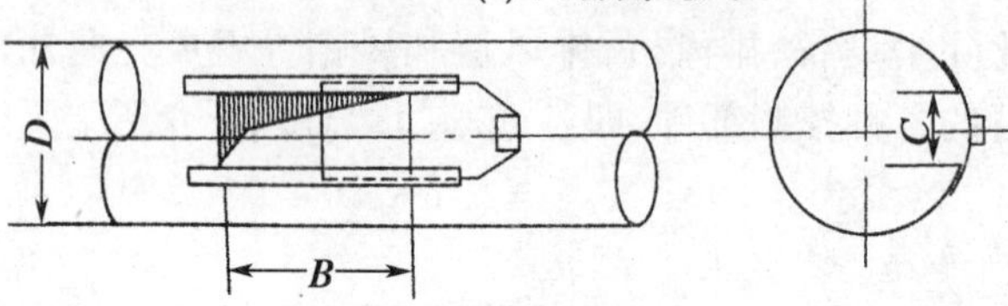

(b) 插板式送风、吸风口

图 7－6　两种简单的送风口示意图

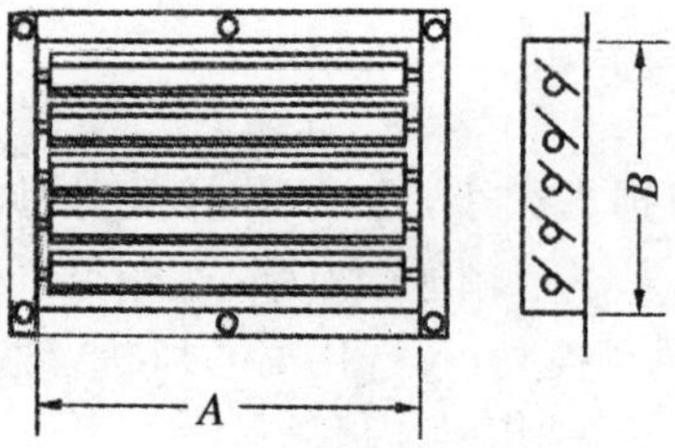

(a) 单层百叶送风口

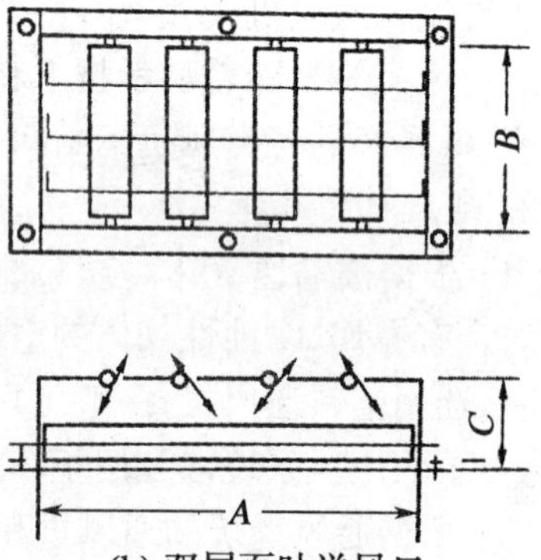

(b) 双层百叶送风口

图 7－7　百叶式送风口系统示意图

在工业车间中往往需要大量的空气从较高的上部风道向工作区送风，而且为了避免工作地点有吹风的感觉，要求送风口附近的风速迅速降低，在这种情况下常用的室内送风口形式是空气分布器，如图 7－8 所示。

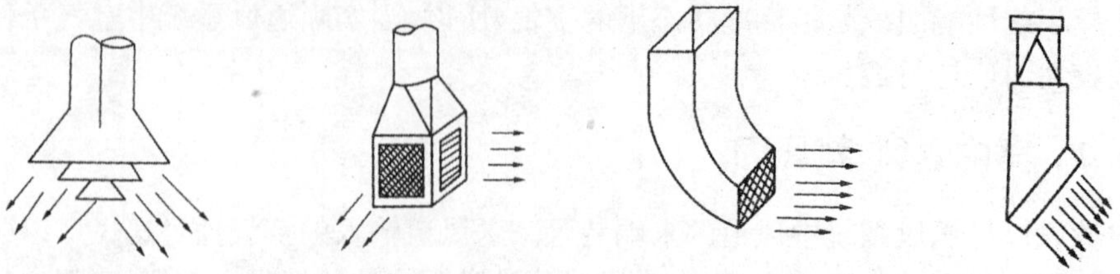

图 7－8　空气分布器示意图

室内排风口一般没有特殊要求，其形式种类也很少，通常采用单层百叶式排风口，有时也采用水平排风道上开孔的孔口排风形式。

7.3.3 风道及阀门

1）风道

风道常用薄钢板、塑料、胶合板、纤维板、钢筋混凝土、砖、石棉水泥、矿渣石膏板等制成。风道选材是根据输送的空气性质以及就地取材的原则来确定，一般输送腐蚀性气体的风道可用涂刷防腐油漆的钢板或硬塑料板、玻璃钢制作；埋地风道常用混凝土板做底，两边砌砖，预制钢筋混凝土板做顶；利用建筑物空间兼作风道时，多采用混凝土或砖砌通道。

风道的断面形式为矩形或圆形。圆形风道的强度大，阻力小，耗材少，但占用空间大，不易与建筑配合。对于高流速、小管径的除尘和高速空调系统或需要暗装时可选用圆形风道。矩形风道易布置，便于加工。对于低流速、大断面的风道多采用矩形，其适宜的宽高比在 3.0 以下。

风道的布置应在进风口、送风口、排风口、空气处理设备、风机的位置确定之后进行。

2）阀门

通风系统中的阀门主要用于启动风机，关闭风道、风口，调节管道内空气量，平衡阻力等。阀门安装于风机出口的风道、主干风道、分支风道或空气分布器之前等位置。常用的阀门有插板阀、蝶阀、防火阀、止回阀等。

插板阀多用于风机出口或主干风道处用作开关，通过拉动手柄来调整插板的位置即可改变风道的空气流量。其调节效果好，但占用空间大。

蝶阀多用于风道分支处或空气分布器前端，转动阀板的角度即可改变空气流量。蝶阀使用较为方便，但严密性较差。

当火灾发生时，防火阀可切断气流，防止火势蔓延。阀板开启与否应有信号指示，阀板关闭后不但要有信号指示，还应有打开与风机连锁的接点，使风机停转。

止回阀常装于风机出口，防止风机停止运转后气流倒流。

7.3.4 进风、排风装置

按使用的场合和作用的不同有室外进风、排风装置和室内进风、排风装置之分。

1）室外进风装置

室外进风口是通风和空调系统采集新鲜空气的入口，根据进风室的位置不同，室外进风口可采用竖直风道塔式进风口，也可以采用设在建筑物周围结构上的墙壁式或屋顶式进风口。室外进风口的位置应满足以下要求：

(1) 设置在室外空气较为洁净的地点，在水平和垂直方向上都应远离污染源。

(2) 室外进风口下缘居室外地坪的高度不宜小于 2 m，并须装设百叶窗，以免吸入地面上的粉尘和污物，同时可避免雨雪的侵入。

(3) 用于降温的通风系统，其室外进风口宜设在背阴的外墙侧。

(4) 室外进风口的标高应低于周围的排风口，且宜设在排风口的上风侧，以防吸入排风口排出的污浊空气。当进风、排风口的水平间距小于 20 m 时进风口应比排风口至少低 6 m。

(5) 屋顶式进风口应高出屋面 0.5～1.0 m，以免吸进屋面上的积灰和被积雪埋没。

室外新鲜空气由进风装置采集后直接送入室内通风房间或送入进风室，根据用户对送风的要求进行预处理。机械送风系统的进风室多设在建筑物的地下层或底层，也可以设在室外进风口内侧的平台上。

2）室外排风装置

室外排风装置的任务是将室内被污染的空气直接排到大气中去。管道式自然排风系统和机械排风系统的室外排风口通常是由屋面排出，也有由侧墙排出的，但排风口应高出屋面。一般来说，室外排风口应设在屋面以上 1 m 的位置，出口处应设置风帽或百叶风口。

7.4 空调系统主要设备

空调系统由于方式众多，各系统所用设备也各不相同，下面逐一介绍。

7.4.1 局部空调系统的设备

1）窗式空调机

窗式空调机是一种直接安装在窗体上的小型空调机，一般采用全封闭冷冻机，以氟利昂为制冷剂。它可冬季供热，夏季制冷。此种空调机安装简单，噪声小，不需水源，接上 220 V 电源即可。

2）分体式空调机

分体式空调机由室内机、室外机、连接管和电线组成。按室内机的不同可分为壁挂式、吊顶式、柜机等。现对使用最多的壁挂式空调机进行介绍。

壁挂式空调机的室内机一般为长方形，挂在墙上，后面有凝结水管，将冷凝水排向下水道。室外机内含有制冷设备、电机、气液分离器、过滤器、电磁继电器、高压开关和低压开关等。连接管道有两根，一根是高压气管，另一根是低压气管，均采用紫铜管材。

7.4.2 半集中式空调系统设备

半集中式空调系统在空调机房内的设备与集中式空调系统的设备基本一致，因此在集中式空调系统中统一介绍，这里主要介绍放置在空调机房内的设备。

1）风机盘管

风机盘管的形式很多，有立式明装、立式暗装、吊顶安装等。风机盘管的冷热水管有四管制、三管制和两管制三种。其功能是以室内温度通过温度传感器来控制进入盘管的水量，进行自动调节；也可通过盘管的旁通门调节。

2）诱导器

诱导器是用于空调房间送风的一种特殊设备，主要由静压箱、喷嘴和二次盘管组成。经集中空调机处理的新风通过风管送入各空调房间的诱导器中，由诱导器的喷嘴高速喷出，在气流的引射作用下在诱导器内形成负压，从而使室内空气被吸入诱导器，一次风和室内空气混合后经二次盘管处理后送入空调房间。

7.4.3 集中式空调系统设备

集中式空调系统设备主要有以下几类：

1）空气加热设备

在空调工程中，常用的空气加热设备是空气加热器。空气加热器的种类很多，有表面式加热器和电加热器两种。

2）空气冷却设备

在空调工程中，常见的冷却设备是表面式冷却器。表面式冷却器有水冷式和直接蒸发式两种。水冷式表面冷却器原理与空气加热器相同，只是将热媒换成冷媒——冷水即可。直接蒸发式表面冷却器就是制冷系统中的蒸发器，它是靠制冷剂在其中蒸发而使空气冷却。

3）空气的加湿设备

空气的加湿设备主要有以下几类：

(1) 电热式加湿器。是将放置在水槽中的管状电加热元件通电后，把水加热至沸腾而发生蒸汽的设备。电热式加湿器由管状加热器、防尘罩和浮球开关等组成。

(2) 电极式加湿器。是在水中放入电极，当电流从水中通过时就会将水加热的设备。电极式加湿器由外壳、三极铜棒电极、进水管、出水管和接线柱等组成。

(3) 喷水室。又称喷淋室，是既能加湿又能减湿的设备。它是将水喷成雾状，当空气通过时，空气和水就会进行热湿交换，从而达到处理目的的设备。喷水室由喷嘴排管、挡板、底池、附属管及外壳等组成。

4）空气的减湿设备

在空调工程中，常用冷冻除湿机或固体吸湿剂进行减湿。

冷冻除湿机是利用制冷的方法除去空气中水分的设备。它由制冷压缩机、蒸发器、冷却器、膨胀阀和通风机等组成。当要处理的潮湿空气通过蒸发器时，由于蒸发器表面的温度低于空气的露点温度，不仅使空气降温，而且会析出凝结水，这就达到减湿的目的。

固体吸湿剂有两种类型：一是具有吸附性能的多孔材料，如硅胶，其吸湿后材料的形态不改变；二是具有吸收能力的固体材料，如氧化钙，其吸湿后材料的形态会改变而失去吸湿能力。

5）空气的净化设备

正常的空气中含有大量的灰尘，无法满足工艺的需要，这就必须采取措施除掉空气中的灰尘，这个过程称为净化。在空调工程中，常用的空气净化设备是空气过滤器。空气过滤器按作用原理可分为浸油金属网格过滤器、干式纤维过滤器和静电过滤器三种。

6）空气的消声设备

消声设备用于消除空调设备（如风机、制冷压缩机等）运行时产生的噪音，常用设备是消声器。消声器的种类很多，按其工作原理可分为阻性消声器、抗性消声器、共振性消声器。

7）减振设备

减振设备用于减低空调设备（如风机、制冷压缩机等）运行时产生的振动，常用的设备是减振器。减振器的种类很多，常用的有弹簧隔振器、橡胶隔振器和橡胶隔振垫。

8）空调机

空调机也称中央空气处理机，它是将空气处理所需的各种设备集中安装在空调箱内，有金属和非金属两种。多数空调机是厂家已经加工好，用户采用即可，少数较大空调机需要现场制作。

标准的空调机有回风段、混合段、预热段、过滤段、表冷段、喷水段、加湿段、送风段、消音段和中间段等，如图 7-9 所示。

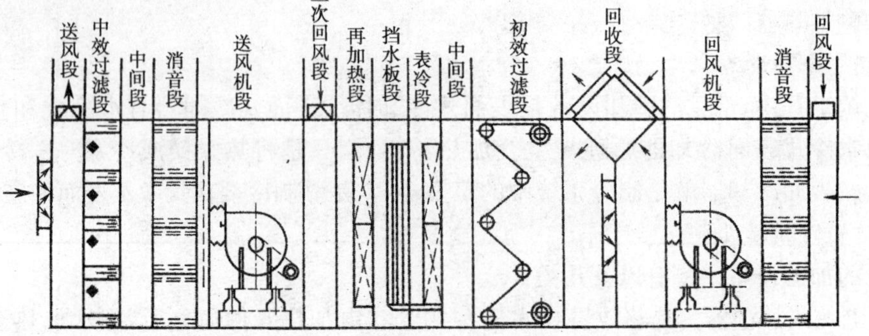

图 7-9　装配式空调箱结构示意图

7.5　通风空调系统管道制作与安装

在通风空调工程中，将采用金属、非金属薄板或其他材料制作而成，用于空气流通的管道称为风管；将采用混凝土、砖等建筑材料砌筑而成，用于空气流通的通道称为分风道。

风管的截面有圆形和矩形两种。

7.5.1　风管的加工制作

通风空调管道由风管、各类管件、附件和部件等部分组成。当风管和管件如弯头、三通、变径管等管件无成品供应时，需在施工现场或加工厂加工制作。

风管的加工制作包括放样下料、剪切、薄钢板的咬口、矩形管的折方、圆形风管卷圆、合口及压实(较厚钢板合口后焊接)以及管端部安装法兰等操作过程。

1) 放样下料

风管及管件制作前需画出风管及管件的形状和尺寸，然后画出其展开平面图，并留出咬口或接口余量。

(1) 矩形风管的放样下料

通常在操作平台上进行，以每块钢板的长度作为一节风管的长度，钢板的宽度作为周边长。为增加其强度，咬口闭合缝应设在角边上。当周边长度小于钢板宽度时，应设一个角咬口；当周边长度大于钢板宽度时，应设 2～4 个角咬口。画线时应留出咬口余量及与法兰连接时板边余量。

(2) 圆形风管的放样下料

也是在操作平台上进行，以每块钢板的长度作为一节风管的长度，钢板的宽度作为通风管的圆周长，若一块钢板尺寸不够，可用几块钢板拼接起来。画线时在风管的圆周长上应留出咬口余量或焊缝的宽度。在管节长度方向上，每节管的两端应留出与法兰连接的折边余量，以不盖住法兰的螺栓孔为宜，一般为 8～10 mm。较厚的钢板，每节风管的两端通常是与法兰采用焊接，不留余量。

2）剪切

放样下料完毕并核查无误后即可按展开图的形状进行剪切。要求切口平直，曲线圆滑。常用的剪切方法有手工剪切和机械剪切两种。

（1）手工剪切

手工剪切的工具有手剪和台剪两种。手剪分直线剪和弯剪两种。直线剪适用于剪切金属薄板的直线和曲线外圆；弯剪则用来剪切曲线的内圆。手工剪切厚度一般不大于1.2 mm；台剪能剪切的厚度为3～4 mm。

（2）机械剪切

主要用龙门剪板机剪切。操作时将切线对准刀片，脚踏开关，剪切机上刀片下行，钢板被切断。由于机械剪切速度快，质量好，剪口光洁，能剪割多种板材，因而在工业化生产中被广泛采用。需要注意的是，使用剪切机时要按照操作规程操作，以防使用不当造成事故。

3）接缝的连接

（1）咬口的连接

将金属薄板的边缘弯曲成一定形状，用于相互固定连接的结构称为咬口。咬口连接是把需要相互结合的两个板弯成能相互咬合的钩形，钩接后挤压折边。这种连接方式不需要其他材料，适用于厚度1.2 mm的薄钢板、厚度1.0 mm的不锈钢板和厚度1.5 mm的铝板。

咬口的种类按接头构造可分为单咬口、双咬口、联合咬口、单角咬口与按扣式咬口、插条式咬口；根据其外形又可分为平咬口与立咬口；根据其位置又可分为纵咬口与横咬口；根据其操作方法可分为手工咬口和机械咬口。

常用咬口形式及使用范围见表7-2所示。

表7-2 常用的咬口形式和使用范围

名　称	使用范围
单平咬口	用于管材的横接缝和圆风管的纵向缝
单立咬口	用于风管接头环向的连接，如圆形弯头
单角咬口	用于矩形风管及配件的纵向转角缝和矩形弯管、三通的转角缝
联合角咬口	用于矩形管、弯管、三通、四通、转角缝，应用于有曲率的矩形的角缝连接更为合适
按口式咬口	用于矩形风管、弯管、三通与四通的转角缝
插条式咬口	用于圆形三通或四通支管的连接、出屋面防水罩的连接及方形、矩形风管延长段的连接

（2）焊接连接

金属风管和管件除可以用咬口连接外，还可以使用焊接。焊接连接采用电焊或气焊，适用于非镀锌薄板厚度在1.2 mm以上时的连接。焊缝形式有对接焊缝、板边焊缝和角焊焊缝，如图7-10所示。

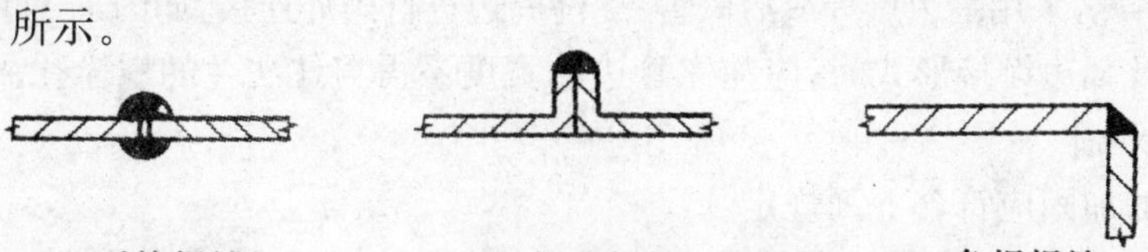

(a) 对接焊缝　　(b) 板边焊缝　　(c) 角焊焊缝

图7-10 焊缝的形式示意图

对接焊缝主要用于钢板与钢板之间的纵向和横向接缝以及风管的闭合接缝；板边焊缝主要用于圆形风管弯头节与节之间的接缝；角焊焊缝用于矩形风管以及矩形风管弯头的角缝。

4）钢板的卷圆

圆形风管制作时，需将切好的钢板在卷板机上进行卷圆。卷圆时，应先将待卷圆钢板的两端打成弧形，放在卷板机的上、下辊之间，然后开机。此时上、下辊同时转动并带动钢板滚动（反复），直到卷成圆（弧）为止。

5）钢板的折方

矩形风管制作时，需将剪切好的钢板在折方机上折方。折方时，将待折钢板置于折方机的上、下压板之间并对准折线，转动调节丝杠手轮将钢板压紧，然后向上扳动手柄，折成所需角度，再逆转调节丝杠手轮，使上压板升起，取出已折好的钢板。

6）风管法兰的制作

法兰用于风管之间及风管与配件、风管与部件之间的延长连接。法兰按其断面形状分为矩形和圆形两种。在钢板风管中，矩形法兰用等边角钢板制作；圆形法兰当管径小于或等于 280 mm 时用扁钢，其余均用等边角钢制作。

(1) 矩形风管法兰的制作

在操作平台放样下料；对角钢进行清理调直后，分别找出螺栓孔和铆钉孔的中心位置线；在台钻或立钻上钻出螺栓孔和铆钉孔；按照尺寸在操作平台上画出矩形，注意四角应严格角度，保证成 90°，矩形对角线应相等，矩形的长与宽的尺寸应大于风管外径 2～3 mm，而不能出现负值。当确认无误后将角钢按线进行点焊，待检查尺寸后将角钢平面朝上，把其他角钢摆放其上，进行点焊，直到操作完毕。

(2) 圆形风管法兰的制作

圆形风管法兰的制作程序为下料、圈圆、焊接、找平和钻孔，制作方法有手工制作和机械制作。机械制作是在法兰弯曲机上进行的，手工制作有冷煨法和热煨法两种方法。

7.5.2 通风空调管道的安装

1）法兰与风管的装配

法兰与风管装配连接形式有翻边、翻边铆接和焊接三种。

(1) 翻边形式适用于扁钢法兰与板厚小于 1.0 mm、直径 $D\leqslant 200$ mm 以下的圆形风管、矩形不锈钢风管或铝板风管、配件的连接，如图 7-11(a)所示。

(2) 翻边铆接形式适用于角钢法兰与壁厚 $\delta\leqslant 1.5$ mm 直径较大的风管及配件的连接。铆钉部位应在法兰外侧，如图 7-11(b)所示。

(3) 焊接形式适用于角钢法兰与风管壁厚 $\delta>1.5$ mm 的风管与配件的连接，并依风管、配件断面的大小情况，采用翻边点焊或沿风管、配件周边进行满焊连接，如图 7-11(c)、(d)所示。

采用翻边及翻边铆接形式时，应注意翻边的宽度不得盖住法兰的螺栓孔。

2）风管的加固

金属风管的加固应符合下列规定：

(1) 圆形风管（不包括螺旋风管）直径大于或等于 800 mm，且其管段长度大于 1 250 mm 或总表面积大于 4 m^2 时均应采取加固措施。

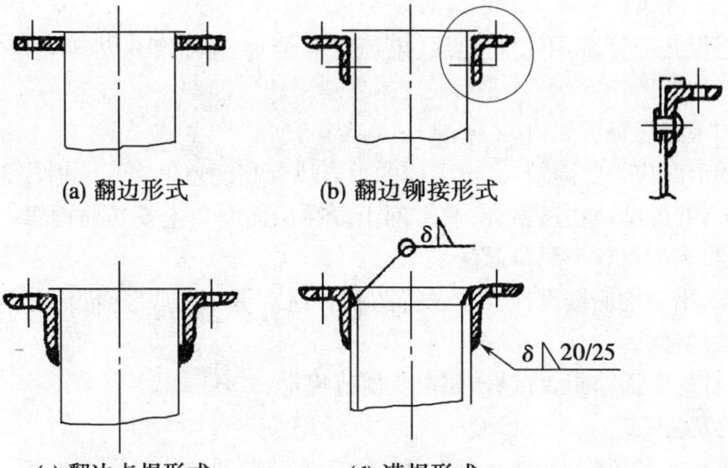

图 7－11　法兰与风管、配件的连接形式

(2) 矩形风管边长大于 630 mm、保温风管边长大于 800 mm，管段长度大于 1 250 mm 或低压风管单边面积大于 1.2 m^2，中、高压风管大于 1.0 m^2，均应采取加固措施。

非金属风管的加固除应符合上述规定外，还应符合下列规定：

(1) 硬聚氯乙烯风管的直径或边长大于 500 mm 时，其风管与法兰的连接处应设加强板，且间距不得大于 450 mm。

(2) 有机及无机玻璃钢风管的加固，应为本体材料或防腐性能相同的材料，并与风管成为一个整体。

3) 风管支架、吊架的安装

支架、吊架是风管系统的重要附件，起着控制风管的位置、保证管道的平直度和坡度、承受风管荷载的作用。支架、吊架应根据风管截面形状、尺寸，依据标准图在加工厂或在现场加工。所用的型钢一般有角钢、槽钢、扁钢及圆钢。

支架、吊架的间距应满足下列要求：

(1) 风管水平安装，直径或长边尺寸小于等于 400 mm，间距不应大于 4 m；直径或长边尺寸大于400 mm，间距不应大于 3 m。螺旋风管的支架、吊架间距可分别延长到 5 m 和 3.75 m；对于薄钢板法兰的风管，其支架、吊架间距不应大于 3 m。

(2) 风管垂直安装，间距不应大于 4 m，单根直管至少应有两个固定点。非金属风管支架间距不应大于 3 m。

(3) 当水平悬吊的主、干风管长度超过 20 m 时应设置防止摆动的固定点，每个系统不应少于一个。

(4) 支架、吊架不宜设置在风口、阀门、检查门的自控机构处，离风口或接管的距离不应小于 200 m。

4) 风管的安装

(1) 一般规定

输送湿空气的风管应按设计要求的坡度和坡向进行安装，风管底部不得设有纵向接缝。

设于易燃、易爆环境中的通风系统，安装时应尽量减少法兰接口数量，并设可靠的接地装置。

风管内不得设其他管道,不得将电线、电缆以及给水、排水和供热等管道安装在通风空调管道内。

楼板和墙内不得设可拆卸口。

风管穿出屋面时应设防雨罩,穿出屋面的垂直风管高度超出 1.5 m 时应设拉索,拉索不得固定在法兰上,并严禁拉在避雷针、避雷网上。在屋面洞口上安装防雨罩,其上端以扁钢抱箍与立管固定,下端将整个洞口罩住。

风管及支架、吊架均应按设计要求进行防腐。通常是涂刷底漆、面漆各两道,对保温风管一般只刷底漆两道。

风管与墙、柱的表面净距,按设计要求及规范规定。

(2) 风管的安装工艺

在通风空调系统的风管、配件及部件已按加工安装草图的规划预制加工,风管支架已安装的情况下,风管的安装则可以进行。风管的安装有组合连接和吊装两部分。将预制好的风管及管件按编号顺序在施工现场的平地上组合连接成适当长度的管段。如用法兰连接,每组法兰中应设垫片。然后用起重吊装工具如手拉葫芦等,将其吊装就位于支架上,找平找正后用管卡固定即可。

7.6 通风空调系统设备的安装

7.6.1 风机的安装

通风空调工程中常用离心式和轴流式风机。其安装有基础上的安装、钢结构支架上的安装、砖墙内的安装三种形式。

1) 轴流式风机墙内的安装

轴流式风机一般安装在预留的墙洞内,有无机座安装、带支座安装等。其工序为:

(1) 风机就位与找平。将风机嵌入预留空洞内,用木塞或碎砖将风机轴或底座找平,风机机壳与墙洞缝隙找平。

(2) 风机的稳固。用 1∶2 水泥砂浆辅助以碎石将风机与墙洞间的环形隙缝填实,并与墙面抹平,使风机稳固。

(3) 出风弯管或活动金属百叶窗的安装。用螺栓将出风管或金属百叶窗安装牢固。

2) 风机在基础上的安装

风机在基础上安装分为直接用地脚螺栓紧固在基础上的直接安装和通过减振器、减振垫的安装两种形式。小型离心式风机和轴流式风机可安装在支架上。不同型号、不同传动方式的离心式风机都可以安装在混凝土基础上。部分长轴传动及皮带传动的轴流式风机也可以安装在混凝土基础上。其中:

(1) 柔性短管是用帆布、软橡胶板、人造革等材料制成的,长度一般为 150～250 mm,用于风机的出入口处,防止风机振动通过风管传至室内而引起噪声。

(2) 消声器有片式、管式、阻抗复合式等,用于系统的消声。

7.6.2 除尘器的安装

除尘器用于通风工程中，其作用是除去空气中的粉尘。常用的除尘器有旋风除尘器、湿式除尘器、布袋除尘器、静电除尘器等。因其结构、工作原理及安装方法均不同，就其安装形式及方法而言，可分为除尘器在地面地脚螺栓上的安装、除尘器以钢结构支承直立于地面基础上的安装、除尘器在墙上的安装、除尘器在楼板空洞内的安装等几种。

除尘器安装的基本技术要求如下：

(1) 除尘器安装应位置正确，牢固平稳，进出口方向符合设计要求，垂直度不大于允许偏差。

(2) 除尘器的排灰阀、卸料阀、排泥阀的安装必须严密，并应便于操作和维修。

(3) 现场组装的布袋除尘器和静电除尘器应符合设计、产品要求及施工规范的规定。

7.6.3 空气过滤器的安装

空气过滤器用于对空气的净化处理，产品有许多种类，总体分为粗效、中效和高效过滤器三类。过滤器的安装应符合下列规定：

(1) 过滤器串联使用时，安装应符合设计要求，应按空气依次通过粗效、中效、高效过滤器的顺序安装，同级过滤器可并联使用。

(2) 空气过滤器应安装平整、牢固，方向正确。过滤器与框架、框架与围护结构之间应严密无缝隙。

(3) 框架式或粗效、中效袋式空气过滤器的安装，要注意过滤器四周与框架应均匀压紧，无可见缝隙，并应便于拆卸和更换滤料。

(4) 卷绕式过滤器的安装，要注意框架应平整，展开的滤料应松紧适度，上下筒体应平行。

7.6.4 风机盘管和诱导器的安装

风机盘管或诱导器是半集中式空调系统的末端装置，设于空调房间内。以下简述其安装要求。

1) 风机盘管的安装

风机盘管的安装步骤与方法是：根据设计要求确定安装位置；根据安装位置选择支架、吊架的类型，并进行支架、吊架的制作和安装；风机盘管安装并找正，固定。安装时应使风机盘道保持水平；机组凝结水管不得受损，并保证坡度，使凝结水能够顺畅地排除；各连接处应严密不渗；盘道与冷、热媒管道应在连接前清污，以免堵塞。

2) 诱导器的安装

诱导器应按设计要求的型号和规定位置安装，与一次通风接管处应严密无漏风，水管接头方向和回风面的位置应符合设计要求，出风口或回风口百叶栅的有效通风面积不能小于80％，凝水管应保证坡度。

7.6.5 空气热交换器的安装

通风空调系统中常用的肋片管型空气热交换器是用无缝钢管外部缠绕或镶接铜、铝片制成的，当热交换器通入热水或水蒸气时即加热空气，称为空气加热器；当通入冷却水或低温盐水时即可冷却空气，称为表面冷却器。

安装时常用砌砖或焊制角钢支座支撑，热交换器的角钢边框与预埋角钢安装框用螺栓紧固，且在中间夹以石棉橡胶板，与墙体及旁通阀连接处的所有不严密的缝隙均应用耐热材料封闭严密。用于冷却空气的表面冷却器安装时，在下部应设有排水装置。

7.6.6 装配式空气处理室的安装

卧式装配式空气处理室由不同的空气处理段组成，如由新风和一次风混合的混合段、中间室、空气过滤及混合段、一次加热段、淋水段、二次加热段等组成。

安装时先做好混凝土基础，并将其吊装至基础上固定。安装应保持水平，与冷、热媒等各管道的连接应正确无误，严密不渗漏。

7.7 空调制冷及空调冷源

在空调工程中需要冷源，空调冷源有天然冷源和人工冷源两种。天然冷源主要是地道风和深井水；人工冷源主要采用各种形式的制冷机来制备。下面重点介绍制备人工冷源的制冷装置和系统。

7.7.1 制冷装置

目前常用的制冷装置为冷水机组，冷水机组主要有压缩式制冷机和吸收式制冷机两种。

1）压缩式制冷机

压缩式制冷机主要由制冷压缩机、冷凝器、膨胀阀和蒸发器四个部件组成，并用管道连接成一个封闭的循环系统，如图 7－12 所示。

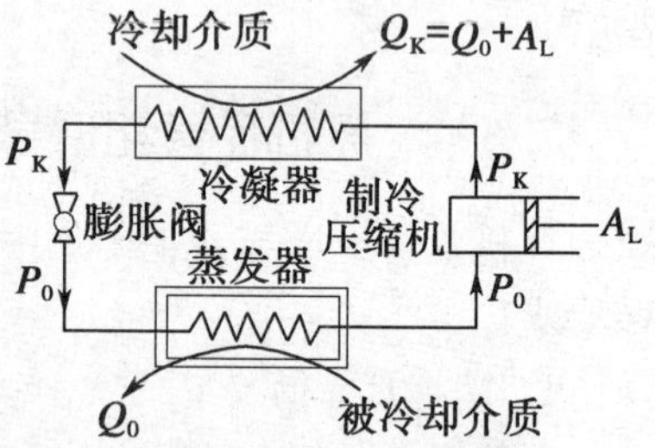

图 7－12　压缩式制冷机示意图

制冷剂在系统中经历蒸发、压缩、冷凝和节流四个热力过程。在蒸发器中，低压、低温的制冷剂液体吸收被冷却介质（如冷冻水）的热量，蒸发成为低压、低温的制冷剂蒸汽，每小时吸收的热量就是制冷量。低压、低温的制冷剂蒸汽，被压缩机吸入压缩成高压高温的蒸汽后排入冷凝器；进入冷凝器中的高压、高温的制冷剂蒸汽被冷却水冷却，并放出热量，最后凝结成高压的液体，自冷凝器排出的高压液体经膨胀阀节流后变成低压、低温的液体，进入蒸发器吸收被冷却介质的热量继续蒸发制冷。如此周而复始地循环，完成任务。

2）吸收式制冷机

吸收式制冷机是利用二元溶液在不同压力和温度下能释放和吸收制冷剂的原理进行制冷循环的设备。通常以水作为制冷剂，以溴化锂水溶液为吸收剂。吸收式制冷机主要有单效、双效和直燃式三种。

7.7.2 制冷水系统

制冷水系统也称为冷冻水系统，是中央空调系统的一个重要组成部分，空调系统中的冷冻水通常由冷冻站来制备。

1) 冷冻水系统按回水方式分类

冷冻站的冷冻水系统按回水方式可分为开式系统和闭式系统。

(1) 开式系统

开式系统为重力式回水系统，当空调机房和冷冻站有一定高差且距离较近时，回水借重力自流回冷冻站。使用壳管式蒸发器的开式回水系统，设置回水池；当采用立式蒸发器时，由于冷水箱有一定的储水容积，可不另设回水池。此系统结构简单，不设置回水泵，调节方便，工作稳定。

(2) 闭式系统

闭式系统为压力式回水系统，该系统只有膨胀水箱通大气，所以系统的腐蚀性小，系统结构简单，冷损失小，不受地形限制。由于在系统的最高点设置膨胀水箱，整个系统充满水，冷冻水泵的扬程仅需克服系统的流动摩擦阻力，因此冷冻水泵的功率消耗较小。

2) 冷冻水系统按调节方式分类

冷冻站的冷冻水系统按调节方式可分为定水量系统和变水量系统。

(1) 定水量系统

该系统的水流量始终不变，是通过改变供回水水温来满足空调建筑负荷要求。

(2) 变水量系统

该系统的供回水水温始终不变，是通过改变水流量来满足空调建筑负荷要求。

7.7.3 冷却水系统

冷却水是冷冻站内制冷机的冷凝器和压缩机的冷却机的冷却用水，在正常工作时，使用后仅水温升高，水质不受污染。

冷却水系统按供水方式可分为直流供水和循环冷却两种方式。

直流供水系统：冷却水经过冷却器等用水设备后直接排入河道或下水道，或排入厂区综合用水管道。

循环冷却水系统：通过冷凝器后的温度较高的冷却水，经过降温处理后，再送入冷凝器循环使用的冷却系统。

7.8 通风空调系统调试

通风空调系统安装完毕后必须进行系统调试。调试是检验设备单机的运转和系统的联合试运转是否正常，以便发现存在的问题并进行排除，确保通风空调系统正常运行，达到设计要求。

通风与空调系统总风量调试结果与设计风量的偏差不应大于10%；空调冷热水、冷却水总流量测试结果与设计流量偏差不应大于10%；舒适空调的温度、相对湿度应符合设计要求。恒温房间室内空气温度、相对湿度及波动范围应符合设计规定。

调试的主要内容有设备单机试运转及调试，系统无生产负荷下的联合试运转及调试。

7.8.1 设备单机试运转

1）风机的试运转

(1) 通风机：空调机组中的风叶轮旋转方向要正确，运转要平稳，无异常振动与声响。配套电机的运行功率应符合设备技术文件的规定。

(2) 风机的试运转时间不得少于 2 h。

(3) 风机在额定转速下连续运转 2 h 后，滑动轴承外壳温度不得超过 70℃，滚动轴承不得超过 80℃。

(4) 风机、空调机组、风冷热泵等设备运转时产生的噪声不宜超过性能说明书的规定值。

(5) 风机盘管机组的三速、温控开关的动作应正确，并与机组运行状态一一对应。

2）水泵的试运转

(1) 水泵叶轮旋转方向正确，无异常振动和声响，紧固连接部位无松动。其电机运行功率应符合设备技术文件的规定。

(2) 水泵连续运转 2 h 后，滑动轴承外壳和滚动轴承外壳最高温度不得超过 70℃。

(3) 水泵运行时不应有异常振动和声响，壳体密封处不得渗漏，紧固连接部位不应松动，轴封的温度应正常，在无特殊要求的情况下，普通填料泄露量不应大于 60 mL/h，机械密封的泄露量不应大于 50 mL/h。

3）冷却塔的试运转

(1) 冷却塔本体应稳固，无异常振动，其噪声应符合设备技术文件的规定。

(2) 冷却塔风机与冷却水循环系统运行时间不少于 2 h，运行应无异常情况。

7.8.2 系统无生产负荷下的联合试运转及调试

通风空调工程系统无生产负荷下的联合试运转及调试，应在制冷设备和通风设备单机试运转合格后进行。空调系统带冷(热)源的正常联合试运转不应少于 8 h，当竣工季节与设计条件相差较大时，仅做不带冷(热)源试运转。通风、除尘系统的连续试运转不应小于 2 h。

1）空调工程系统无生产负荷下的联合试运转及调试应符合的规定

(1) 空调工程水系统应冲洗干净，不含杂物，并排除管道系统中的空气；系统连续运行应达到正常、平稳；水泵的压力和水泵电机的电流不应出现大幅波动。系统平衡调整后，各空调机组的水流量应符合设计规定的要求，允许偏差为 20%。

(2) 各种自动计算检测元件和执行机构的工作应保证正常，满足建筑设备自动化系统对被测定参数进行检测和控制的要求。

(3) 多台冷却塔联合运行时各冷却塔的进出水量应达到均衡一致。

(4) 空调室内噪声应符合设计规定的要求。

(5) 有压差要求的房间，厅堂与其他相邻的房间之间的压差，舒适性空调正压为 0～25 Pa，工艺性空调应符合设计规定。

2）通风工程系统无生产负荷下的联合试运转及调试应符合的规定

（1）系统联合试运转中，设备及主要部件的联动必须符合设计要求，动作协调、正确，无异常现象。

（2）系统经过平衡调整，各风口或吸风罩与设计风量的允许偏差不应大于15%。

（3）湿式除尘器的供水与排水系统运行应正常。

7.8.3 系统调试参数

应详细阐述该系统空调房间的性质、空调系统的压力等级、风量、风压和室内设计温度相对湿度、风量、噪声、洁净度、浮游菌容许浓度、沉降菌菌落度、室内允许空气流速、照度、自净时间等设计参数。

7.8.4 几种常用的测试方法

1）风道部件制作和系统安装中风道灯光检漏的测试

若发现漏光点应做好记录，并进行补修，再重新测试直至合格为止。

2）通风系统漏风量的检测

若出现送风量不符合设计要求：

（1）系统测试风量大于设计风量，其原因可能是系统实际阻力小于设计阻力，风机选择不合适。

（2）系统送风量小于设计风量，其原因有三点：一是系统阻力大于设计计算阻力；二是送风系统漏风；三是通风机安装质量事故及运行管理不善。

3）送风状态参数的检测

若出现送风状态参数不符合设计要求，一般有以下几种原因：

（1）空气处理设备的最大容量未能达到设计要求的容量。

（2）通风机及风道温升值超过设计值。

（3）处于负压下的空气处理室和回风系统漏风。

4）房间空气状态参数的检测

若出现当送风量和送风状态参数符合设计要求，但房间空气状态参数仍然不符合设计要求时，原因可能是室内实际的热湿负荷与设计计算值有出入。

5）室内空气的气流速度的检测

若出现室内空气的气流速度超过允许值，原因是送风口速度过大和气流直接吹入工作区所致。

6）室内噪声超过允许值的检测

若出现室内噪声超过允许值，主要原因是通风机和水泵等噪声和设备振动的噪声传递或共振所引起的；风道断面积偏小，风道中空气流速过高或局部构件结构缺陷引起啸声而造成的再生噪声，或经消声处理的空气又通过噪声源以及消声器设计未达到预期效果等。

7.8.5 测试点选择的要求

（1）一般空调房间应选择人员经常活动的范围或工作面。

(2) 恒温恒湿房间应选择离围护结构内表面0.5 m、离地面高度0.5～1.5 m处。

(3) 洁净室垂直单向流和非单向流的工作区域与恒温恒湿房间相同;水平单向流以距送风墙0.5 m处的纵断面为第一工作面。

(4) 通风、空调房间噪声的测定,一般以房间中心离地面高度1.2 m处。

(5) 风管内温度的测定,一般只测中心点。

7.9 通风空调系统防腐与保温

金属管道(设备)的腐蚀有化学腐蚀和电化学腐蚀。碳钢管(设备)的腐蚀在管道工程中是最经常、最大量的腐蚀。影响腐蚀的因素主要有材料性能、空气湿度、环境中含有的腐蚀性介质的多少、土壤的腐蚀性和均匀性以及杂散电流的强弱。

7.9.1 金属管道和设备的防腐措施

由于受到腐蚀,金属管道和设备的使用寿命会缩短,因此,应对其做防腐处理。常用的防腐措施有:

(1) 合理地选用管材。工程中应根据使用环境条件和状况,合理地选用耐腐蚀的管道材料。

(2) 涂覆保护层。地下管道采用防腐绝缘层或涂料层,地上管道采用各种耐腐蚀的涂料添加衬里,在管道或设备内贴衬耐腐蚀的管材和板材。

(3) 电镀。在金属管道表面镀锡、镀铬。

(4) 采取电化学保护。广泛用于海水中及地下金属设施的保护。

7.9.2 管道(设备)常用的防腐涂料

1) 管道(设备)常用的防腐涂料的种类和作用

管道(设备)常用的防腐涂料种类很多,其作用主要是防腐保护作用、警告及提示作用、区别介质作用、美观装饰作用等。常用的涂料有防锈漆、底漆、沥青漆、面漆等。

2) 管道(设备)的防腐施工

(1) 防腐施工的一般要求

防腐施工应掌握好涂装现场的温度、湿度等环境因素。在室内涂装的适宜温度为20～25℃,相对湿度为65%以下。在室外施工时应无风沙、无细雨,气温不宜低于5℃、高于25℃,相对湿度不宜大于85%,涂装现场应有防风、防火、防冻、防雨等措施;对管道表面应进行严格的防锈、除灰土、除油脂、除焊渣处理;表面处理合格后,应在3 h内涂罩第一层漆;控制好各涂料的涂装间隔时间,把握涂层之间的重涂适应性,必须达到要求的涂膜厚度,一般以150～200 μm为宜;操作区域应有良好的通风及通风除尘设备,防止中毒事故的发生;根据涂料的性能,按安全技术操作规程进行施工,并定期检查及维护。

(2) 管道的防锈

管道(设备)表面的除锈是防锈施工中的重要环节,其除锈质量的高低直接影响到涂膜的寿命。除锈方法有手工除锈、机械除锈和化学除锈。

手工除锈：用刮刀、手锤、钢丝刷以及砂布、砂纸等手工工具磨刷管道表面的锈和油垢等。

机械除锈：利用机械动力的冲击摩擦作用除去管道表面的锈蚀，是一种较先进的除锈方法。可用风动钢丝刷、管子除锈机、管内扫管机、喷砂、抛丸等除锈。

化学除锈：是一种利用酸溶液和铁的氧化物发生反应，将管道表面锈层溶解、剥离的除锈方法。

(3) 防腐涂料的一般施工方法

防腐涂料常用的施工方法有刷、喷、浸、浇等，施工中一般采用刷和喷两种方法。

手工涂刷：用刷子将涂料均匀地刷在管道表面，涂刷的操作程序是自上而下、自左至右纵横涂刷。

喷涂：以压缩空气为动力，用喷枪将涂料喷成雾状，均匀地喷涂于管道表面。

7.9.3 减少热量传递的措施

为减少输热管道(设备)及其附件向周围环境传热或为减少环境向输冷管道(设备)传递热量，防止低温管道和设备外面结露，在管道(设备)外表面采取包覆保温材料。对输热(冷)管道和设备进行保温的主要目的是减少热(冷)量损失，提高用热(冷)的效能。保温厚度应根据保温要求进行计算，保温层结构可参阅有关国家标准图。

常用保温材料主要有膨胀珍珠岩类、泡沫塑料类、泡沫混凝土类、普通玻璃类、超细玻璃棉类、超轻微孔硅酸钙类、蛭石类、矿渣棉类、硅酸铝纤维类、石棉类、岩棉类等。

管道保温结构由绝热层(保温层)、防潮层、保护层三部分组成。

管道保温结构的施工方法有涂抹法、绑扎法、预制块法、缠绕法、充填法、粘贴法、浇灌法、喷涂法等。

7.10 通风、空调工程工程量计算定额应用

7.10.1 通风、空调工程定额及内容

1) 定额适用范围

《全国统一安装工程预算定额》第九册《通风空调工程》适用于工业与民用建筑新建、扩建项目中的通风、空调工程。

2) 定额内容组成

《通风空调工程》定额共分十四章，有各类通风管道的制作与安装、通风管道部件的制作与安装、通风空调设备的安装、空调部件及设备支架的制作与安装、风帽的制作与安装、罩类的制作与安装六大部分。

(1) 通风、空调管道与部件的制作与安装

① 薄钢板通风管道制作与安装。薄钢板通风管道制作与安装定额，根据薄钢板的材质、风管的截面形式、风管直径(或周长)、壁厚的不同分别列项，包括镀锌薄钢板圆形风管、镀锌薄钢板矩形风管、薄钢板圆形风管、薄钢板矩形风管等。定额中各种钢板为未计价材料。

除此之外，定额还列出了柔性软风管、柔性软风管阀门安装、弯头导流叶片、软管接口、风管检查孔、温度测定孔、风量测定孔等定额子目，其中柔性软风管、柔性软风管阀门为未计价材料。

② 净化通风管道及部件制作与安装。定额分别列有镀锌薄钢板矩形净化风管，静压箱，铝制孔板风口，过滤器框架等制作与安装及高、中、低效过滤器，净化工作台，风淋室安装等定额子目，其中优质镀锌钢板，高、中、低效过滤器，净化工作台，风淋室为未计价材料，其材料费应另行计入。

③ 不锈钢板通风管道及部件制作与安装。不锈钢圆形风管根据壁厚和直径的不同应分别列项，其接口形式为电焊连接，不锈钢为未计价材料。部件制作与安装包括不锈钢风口、圆形法兰、圆形蝶阀、吊托支架制作与安装等项目。不锈钢风口定额中不锈钢丝网为未计价材料。

④ 铝板通风管道制作与安装。定额包括铝板圆形风管、矩形风管，其中铝板为未计价材料，应另行计入，铝板通风、管道部件制作与安装包括圆伞形风帽、圆形法兰（气焊、手工氩弧焊）、矩形法兰（气焊、手工氩弧焊）、圆形蝶阀、矩形蝶阀（气焊）、风口等项目。

⑤ 塑料通风管道及部件制作与安装。塑料通风管道制作与安装定额包括塑料圆形风管、矩形风管，根据风管直径或周长、壁厚的不同分别列项，塑料板为未计价材料，塑料通风管部件制作与安装包括各种形式的空气分布器、直片式散流器、插板式风口各类阀门，以及各类风罩，风罩调节阀、风帽、柔性接口及伸缩节。

⑥ 玻璃钢通风管道及部件制作与安装。玻璃钢通风管道安装定额根据风管断面形式的不同分为圆形风管、矩形风管两大类，又根据风管直径或周长、壁厚的不同分别列项，其中玻璃钢风管为未计价材料应另行计入。玻璃钢通风管道部件安装定额包括各式阀门、电机防雨罩、各式风口、散流器、风帽等子目。

(2) 通风空调设备安装

通风空调设备安装定额包括空气加热器安装、冷却塔安装、离心式通风机安装、轴流式通风机安装、除尘设备安装、整体式空调机（冷风机）安装、窗式空调器安装、风机盘管安装、分段组装式空调器安装、玻璃冷却塔安装十部分内容。通风空调设备安装定额除分段组装式空调器安装以“100 kg”为单位外，其余均以“台”为单位。

(3) 调节阀、消声器制作与安装

① 调节阀制作与安装。调节阀制作与安装定额包括空气加热器上（旁）通阀，圆形瓣式启动阀，圆形保温阀，方形、矩形保温阀，圆形蝶阀，方形、矩形蝶阀，圆形风管止回阀，方形风管止回阀，密闭式斜插板阀，矩形风管三通调节阀，对开多叶调节阀，风管防火阀的制作与安装等。每一类又根据阀门的形状、单件质量分别列项。

② 消声器制作与安装。消声器制作与安装额定包括片式消声器、矿棉管式消声器、聚酯泡沫管式消声器、卡普隆纤维管式消声器、弧形声流式消声器、阻抗复合式消声器制作与安装、调节阀、消声器制作与安装定额均以“100 kg”为单位计量。

(4) 风口、风帽、罩类制作与安装

① 风口制作与安装

a. 风口制作。根据风口形式的不同分为 21 类。钢百叶窗（J718 - 1）根据单件面积列项；风管插板风口（T208 - 1.2）制作与安装定额，根据风口周长的不同分别以“个”列出。

风口制作定额中，钢百叶窗、活动金属百叶风口以“m^2”为单位计量，风管插板风口以“个”为单位计量，其余均以“100 kg”为单位计量，计算工程量时应予以注意。

b. 风口安装。定额除钢百叶窗是根据框内面积不同以“个”列出外，其余风口均根据风口周长或直径不同以“个”列出。

② 风帽制作与安装。定额根据风帽形状的不同列出了圆伞形风帽、锥形风帽、筒形风帽三类，每一类又根据风帽单件质量的不同分别列项。除此之外，定额还列出了筒形风帽滴水盘、风帽筝绳、风帽泛水等。

风帽制作与安装定额中，除了风帽泛水是以“m^2”为单位计量外，其余均以“100 kg”为单位计量。

③ 罩类制作与安装。定额根据罩类形式、功能的不同列出 13 类，均以“100 kg”为单位计量。

(5) 空调部件及设备支架制作与安装

空调部件及设备支架制作与安装定额包括七部分，其中金属空调器壳体、滤水器、溢水盘、电加热器外壳、设备支架等均以“100 kg”为单位；钢板挡水板分三折曲板、六折曲板，又根据片距不同分别列项，以“m^2”为单位；钢板密闭门分带视孔、不带视孔两个子目，以“个”为单位。

(6) 通风空调管道、设备刷油及绝热工程

通风空调管道、设备刷油及绝热工程分别套用第十一册管道刷油、设备与矩形管道刷油、金属结构刷油及绝热工程等有关子目。

7.10.2 薄钢板通风管道制作与安装

1) 工程量计算

(1) 管道工程量计算。风管制作与安装按图示不同规格以展开面积计算，不扣除检查孔、测定孔、送风口、吸风口等所占面积，定额计量单位为“10 m^2”。

(2) 风管导流叶片的工程量均按图示叶片面积计算。

(3) 柔性软风管安装工程量按图示管道中心线长度以“m”为单位计算，柔性软风管阀门安装以“个”为单位计算。

(4) 软管(帆布接口)制作与安装工程量，按图示尺寸以“m^2”为单位计算。

(5) 风管检查孔工程量，按定额附录四“国际通风部件标准重量表”计算。

(6) 风管测定孔制作与安装工程量，按其型号以“个”为单位计算。

2) 定额的套用

(1) 整个通风系统设计采用渐缩管均匀送风时，圆形风管按平均直径，矩形风管按平均周长，套用相应规格子目，其人工应乘以系数 2.5。

(2) 镀锌薄钢板风管子目中的板材是按镀锌薄钢板编制的，如不用镀锌薄钢板，板材可以换算，其他不变。

(3) 软管接头使用人造革而不使用帆布时可以换算。

(4) 风管导流叶片不分单叶片、香蕉叶片，均使用同一子目。

(5) 如制作空气幕风管时，按矩形风管平均周长套用相应风管规格子目，其人工乘以系数 3，其余不变。

(6) 镀锌薄钢板的制作与安装中除包括上述管件中的制作与安装外，还包括法兰、加固框、吊托支架的制作与安装，但不包括跨风管落地支架，落地支架设备执行支架项目。

(7) 项目中法兰垫料如设计要求使用材料不同者可以换算但人工不变。使用泡沫者，每千克橡胶板换算为泡沫塑料 0.125 kg；使用闭孔乳胶海绵者，每千克橡胶板换算闭孔乳胶海绵 0.5 kg。

(8) 柔性风管适用于金属、涂塑化纤织物、聚酯乙烯、聚氯乙烯薄膜、铝箔等材料制成的软风管。

【例 7－1】 如图 7－13 所示，已知风管安装高度为 5.5 m，材质是厚度为 0.5 mm 的普通镀锌薄钢板圆形风管，采用咬口连接，风管尺寸如图 7－13 所示，弯头的弯曲半径 $R=300$ mm，弯曲度数为 60°、90°两种。试计算风管的定额直接费。

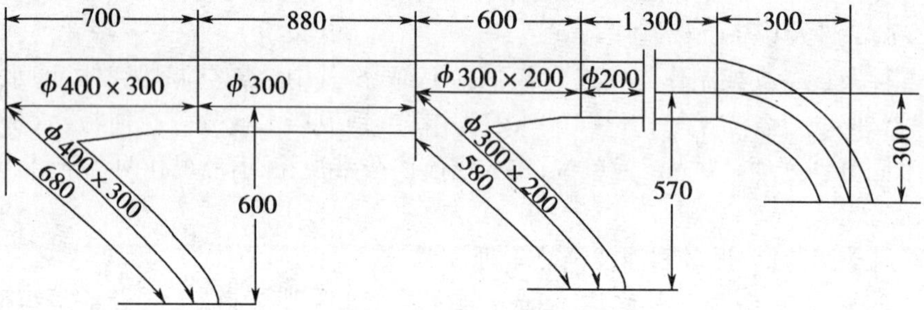

图 7－13　风管示意图

【解】 分析：根据镀锌钢板圆形风管薄钢板（$\delta=1.2$ mm 以内、咬口）的定额项目，可知本题需划分为两项计算风管面积。直径 200 mm 以内（含 200 mm）的子目 9－1；直径 500 mm以下的定额子目 9－2。工程量计算时，风管的长度应按管道中心线展开长度计算（弯头处的中心线长度应根据弯曲半径 r 和圆心角度 θ 来计算，即 $L=\frac{\pi\theta r}{180^\circ}$）。渐缩管应按平均直径计算。

① 工程量计算

$$\phi 200\ \text{mm}：F=\pi DL=3.14\times 0.2\times\left(1.3+\frac{90^\circ\times 3.14\times 0.3}{180^\circ}\right)$$
$$=3.14\times 0.2\times 1.771=1.12\ \text{m}^2$$

$$\phi 300\ \text{mm}\times 200\ \text{mm 渐缩管}：F=\pi DL=3.14\times\left(0.6+0.58+\frac{60^\circ\times 3.14\times 0.3}{180^\circ}\right)$$
$$=3.14\times 0.25\times 1.494=1.17\ \text{m}^2$$

$$\phi 300\ \text{mm}：F=\pi DL=3.14\times 0.3\times 0.88=0.83\ \text{m}^2$$

$$\phi 400\ \text{mm}\times 300\ \text{mm 渐缩管}：F=\pi DL=3.14\times\left(0.7+0.68+\frac{60^\circ\times 3.14\times 0.3}{180^\circ}\right)$$
$$=3.14\times 0.35\times 1.69=1.86\ \text{m}^2$$

工程量合计：直径 200 mm 以内项目工程量为 1.12 m²；直径 500 mm 以内项目工程量为 3.86 m²。

② 定额直接费计算

序号	定额编号	项目名称	单位	数量	基价(元)	合价(元)	其中人工费	
							单价(元)	合价(元)
1	9-1	镀锌薄钢板圆形风管(δ=1.2 mm以内,咬口)直径200 mm以下	10 m^2	0.12	480.92	52.90	338.78	37.27
2	9-2	镀锌薄钢板圆形风管(δ=1.2 mm以内,咬口)直径500 mm以下	10 m^2	0.12	378.10	147.46	208.75	81.42
		定额直接费小计				200.36		118.69

7.10.3 调节阀、消声器制作与安装

1) 调节阀制作与安装

通风空调系统常用阀类有空气加热器上旁通阀、圆形瓣式启动阀、圆形保温蝶阀、方形及矩形保温蝶阀、圆形蝶阀、方形及矩形蝶阀、圆形及方形风管止回阀、密闭式斜插板阀、矩形风管三通调节阀、对开多叶调节阀、风管防火阀等。

(1) 调节阀的制作。调节阀的制作分标准设计和非标准设计,其工程量均按成品重量以"kg"为单位计算。

(2) 调节阀的安装。安装工程量按图示规格尺寸(周长或直径)以"个"为单位计量,套用相应的安装子目。

(3) 余压阀安装套用止回阀定额子目(第八册)。

2) 消声器制作与安装

消声器通常有阻性和抗性、共振性、宽频带复合式消声器等。

消声器制作与安装工程量按成品重量以"kg"为单位计算。如为标准设计,可根据设计型号、规格查阅标准图或查阅定额第九册附录二查出其成品重量;如为非标准设计,应按图示成品重量计算。消声器支架应另行列项计算,套用消声器的制作与安装子目。

调节阀、消声器刷油、防腐执行第十一册"刷油、防腐蚀、绝热工程"定额子目。

7.10.4 风口、风帽、罩类制作与安装

1) 风口制作与安装

(1) 风口制作。钢百叶窗及活动金属百叶风口的制作,以"m^2"为计量单位。

(2) 风口安装。风口安装均按规格尺寸以"个"为单位计算。

2) 风帽制作与安装

风帽的制作与安装区分不同形状以"kg"为单位计算,套用风帽制作与安装相应子目。

风帽筝绳(牵引绳)制作与安装按图示规格、长度以"kg"为单位计算,套用风帽筝绳子目。

3) 罩类制作与安装

罩类指通风空调系统中风机皮带防护罩、电动机防雨罩和倒吸罩、排气罩、吸式槽边罩、

抽风罩、回转罩等,其制作与安装根据规格、型号按质量以“kg”为单位计算,套用罩类制作与安装相应定额子目。

以上风帽及罩类制作与安装工程量如为标准设计时,其质量可查阅第九册定额附录中成品重量。

7.10.5 空调部件及设备支架制作与安装

空调部件及设备支架制作与安装主要包括空调器金属壳体、滤水器、溢水盘、挡水板、密闭门、电加热器外壳及设备支架等的制作与安装。

(1) 金属空调器壳体、滤水器、溢水盘,其工程量均按成品重量以“kg”为单位计算。

(2) 挡水板制作与安装按空调器断面以“m^2”为单位计算,套用相应子目。如果是玻璃钢板挡水板,则执行钢挡水板相应项目,但其材料、机械均乘以系数0.45,人工不变。

挡水板面积=空调器断面面积×挡水板张数

(3) 钢板密闭门制作与安装区分带不带视孔,按其规格尺寸以“个”为计量单位,套用相应子目。如果是保温钢板密闭门,则执行钢板密闭门项目,其材料乘以系数0.5,机械乘以系数0.45,人工不变。

(4) 设备支架制作与安装按图标尺寸以“kg”为单位计算,以不同重量档次套用相应定额子目。

(5) 电加热器外壳制作与安装工程量按图示尺寸以“kg”为单位计算,套用相应子目。

7.10.6 通风空调设备安装

通风空调设备包括通风除尘设备、空调设备、热冷空气幕、暖风机、制冷设备等。

1) 通风机

通风机按其作用和构造原理,可分为离心式通风机和轴流式通风机两种。

2) 除尘器

除尘器安装按不同重量以“台”计算,套用相应子目。定额中不包括除尘器制作,其制作应另行计算;亦不包括支架制作与安装。

3) 空调器

空调器一般分为风机盘管空调器、装配式空调器、整体式空调器、窗式空调器等。

4) 空气加热器(冷却器)

加热及冷却器安装,按不同型号,以“台”为单位计算。根据不同重量分档套用相应子目。

设备安装项目中的基价不含设备费和应配备的地脚螺栓价值,应另行计算。设备费按成品价计算。

7.10.7 净化通风管道及部件制作与安装

(1) 管道

净化通风管道制作与安装的工程量计算方法与普通薄钢板通风管道相同。

(2) 过滤器、净化工作台、风淋室

过滤器、净化工作台、风淋室的安装工程量以“台”为单位计量。

(3) 洁净室

洁净室安装按质量计算工程量。

(4) 风管部件

风管部件包括静压箱、风口，静压箱以“台”为单位计量，风口以质量计量。

7.10.8 不锈钢通风管道及部件制作与安装

不锈钢通风管道及部件的制作与安装工程量计算方法与普通薄钢板管道和部件部分相同，套用定额时应注意下列问题：

(1) 不锈钢风管制作与安装项目中包括管件，但不包括法兰和吊托支架。法兰和吊托支架可按重量以“kg”为单位计算，套用相应子目。

(2) 本部分风管定额是按圆形截面考虑的，如遇矩形风管套用圆形风管相应子目。

(3) 风管定额中按电焊考虑的，如需使用手工氩弧焊，其定额人工乘以系数 1.238，材料乘以系数 1.163，机械乘以系数 1.673。

(4) 风管中的板材如设计要求厚度不同者可以换算，人工、材料不变。

7.10.9 铝板通风管道及部件制作与安装

铝板通风管道及部件制作与安装工程量计算方法与普通薄钢板风管及部件制作与安装相同。套用定额时应注意：

(1) 风管制作与安装中包括管件，但不含法兰和吊托支架。法兰和吊托支架应单独列项，以“kg”为单位计量，套用相应子目。

(2) 风管以电焊考虑的项目，如需使用手工氩弧焊的，其人工乘以系数 1.154，材料乘以系数 0.852，机械乘以系数 9.242。

(3) 风管中的板材如设计厚度要求不同者可以换算，但人工、机械不变。

7.10.10 塑料通风管道及部件制作与安装

塑料风管及部件制作与安装工作内容、工程量计算与薄钢板风管及部件相同，定额套用时应注意：

(1) 风管制作与安装中包括管件、法兰、加固框，但不包括吊托支架。吊托支架以“kg”为计量单位另行计算。

(2) 塑料风管项目中，规格所表示的圆形风管直径为内径，矩形风管周长为内周长。

(3) 风管制作与安装中的板材(指每 10 m^2 定额用量为 11.6 m^2 者)，如设计要求厚度不同者可以换算，但人工、机械不变。

(4) 项目中的法兰垫料如设计要求使用品种不同者可以换算，但人工不变。

(5) 塑料通风管道部件制作的胎具摊销材料费未包括在定额内，按以下规定另行计算：风管工程量在 30 m^2 以上的，每 10 m^2 风管的胎具摊销木材为 0.06 m^3，按地区预算价格计算胎具材料摊销费；风管工程量在 30 m^2 以下的，每 10 m^2 风管的胎具摊销木材为 0.09 m^3，按地区预算价格计算胎具材料摊销费。

7.10.11　玻璃钢管通风管道及部件安装

玻璃钢管通风管道及部件安装工程量计算规则与普通薄钢板风管及部件的安装相同，套用定额时应注意：

(1) 玻璃钢管通风管道安装项目中包括弯头、三通、四通、变径管、天圆地方等管件的安装及法兰加固框和吊托架的制作与安装，不包括跨风管落地支架，跨风管落地支架执行设备支架项目。

(2) 本定额按计算工程量加损耗外加工订做，其价格按实际价格，风管修补应由加工单位负责，其费用按实际发生价计算在主材内。

(3) 本定额未考虑预留铁件的制作与埋设，如果设计要求用膨胀螺栓安装吊托支架者，膨胀螺栓可按实际调整，其余不变。

7.10.12　复合型风管制作与安装

复合型风管是由复合型板材制作的风管，其制作与安装工程量计算和普通薄钢板风管相同，定额套用时应注意：

(1) 风管项目中，规格所表示的直径为内径，周长为内周长。

(2) 风管制作与安装项目中，已包括管件、法兰、加固框、吊托支架的制作与安装。

复习思考题

1. 简述通风系统的分类及各自的特点。
2. 简述通风系统的组成。
3. 空调系统根据其使用环境、服务对象可分为哪几种?
4. 如何根据建筑物的用途和规模使用特点选择空调系统?
5. 风道选材有哪些原则?
6. 空调系统常用设备有哪些?
7. 简述压缩机的原理及其工作过程。
8. 简述冷冻水系统调节方式及其含义。
9. 空调系统调试主要参数有哪些?
10. 空调系统测试点如何选择?
11. 通风空调系统有哪些常用的防腐与保温方法?

8 建筑电气施工图及预算

教学要求：通过本章的学习，应当了解电气工程系统的分类和组成；掌握照明灯具及配电线路的标注形式；能够识读电气施工图；了解电气施工工程工程量计算及定额的应用。

8.1 电气施工图的组成及阅读方法

电气施工图按工程性质分类，主要有变配电工程施工图、动力工程施工图、照明工程施工图、防雷接地工程施工图、弱电工程（通信广播）施工图及架空线路施工图等，用以表达不同的电气设计内容。本章主要介绍照明工程施工图、动力工程施工图和防雷接地工程施工图的识读。

8.1.1 电气施工图的特点及组成

1）电气施工图的特点

（1）建筑电气施工图大多是采用统一的图形符号并加注文字符号绘制而成的，表示系统或设备之间相互关系的图，属简图之列。因为构成建筑电气工程的设备、元件、线路很多，结构类型不一，安装方法各异，在电气施工图中并不按比例绘出它们的外形尺寸，而是借统一的图形符号和文字符号来表达，所以，识读建筑电气施工图，首先必须明确施工图中常见的图形符号、文字符号所代表的内容和含义，以及它们之间的相互关系。

（2）电气线路都必须构成闭合回路。只有构成闭合回路，电流才能够流通，电气设备才能正常工作。一个电路的组成，包括四个基本要素：电源、用电设备、导线和开关控制设备。

（3）线路中的各种设备、元件都是通过导线连接成一个整体的。如通过系统图、电路图找联系，平面图和接线图表明安装位置和接线方法，电气原理图说明电气设备工作原理。由于对元件和连接线的描述不同，构成了电气施工图的多样性。导线可长可短，能够比较方便的跨越较远的空间距离，所以电气施工图有时就不像机械工程图或建筑施工图那样比较集中、比较直观。有时电气设备安装位置在 a 处，而控制设备的信号装置、操作开关则可能在很远的 b 处，而两者又不在同一张图纸上。了解这一特点，可将各有关的图纸联系起来，对照阅读，能很快实现识图目的。

（4）在进行建筑电气施工图识读时应阅读相应的土建工程图以及其他安装工程图，以了解相互间的配合关系。电气设备和线路在平面图中通常采用图例来表示，不按比例绘出它们的外形和外形尺寸。导线和电气设备的空间位置一般在平面图上标注安装标高或施工说明来表示，不用立面图表示。为了清晰地表示出电气设备和线路的安装位置、敷设方法，电气平面图一般都在简化的建筑平面图上绘出，与电气设备、线路有关的土建部分（墙、梁、柱、门窗、楼板等）应简化画出。因此，识读建筑电气施工图时应对应阅读与之有关的土建工程图、管道施工图，以了解相互之间的配合关系。

(5) 建筑电气施工图对于设备的安装方法、质量要求以及使用维修方面的技术要求等往往不能完全反映出来，所以在阅读图纸时有关安装方法、技术要求等问题要参照相关图集和规范。

通过对建筑电气施工图主要特点的了解，可以帮助我们提高识图效率，改善识图效果，尽快完成识图目的。

2) 电气施工图的组成

电气施工图按图纸的表现内容分类，可分为基本图和详图两大类。基本图包括图纸目录、设计说明、系统图、平面图、立(剖)面图(变配电工程)、控制原理图、设备材料表等。详图有安装大样图和标准图。下面分项详述。

(1) 图纸目录与设计说明

图纸目录主要反映了图纸内容，表明电气施工图的编制顺序及每张图的图名，以便于查阅。

设计说明包括工程概况、设计依据以及图中未能表达清楚的各有关事项。如供电方式、电压等级、主要线路敷设形式及在图中未能表达的各种电气设备安装高度、工程主要技术数据、施工和验收要求以及有关事项等。设计说明根据工程规模及需要说明的内容多少，有的可单独编制说明书，有的因内容简短，可写在图面的空余处。

(2) 系统图及接线图

如变配电工程的供配电系统图、照明工程的照明系统图、电缆电视系统图等。电气系统图主要表明电力系统设备安装、配电顺序、原理和设备型号、数量及导线规格等关系。电气系统图中只示意性地表示电气回路中各元件的连接关系，不表示元件的具体安装位置和具体连接方法，但详细标出电源、变压器、导线、开关箱、各支路编号名称、用电设备名称及功率等。

(3) 平面图

平面图是电气施工图中的重要图纸之一，电气平面图一般分为变配电平面图、动力平面图、照明平面图、弱电平面图、室外工程平面图，在高层建筑中有标准层平面图、干线布置图等。电气平面图是根据建筑平面对用电设备、导线、开关、插座的详细布置，是进行电气安装的主要依据。电气平面图一般采用了较小的比例，不能表现电气设备的具体形状，只能反映电气设备的安装位置、安装方式以及导线的走向和敷设方法等。通过平面图识图，除知道用电设备、导线、开关、插座等的详细位置外，还可按建筑图的比例量出导线的长度。

(4) 控制原理图

控制原理图是根据控制电器的工作原理，按规定的线段和图形符号绘制成的电路展开图，一般不表示各电气元件的空间位置，用以指导电气设备的安装和控制系统的调试运行工作。控制原理图具有线路简单、层次分明、易于掌握、便于识读和分析研究的特点，是二次配线的依据。控制原理图不是每套图纸都有，只有当工程需要时才绘制。

识读控制原理图应掌握不在控制盘上的那些控制元件和控制线路的连接方式。识读控制原理图应与平面图核对，以免漏算。

(5) 主要材料设备表

主要材料设备表列出该工程所需的各种主要设备、管材、导线管器材的名称、型号、规格、材质、数量。材料设备表上所列主要材料的数量，是编制购置设备、材料计划的重要依据之一。

(6) 安装大样图(详图)

安装大样图是详细表示电气设备安装方法的图纸，对安装部件的各部位注有具体图形和详细尺寸，是进行安装施工和编制工程材料计划时的重要参考。

(7) 标准图(详图)

标准图是一种具有通用性质的详图，表示一组设备或部件的具体图形和详细尺寸，它不能作为独立进行施工的图纸，而只能视为某项施工图的一个组成部分。

8.1.2 电气施工图的阅读方法

电气施工图除了少量的投影图外，主要是一些系统图、原理图。对于投影图的识读，其关键是要解决好平面与立体的关系，即搞清电气设备的装配、连接关系。对于系统图、原理图和安装图，因为它们都是用各种图例符号绘制的示意性图样，不表示平面与立体的实际情况，只表示各种电气设备、部件之间的连接关系，因此识读电气施工图必须按以下要求进行：

(1) 熟悉电气图例符号，弄清图例、符号所代表的内容。常用的电气工程图例及文字符号可参见国家颁布的《电气图形符号标准》。

(2) 针对一套电气施工图，一般应先按以下顺序阅读，然后再对某部分内容进行重点识读。

① 看标题栏及图纸目录，了解工程名称、项目内容、设计日期及图纸内容、数量等。

② 看设计说明，了解工程概况、设计依据等，了解图纸中未能表达清楚的各有关事项。

③ 看设备材料表，了解工程中所使用的设备、材料的型号、规格和数量。

④ 看系统图，了解系统基本组成，主要电气设备、元件之间的连接关系以及它们的规格、型号、参数等，掌握该系统的组成概况。

⑤ 看平面布置图，如照明平面图、防雷接地平面图等。了解电气设备的规格、型号、数量及线路的起始点、敷设部位、敷设方式和导线根数等。平面图的阅读可按照以下顺序进行：电源进线总配电箱干线、支线、分配电箱电气设备。

⑥ 看控制原理图，了解系统中电气设备的电气自动控制原理，以指导设备安装调试工作。

⑦ 看安装接线图，了解电气设备的布置与接线。

⑧ 看安装大样图，安装大样图是用来详细表示设备安装方法的图纸，是依据施工平面图进行安装施工和编制工程材料计划时的重要参考图纸，是依据施工平面图进行安装施工和编制工程材料计划时的重要参考图纸。了解电气设备的具体安装方法、安装部件的具体尺寸等。

(3) 抓住电气施工图要点进行识读。在识图时，应抓住要点进行识读，如：

① 在明确负荷等级的基础上，了解供电电源的来源、引入方式及路数。

② 了解电源的进户方式是由室外低压架空引入还是电缆直埋引入。

③ 明确各配电回路的相序、路径、管线敷设部位、敷设方式以及导线的型号和根数。

④ 明确电气设备、器件的平面安装位置。

(4) 结合土建施工图进行阅读。电气施工与土建施工结合得非常紧密,施工中常常涉及各工种之间的配合问题。电气施工平面图只反映了电气设备的平面布置情况,结合土建施工图的阅读还可以了解电气设备的立体布设情况。

(5) 熟悉施工顺序,便于阅读电气施工图。如识读配电系统图、照明与插座平面图时,就应首先了解室内配线的施工顺序。

① 根据电气施工图确定设备安装位置、导线敷设方式、敷设路径及导线穿墙或楼板的位置。

② 结合土建施工进行各种预埋件、线管、接线盒、保护管的预埋。

③ 装设绝缘支持物、线夹等,敷设导线。

④ 安装灯具、开关、插座及电气设备。

⑤ 进行导线绝缘测试、检查及通电试验。

⑥ 工程验收。

(6) 识读时,施工图中各图纸应协调配合阅读。对于具体工程来说,说明配电关系时需要有配电系统图;说明电气设备、器件的具体安装位置时需要有平面布置图;说明设备工作原理时需要有控制原理图;表示元件连接关系时需要有安装接线图;说明设备、材料的特性、参数时需要有设备材料表等。这些图纸各自的用途不同,但相互之间是有联系并协调一致的。在识读时应根据需要将各图纸结合起来识读,以达到对整个工程或分部项目全面了解的目的。

8.2 照明灯具及配电线路的标注形式

8.2.1 照明灯具的标注

灯具的标注是在灯具旁按灯具标注规定标注灯具数量、型号、灯具中的光源数量和容量、悬挂高度和安装方式。灯具光源按发光原理分为热辐射光源(如白炽灯和卤钨灯)和气体放电光源(如荧光灯、高压汞灯、金属卤化物灯)。照明灯具的标注格式为

$$a-b(c\times d)/e-f$$

a:同类型照明器的个数;

b:灯具类型的代号或型号,见表 8-1;

c:每盏灯具的灯泡数;

d:灯泡功率(W);

e:安装高度(m);

f:安装方式,见表 8-2。

例如:5-YZ402×40/2.5 Ch 表示五盏 YZ40 直管型荧光灯,每盏灯具中装设两只功率为 40 W 的灯管,灯具的安装高度为 2.5 m,灯具采用吊链式安装方式。如果灯具为吸顶安装,那么安装高度可用“—”号表示。在同一房间内的多盏相同型号、相同安装方式和相同安装高度的灯具,可以标注一处。

例如：6－S(1×60)/2.5 Ch 表示六盏搪瓷伞罩灯，每盏灯具中装设一只功率为60 W的灯管，灯具采用吊链式安装，安装高度为2.5 m。

表8－1　常见灯具类型的文字符号

灯具名称	文字符号	灯具名称	文字符号	灯具名称	文字符号
普通吊灯	P	柱　灯	Z	荧光灯	Y
壁　灯	B	卤钨探照灯	L	水晶底罩灯	J
花　灯	H	投光灯	T	防水防尘灯	F
吸顶灯	D	工厂一般灯具	G	搪瓷伞罩灯	S

表8－2　常见灯具安装方式文字符号

安装方式	文字符号	安装方式	文字符号	安装方式	文字符号
吊线式	CP	吸顶或直附式	S	台上安装	T
吊链式	Ch	嵌入式	R	柱上安装	CL
吊杆式	P	顶棚上安装	CR	支架上安装	SP
壁装式	W	墙壁上安装	WR	座装式	HM

8.2.2　配电线路的标注

配电线路的标注用以表示线路的敷设方式及敷设部位，采用英文字母表示。配电线路的标注格式为

$$a-b(c\times d)e-f$$

a：回路编号（回路少时可省略）；

b：导线型号，见表8－3；

c：导线根数；

d：导线截面(mm^2)；

e：敷设方式及穿管管径，见表8－4；

f：敷设部位，见表8－5。

例如：BV(3×50＋1×25)SC50－FC表示线路是铜芯塑料绝缘导线，三根50 mm^2，一根25 mm^2，穿管径为50 mm的钢管沿地面暗敷。

又如：BLV(3×60＋2×35)SC70－WC表示线路为铝芯塑料绝缘导线，三根60 mm^2，两根35 mm^2，穿管径为70 mm的钢管沿墙暗敷。

表8－3　常见导线型号文字符号

导线名称	文字符号	导线名称	文字符号	导线名称	文字符号
铜芯橡胶绝缘线	BX	铜母线	TMY	铝芯塑料绝缘线	BLV
铜芯塑料绝缘线	BV	铝母线	LMY	铝芯塑料绝缘护套线	BLVV
铜芯塑料绝缘护套线	BVV	铝芯橡胶绝缘线	BLX	裸铝线	LJ

表 8-4　常见线路敷设方式文字符号

敷设方式	新符号	旧符号	敷设方式	新符号	旧符号
穿焊接钢管敷设	SC	G	电缆桥架敷设	CT	
穿电线管敷设	TC	DG	金属线槽敷设	MR	GC
穿硬塑料管敷设	PC	VG	塑料线槽敷设	PR	XC
穿聚氯乙烯半硬管敷设	FPC	RVG	直埋敷设	DB	
穿聚氯乙烯塑料波纹管敷设	KPC		电缆沟敷设	TC	
穿金属软管敷设	CP		混凝土排管敷设	CE	
穿扣压式薄壁钢管敷设	KBG		钢索敷设	M	

表 8-5　常见线路敷设部位文字符号

敷设方式	新符号	旧符号	敷设方式	新符号	旧符号
沿或跨梁(层架)敷设	AB	LM	暗敷设在墙内	WC	QA
暗敷设在梁内	BC	LA	沿顶棚或顶板面敷设	CE	PM
沿或跨柱敷设	CLE	ZM	暗敷设在屋面或顶板内	CC	PA
暗敷设在柱内	CLC	ZA	吊顶内敷设	SCE	
沿墙面敷设	WE	QM	地板或地面暗敷设	FC	DA

8.2.3　照明配电箱的标注

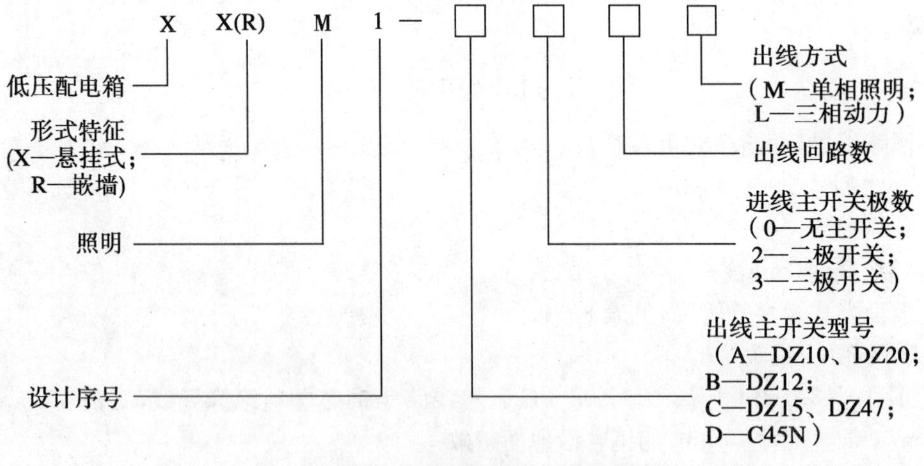

图 8-1　照明配电箱标注示意图

例如：型号为 XRM1—A312 M 的配电箱，表示该照明配电箱为嵌墙安装，箱内装设一个型号为 DZ20 的进线主开关，单相照明出线三极开关 12 个。

8.2.4　开关及熔断器的标注

开关及熔断器的表示，也为图形符号加文字标注，其文字标注格式一般为

$$a\frac{b}{c/i} \quad 或 \quad a-b-c/i$$

若需要标注引入线的规格时，则标注为

$$a\frac{b-c/i}{d(e\times f)-g}$$

a：开关或熔断器的代号；

b：安装地点或型号(N—户内；W—户外)；

c：熔断器电流(A)；

i：熔断片电流(A)；

d：导线型号；

e：导线根数；

f：导线截面(mm^2)；

g：敷设部位，见表 8-6。

例如：标注 Q^3 DZ10—100/3—100/60，表示编号为 3 号的开关设备，其型号为 DZ10—100/3，即装置式三极低压空气断路器，其额定电流为 100 A，脱扣器整定电流为 60 A。

表 8-6　常见电气图例符号

图　例	名　称	备注	图　例	名　称	备注
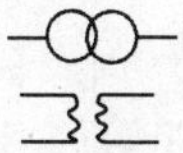	双绕组变压器	形式 1 形式 2	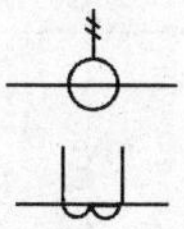	电流互感器 脉冲变压器	形式 1 形式 2
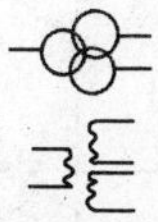	三绕组变压器	形式 1 形式 2	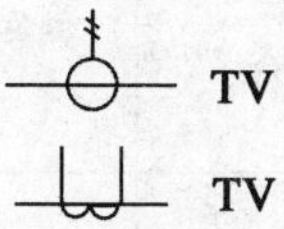	电压互感器	形式 1 形式 2
	屏台箱柜 一般符号			事故照明配电箱	
	动力或动力 照明配电箱		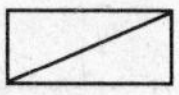	电源自动切换箱(屏)	
	照明配电箱(屏)		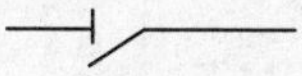	电源自动切换箱(屏)	
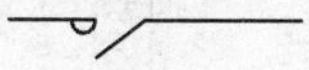	隔离开关			灯的一般符号	
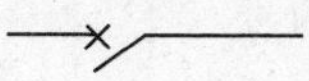	接触器(在非动作 位置触点断开)			球形灯	
	电源自动切换箱(屏)			顶棚灯	
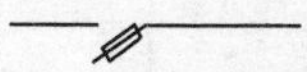	电源自动切换箱(屏)			花　灯	

续表 8－6

图　例	名　称	备注	图　例	名　称	备注
	电源自动切换箱（屏）		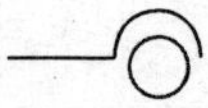	弯　灯	
	电源自动切换箱（屏）			单管荧光灯	
MDF	总配线架			三管荧光灯	
IDF	中间配线架		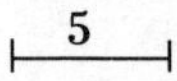	五管荧光灯	
	壁龛交接箱			壁　灯	
	分线盒的一般符号			广照型灯（配照型灯）	
	室内分线盒			防水防尘灯	
	室外分线盒			开关一般符号	
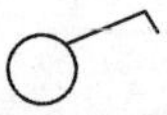	单极开关			单极开关（暗装）	
	双极开关			功率因数表	
	三极开关			有功电能表（瓦时计）	
	三极开关（暗装）			电　铃	
	开关一般符号			开线一般符号	
	单相插座			放大器一般符号	
	暗　装		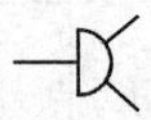	分配器，两路，一般符号	

续表 8-6

图 例	名 称	备注	图 例	名 称	备注
	密闭(防水)		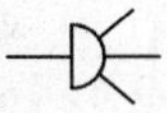	三路分配器	
	防 爆		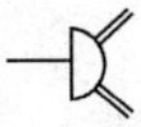	四路分配器	
	带保护接点插座		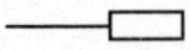	匹配终端	
	带接地插孔的 单相插座(暗装)			传声器一般符号	
	密闭(防水)		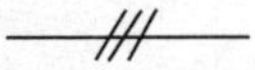	三根导线	
	防爆		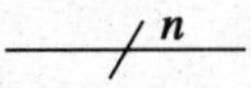	*n* 根导线	
	单极限时开关		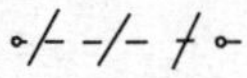	接地装置	
	调光器		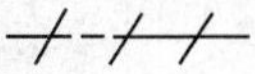	(1) 有接地极 (2) 无接地极	
	钥匙开关		——	电线电缆母线传输 通路一般符号	
	带接地插孔的 三相插座		F	电话线路	
	带接地插孔的 三相插座(暗装)		V	电视线路	
	插座箱(板)		B	广播线路	
	指示式电流表		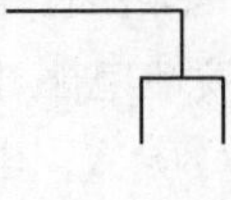	电信插座的一般符号, 用文字或符号区别不同插座: TP—电话 FX—传真 M—传声器 FM—调频 TV—电视 —扬声器	
	指示式电压表				

8.3 电气施工图

8.3.1 系统图举例

1）室内电气照明施工图举例

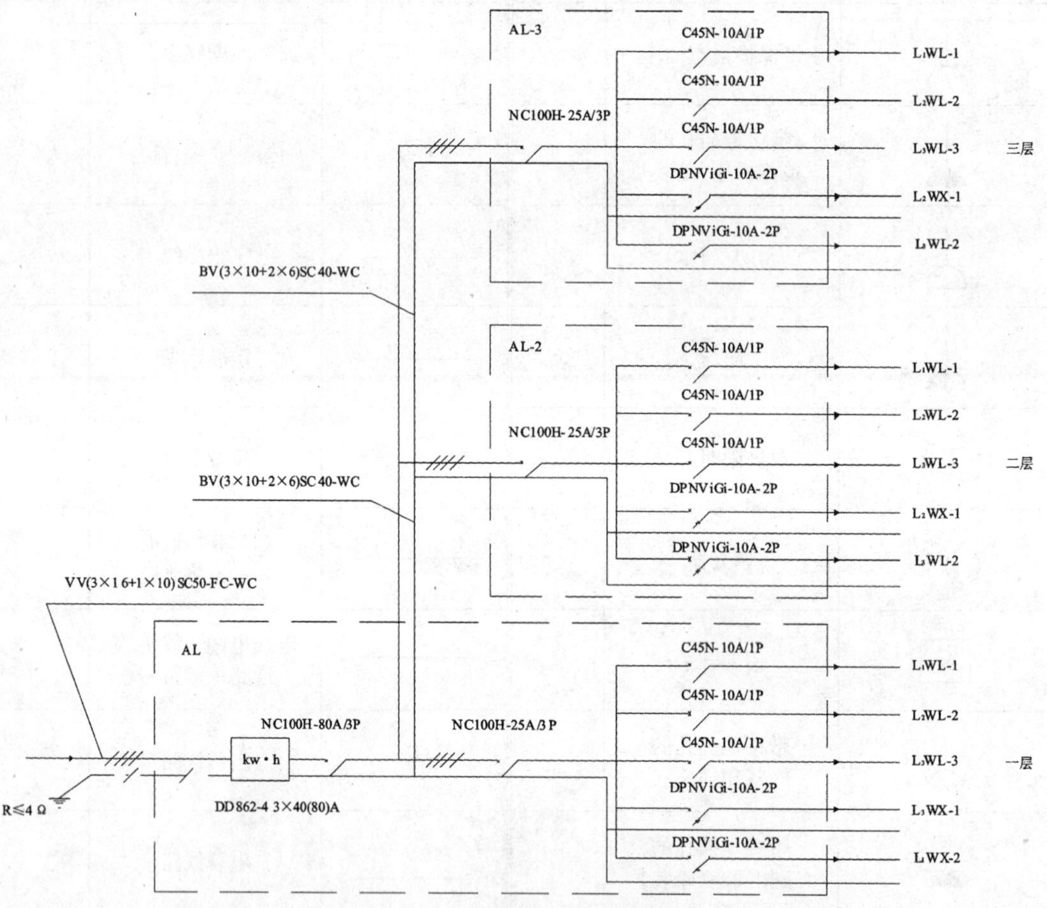

图 8－2　某办公楼电气照明系统图

图 8－2 左端箭头表明进户线 VV(3×16＋1×10)SC50－PC、WC 引来 380/220 V 三相四线制电源，用三根截面为 16 mm^2 和一根截面为 10 mm^2 的铜芯聚氯乙烯护套电缆，穿在一根直径为 50 mm^2 的焊接钢管内，沿地、沿墙暗敷。导线进入户内接入配电箱“AL”。另有一根接地保护线从配电箱接出，接地电阻小于 4 Ω。电表箱内有电度表，型号为 DD862－4，3×40(80)A 表示 3 相、电流为 40(80)A。电表后有一型号为 NC 100 H，允许电流 80 A 的带有过流保护的三极断路器。由配电箱向上接出一路干线向二层、三层供电，各层配电箱内均有一 NC100 H－25 A/3 P 断路器，然后分五个回路，其中三个照明回路均有单极过电流保护断路器，两个插座回路设有过电流、漏电保护的单极断路器。为使各相线路负载比较均衡，每一层的两个插座回路分别接在不同的电源相序上，使每一相电源向建筑物不同层的两

个插座回路供电。

2）动力电气施工图举例

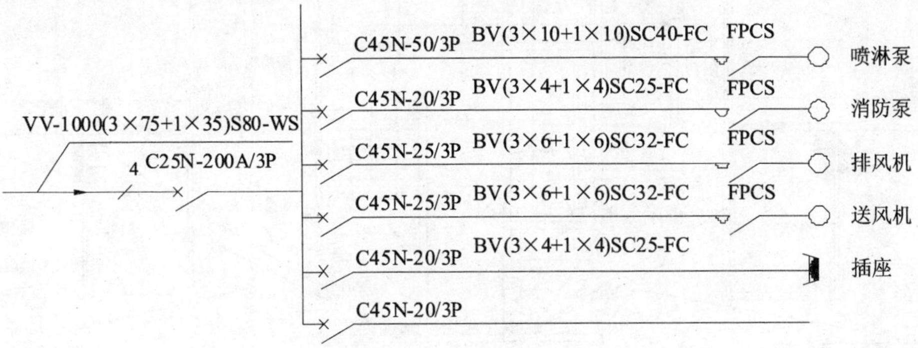

图 8-3　动力电气系统图

图 8-3 中，标出了进线电缆为 VV-1000（3×75＋1×35）SC80-WS，表示耐压 1 000 V，导线为三根 75 mm^2 及一根 35 mm^2 的铜芯聚氯乙烯绝缘护套电线（VV 型），穿入公称直径为 80 mm^2 的焊接钢管内，沿墙面敷设。总开关为 C250 N 空气断路器，三极，脱扣器整定电流 I_H＝200 A，分支开关为 C45 N 型断路器，三极，整定电流 I_H＝50 A、25 A、20 A。线路导线为 BV 塑料铜芯线，铜芯横截面为 10 mm^2、6 mm^2、4 mm^2，启动设备为 FI′SC控制箱，电动机四台，分别带动喷淋泵、消防泵、排风机、送风机。一个三相插座，额定电流为20 A，一路备用。

8.3.2　平面布置图举例

1）室内电气照明平面布置图举例

照明平面图主要用来表示电源进户装置、照明配电箱、灯具、插座、开关等电气设备的数量、型号规格、安装位置、安装高度，表示照明线路的敷设位置、敷设方式、敷设路径、导线的型号规格等。图 8-4、图 8-5 分别为某高层公寓标准层插座、照明平面图，读者可以结合图例参看。

2）防雷平面图实例（图 8-6）

防雷平面图是指导具体防雷接地施工的图纸。通过阅读，可以了解工程防雷接地装置所采用的设备和材料的型号、规格、安装敷设方法、各装置之间的连接方式等情况，在阅读的同时还应结合相关的数据手册、工艺标准和施工规范，从而对该建筑物的防雷接地系统有一个全面的了解和掌握。

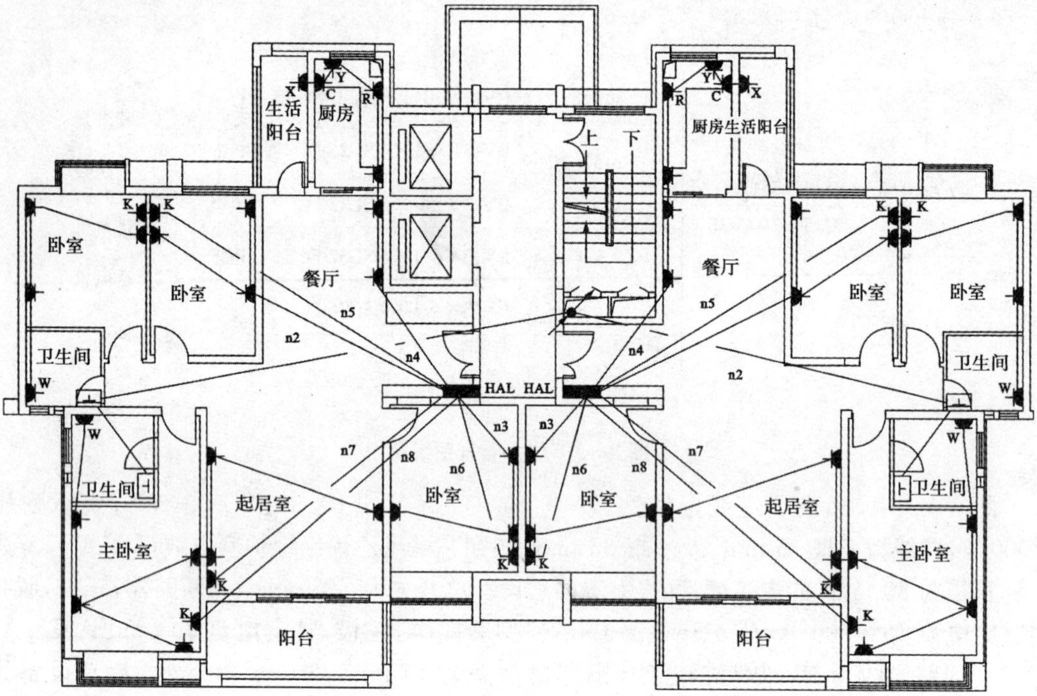

图 8-4 某高层建筑照明插座平面布置图

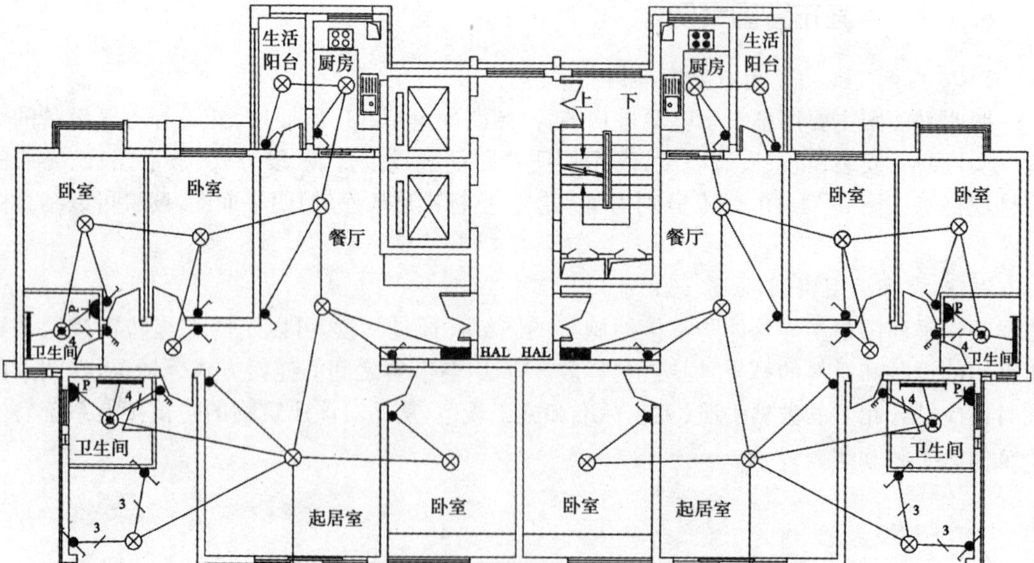

图 8-5 某高层建筑照明平面布置图

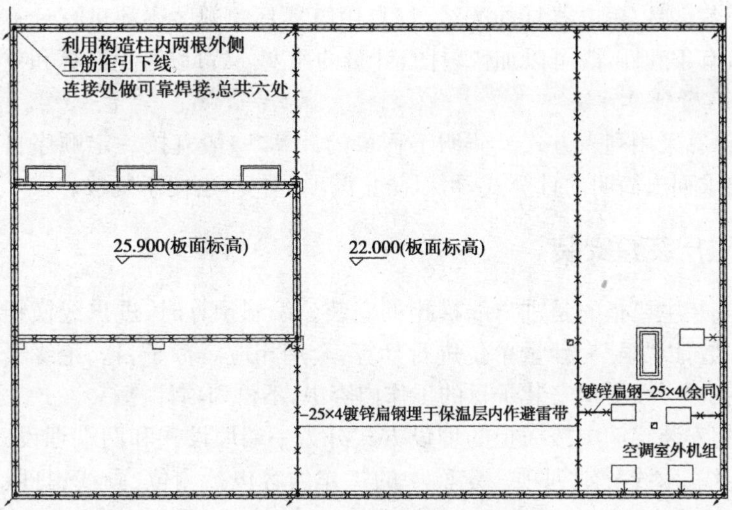

图 8-6　某楼屋顶防雷平面布置图

8.4　电气照明工程工程量计算及定额应用

8.4.1　工程量计算要点

为了准确计算工程量,要注意以下计算要点:

1) 计算项目

计算照明工程工程量时应根据电气工程施工图,按预算定额中的子目划分分别列项计算。工程量的计量单位应与预算定额中规定的计量单位一致,以便正确套用定额。

2) 计算方法

工程量计算必须按规定的工程量计算规则计算。电气照明工程量应根据电气工程照明平面图、照明系统图以及设备材料表等进行计算。照明线路的工程量按施工图上标明的敷设方式和导线的型号、规格,根据轴线尺寸结合比例尺量取后进行计算。照明设备、用电器具的安装工程量,应根据施工图上标明的图例和文字符号分别进行统计。

为了准确计算照明工程工程量,不仅要熟悉照明工程的施工图,还应熟悉或能够查阅建筑施工图上的有关主要尺寸。因为一般电气施工图只有平面图,没有立面图,故需要根据建筑施工图的立面图和电气照明施工图的平面图配合计算。

照明线路的工程量计算一般先算干线,后算支线,按不同的敷设方式、不同型号和规格的导线分别进行计算。建筑照明进户线的工程量,原则上是从进户横担到配电箱的长度。对进户横担以外的线段不计入照明工程量中。

8.4.2　照明工程量计算程序及方法

1) 照明工程量计算程序

根据照明平面图和系统图,按进户线,总配电箱,总配电箱至分配电箱的配线,分配电箱，分配电箱至各灯具、用电器具的配线，灯具用电器具的顺序逐项进行计算。这样的计算程序思路清晰，有条理性，既可以加快看图、计量的速度，又可以避免漏算和重复计算。

2) 照明工程量计算方法

工程量的计算采用列表方式。照明工程量的计算，一般宜按一定顺序自电源侧逐一向用电侧进行，要求列出简明的计算式，可以防止漏项、重复，也便于复核。

8.4.3 进户装置安装

进户装置安装主要指的是进户线横担的安装。编制预算时，进户线横担安装根据不同的埋设形式、线数，以"根"为计量单位进行计算，套用相应定额子目。绝缘子及防水弯头等的安装已包括在进户线横担安装子目的工作内容中，不再列项计算。

进户线横担安装定额中按横担的埋设方式分为一端埋设式和两端埋设式，每种埋设方式又以二线、四线、六线分别列项。定额中的工作内容包括测位、画线、打眼、钻孔、安装横担、安装瓷瓶和防水弯头。其中横担、绝缘子、防水弯头、支撑铁件及螺栓为未计价材料，需要另行计价。

8.4.4 照明控制设备安装

电气照明工程的控制设备主要指照明配电箱、板以及箱内组装的各种电气元件(控制开关、熔断器、计量仪表、盘柜配线等)。照明工程控制设备安装，分成套控制设备安装和单体控制设备安装。

1) 定额内容

照明配电箱(盘、板)安装分为成套配电箱和非成套配电箱两类。

(1) 成套配电箱按安装方式的不同分为落地式和悬挂嵌入式两种，其中悬挂嵌入式以半周长分档列项。定额的计量单位为"台"。定额中的工作内容包括开箱、检查、安装、查校线、接地等。定额中不包括支架制作、安装，应另行计算。成套配电箱为未计价材料。

(2) 非成套配电箱(盘、板)定额中分为钢制的箱盒制作、木配电箱制作、配电板制作、配电板安装等子目。

① 钢制箱盒制作定额的工作内容包括制作、下料、焊接、油漆等。定额的计量单位为"100 kg"。

② 木配电箱制作定额的工作内容包括选料、下料、做榫、净面、拼缝、拼装、砂光、油漆。定额的计量单位为"套"。

③ 配电板制作、安装定额的工作内容包括选料、下料、做榫、拼缝、钻孔、拼装、砂光、油漆、安装、接线、接地等。配电板制作的定额计量单位为"m^2"，配电板安装的定额计量单位为"块"。

④ 当木制配电板用铁皮包木板时，另计"木板包铁皮"项目，以"m^2"为计量单位进行计算，套用定额子目。

2) 工程量计算及定额应用

(1) 成套配电箱。定额根据成套配电箱按安装方式的不同，悬挂嵌入式配电箱以半周长分档列项，均以"台"为计量单位。

安装配电箱需做槽钢、角钢基座时，其制作与安装以“m”计量，其长度 $L=2A+2B$，其中 A、B 的含义如图 8－7 所示。需做支架安装于墙、柱子上时，应计算支架的制作与安装，以“100 kg”计量，套用相应铁构件制作与安装定额。角钢、槽钢及制作支架的钢材等主要材料价值另计。

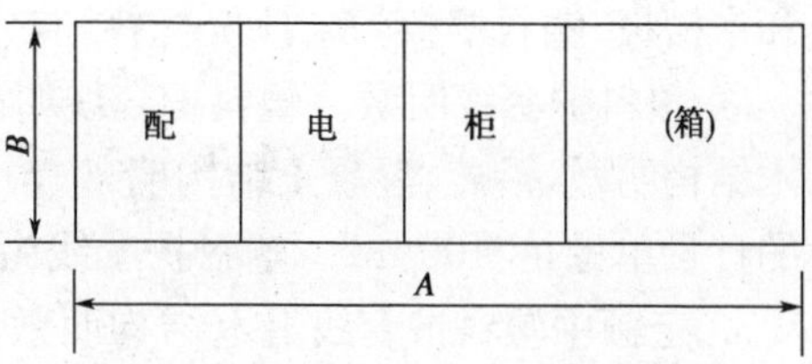

图 8－7　配电箱角钢、槽钢基座示意图

A—各柜、箱边长之和；B—柜之宽

进出配电箱的线头需焊(压)接线端子时，以“个”计算。

(2) 非成套配电箱(盘、板)。配电箱制作为铁质时以“100 kg”计量；木质配电箱制作以半周长分档，以“套”计量；配电板制作区别不同材质，以“m^2”计量；板体安装，区分板体半周长的不同，以“块”计量，套用相应定额子目。

(3) 配电箱、盘、板内电气元件安装。

(4) 配电箱、盘、板内配线。配电箱、盘、板内配线以“10 m”为定额单位计量，其长度 $L=$(盘、柜半周长＋预留长度)×出线回路数，套用《全国统一安装工程预算定额》第二册第四章中相应子目。配电箱、盘、柜的外部进出线预留长度为配电箱(盘、板)的半周长。

8.4.5　室内配管配线

1) 定额内容

(1) 配管配线

配管线路主要由两部分组成：管路敷设(即配管)和管内穿线(即配线)。

① 配管。配管项目预算定额中是根据管子的材质、敷设方式、敷设部位分别列项的。定额的工作内容根据施工需要，一般包括测位、画线、打眼、埋螺栓、锯管、套丝、煨弯、配管、接管、接地、刷漆等。定额的计量单位是“100 m”。

定额中各种线管均为未计价材料，应另行计价。配管所用的钢结构支架制作、钢索架设及动力配管混凝土地面刨沟等均需另外套用相应的定额子目，计入预算中。

② 管内穿线。管内穿线预算定额子目是根据线芯材质及导线截面的不同分别列项的。定额的工作内容包括穿引线、扫管、涂滑石粉、穿线、编号、接焊包头。定额的计量单位是“100 m 单线”。其中绝缘导线为未计价材料，应另行计价。

(2) 其他配线

① 夹板配线。根据夹板材质的不同，有瓷夹板配线和塑料夹板配线两类。夹板配线的预算定额，按照夹板敷设于木结构上和安装于砖、混凝土结构上分别列项。每类定额又根据导线的线数和导线截面面积的大小划分子目。定额中的工作内容包括测位、画线、打眼、下过墙管、固定线夹、配线、焊接包头等。定额的计量单位是“100 m 线路”。绝缘导线为未计价材料，应另行计价。

② 槽板配线。槽板配线根据槽板材质的不同，其预算定额分为木槽板配线和塑料槽板配线两类。木槽板配线、塑料槽板配线又按照槽板安装于木结构上或安装于砖、混凝土结构上分别列项。每类定额再根据导线线数和导线截面大小的不同分列不同的定额子目。定额中的工作内容包括测位、画线、打眼，下过墙管、断料、做角弯、装盒子、配线、接焊包头等。另外，在砖、混凝土结构上安装时还应包括埋螺钉工作。定额的计量单位是“100 m”。绝缘导

线和木槽板、塑料槽板为未计价材料，应另行计算，计入预算中。

③ 塑料护套线明敷。塑料护套线明敷根据塑料护套线明敷方式与敷设处所的不同，有沿木结构明敷，沿砖、混凝土结构明敷，沿钢索明敷，砖、混凝土结构粘接四类预算定额。定额的计量单位是“100 m”。塑料护套线为未计价材料，应另行计入。

a. 定额中塑料护套线沿木结构明敷和沿砖、混凝土结构明敷均按导线的芯数（二芯或三芯）和导线截面积的不同分别列项。定额的工作内容包括测位、画线、打眼、埋螺栓、下过墙管、上卡子、装盒子、配线、接焊包头。

b. 塑料护套线沿钢索明敷的配线定额子目的基本内容及未计价材料等，与其他三种塑料护套线的敷设并无差异，但沿钢索敷设导线必须架设钢索。因此，在塑料护套线沿钢索明敷工程中必须计算钢索架设的费用。而钢索架设又必须拉紧，但钢索架设的预算定额中却不包括其拉紧装置制作与安装，所以在一般情况下，塑料护套线沿钢索敷设工程预算中应包括沿钢索配线、钢索架设和钢索拉紧装置的制作和安装三项费用。

(a) 钢索架设的预算定额按钢索用材分为圆钢和钢丝绳两类，再按照钢索的直径划分若干子目。定额中的工作内容包括测位、断料、调直、架设、绑扎、拉紧、刷漆。定额的计量单位是“100 m”。钢索为未计价材料，应另行计入。

(b) 钢索拉紧装置制作与安装定额按钢索拉紧所用花篮螺栓的直径来划分子目。定额中的工作内容包括下料、钻眼、煨弯、组装、测位、埋螺栓、连接、固定、刷漆。定额的计量单位是“10 套”。

④ 线槽配线。线槽配线定额根据导线截面的不同分别列项。定额中的工作内容包括清扫线槽、放线、编号、对号、接焊包头。定额的计量单位是“100 m 单线”。其中绝缘导线为未计价材料，应另行计入。

⑤ 绝缘子配线。绝缘子配线的预算定额是根据绝缘子的种类、配线场所以及导线的截面面积不同划分子目。定额中的工作内容包括测位、画线、打眼、安装支架、下过墙管、上绝缘子、配线、接焊包头。定额的计量单位是“100 m 单线”。定额中未包括绝缘导线材料费以及钢支架制作、钢索架设及拉紧装置制作与安装，应按照有关定额项目另行计算。

⑥ 接线盒安装。接线盒安装的预算定额是按安装方式即明装或暗装、接线盒的类型即普通型或防爆型以及安装部位的不同分别列项。定额中的工作内容包括测定、固定、修孔。定额的计量单位是“10 个”。接线盒为未计价材料，应另行计价。

(3) 其他

室内线路除上述几种结构外，尚有车间带形母线，通常用于各类工业生产厂房；插接式母线，多用于机械加工车间，而不用于照明工程。

2) 工程量计算及定额应用

(1) 配管工程量计算

① 工程量计算规则

各种配管工程量根据管材材质、敷设方式和规格的不同，以“延长米”计量，不扣除管路中间的接线盒（箱）、灯头盒、开关盒所占长度。

② 工程量计算的一般方法

从配电箱起按各个回路进行计算，或按建筑物的自然层划分计算，或按建筑平面形状特点及系统图的组成特点分片划块计算，然后进行汇总。应当注意计算顺序，不要“跳算”，以防混乱而影响工程量计算的正确性。

下面以图 8-8 为例讲述其计算方法。在图 8-8 中，QA 表明沿墙暗敷设(新规范符号为 WC)，QM 表明沿墙明敷设(新规范符号为 WE)。n_1、n_2 分别表示两个回路。

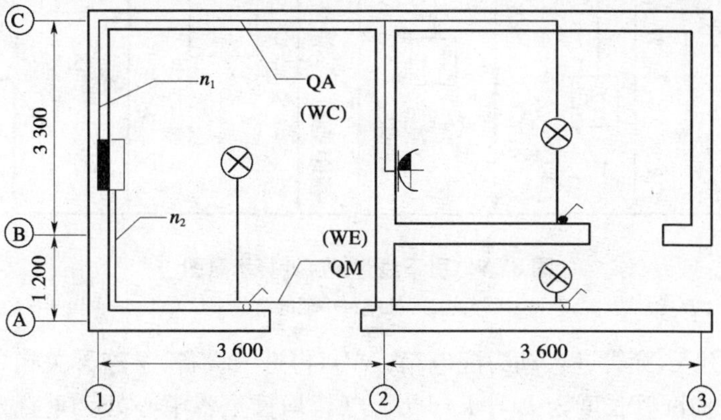

图 8-8　线管水平长度计算示意图

a. 水平方向敷设的线管

水平方向敷设的线管以施工平面布置图的线管走向和敷设部位为依据，并借用建筑物平面图所标墙、柱轴线尺寸进行线管长度的计算。

当线管沿墙暗敷时，按相关墙轴线尺寸计算该配管长度。如 n_1 回路，沿Ⓑ—Ⓒ，①—③等轴线敷设，按其轴线长度计算工程量，其工程量为(3.3+1.2)÷2[B—C 轴间配管长度]+3.6[①—②轴间配管长度]+3.6÷2[②—③轴间配管长度]+(3.3+1.2)÷2[引向插座配管长度]+3.3[引向灯具及开关配管长度]=13.20 m。

当线管沿墙明敷时，按相关墙面净空长度尺寸计算线管长度。如 n_2 回路，沿Ⓒ—Ⓐ，①—②等墙面敷设，按墙面的净空长度计量，其工程量为(3.3+1.2−0.24)÷2[C—A 轴间配管长度]+3.6[①—②轴间配管长度]+(3.6−0.24)÷2[②—③轴间配管长度]+(3.3+1.2−0.24)÷2[引向灯具]+[(1.2−0.24)÷2 引向灯具]=10.02 m。

b. 垂直方向敷设的管(沿墙、柱引上或引下)

垂直配管工程量计算与楼层高度及与配电箱、柜、盘、板、开关等设备安装高度有关。无论配管是明敷还是暗敷均可参照图 8-9 计算线管长度。由图可知，拉线开关配管长度为 200～300 mm，跷板开关配管长度为$(H-h_1)$，插座的配管长度为$(H-h_2)$，配电箱 4 的配管长度为$(H-h_3)$，开关盒的配管长度为$(H-h_4)$，配电柜 5 的配管长度为$(H-h_5)$。

一般来说，拉线开关距顶棚 200～300 mm，跷板开关距地面距离为 1 300 mm，插座距地面 300 mm(住宅 1 300 mm，幼儿园 1 800 mm)，配电箱底部距地面距离为 1 500 mm。计算时，要注意从设计图纸或安装规范中查找有关数据。

计算图 8-9 中垂直配管长度。设层高为 3 m，图中有一台配电箱(500 mm×300 mm)、一个插座(距地 300 mm)、三个跷板开关，其垂直配线工程量为(3−1.5−0.3)[配电箱引上]+(3−0.3)[插座配管]+(3−1.3)×3[跷板开关]=9.00 m。

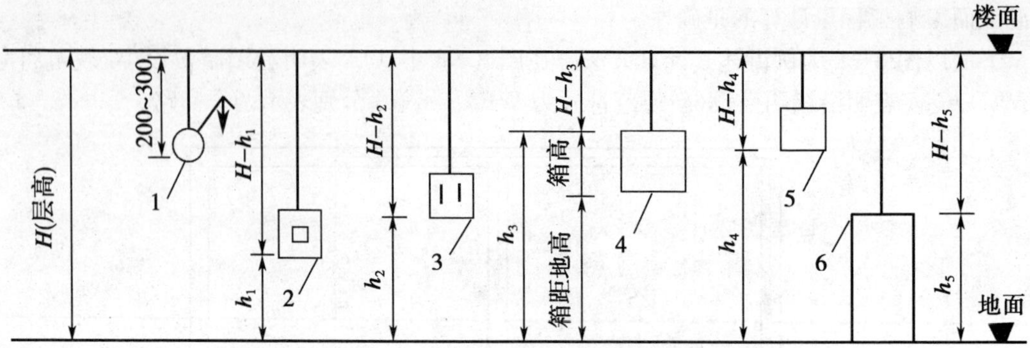

图 8-9　引下线管长度计算示意图

1—拉线开关；2—跷板开关；3—插座；4—配电箱；5—开关盒；6—配电柜

若电源架空引入，穿管进入动力配电箱(AP)，再进入设备，又连开关箱(AK)，再连照明箱(AL)。水平方向配管长度为 $L_1+L_2+L_3+L_4$，均算至各中心处。垂直方向配管长度为 (h_1+h)[电源引下线管长度]+(h+设备基础高+150～200 mm)[引向设备线管长度]+$(h+h_2)$[引向刀开关箱线管长度]+$(h+h_3)$[引向配电箱线管长度]。如果刀开关无箱盘安装，那么 h_2 应算至开关中心位置。

③ 配管工程量计算中的其他规定

a. 在钢索上配管时，除计算配管工程量外，还要计算钢索架设和钢索拉紧装置制作与安装两项。钢索架设工程量，应区分圆钢、钢丝绳(直径 6 mm、9 mm)，按图示墙(柱)内缘距离，以"延长米"计算，不扣除拉紧装置所占长度。钢索拉紧装置制作与安装工程量，应区别花篮螺栓直径(12 mm、16 mm、18 mm)，以"套"为单位计量，套用相应定额子目。

b. 当动力配管发生混凝土地面刨沟时，应区别管子直径，以"m"为单位计算，套用相应定额。

c. 在吊顶内配管敷设时，套用相应管材明配管定额。

d. 电线管、钢管明配、暗配均包括刷防锈漆，若图纸设计要求作特殊防腐处理时，按第十一册刷油、防腐蚀、绝热工程定额中的规定计算工程量并套用相应定额子目。

e. 配管工程中已包括接地，但不包括支架制作与安装，支架制作与安装另列项计算。

(2) 配管接线箱、接线盒安装工程量计算

明配线管和暗配线管，均发生接线盒(分线盒)或接线箱安装，或开关盒、灯头盒及插座盒安装。接线箱安装工程量，应区别安装形式(明装、暗装)、接线箱半周长，以"个"为计量单位。接线盒安装工程量，应区别安装形式(明装、暗装、钢索上安装)以及接线盒类型，以"个"为计量单位，套用相应定额子目。

(3) 其他配线工程量计算

① 线夹配线工程量，应区别线夹材质(塑料线夹或瓷质线夹)、线式(两线式或三线式)、敷设位置(在木结构、砖结构或混凝土结构上)以及导线规格，以"线路延长米"计算，以"100 m线路" 套用相应定额子目。

② 绝缘子配线工程量，应区分鼓形绝缘子(瓷柱)、针式绝缘子和蝶式绝缘子配线以及绝缘子配线位置、导线截面积，以 "单线延长米"计量，以"100 m 单线" 套用相应定额子目。当绝缘子配线跨越需要拉紧装置时，按"套"计算其制作与安装，套用相应定额子目。

③ 槽板配线工程量，区分为槽板的材质(木槽板或塑料槽板)、导线截面、线式(两线式

或三线式)以及配线位置(敷设在木结构、砖结构或混凝土结构上),以"线路延长米"计量,以"100 m"套用相应定额子目。

④ 塑料护套线配线,无论是圆形、扁形还是轨形护套线,以芯数(两芯或三芯)、导线截面大小及敷设位置(敷设于木结构、砖混凝土结构上或沿钢索敷设)区别,按"单根线路延长米"计量,以"100 m"套用相应定额子目。塑料护套线沿钢索敷设时,需另列项计算钢索架设及钢索拉紧装置两项。

⑤ 线槽配线工程量,金属线槽和塑料线槽安装,按"m"计量,金属线槽宽小于 100 mm 的,用加强塑料线槽定额,大于 100 mm 的母线槽时用槽式桥架定额。线槽进出线盒以容量分档,按"个"计量;灯头盒、开关盒按"个"计量;线槽内配线以导线规格分档,以单线"延长米"计量。线槽需要支架时,要列支架制作与安装项目,另行计算。

【例 8-1】 图 8-10 为某工程电气照明平面图。该建筑物层高 3.3 m,成品配电箱规格 500 mm×300 mm,距地面高度 1.5 m,线管为 PVC 管 VG15,暗敷设,开关距地面 1.5 m。试计算配电箱、配管配线工程量。

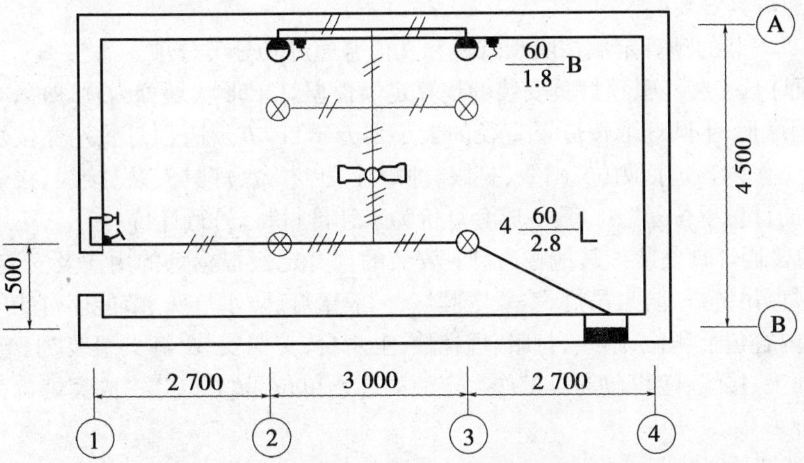

图 8-10 某工程电气照明平面图

【解】 沿电流方向,根据管内穿线根数不同分段计算。

(1) 成套配电箱安装:一套(规格 500 mm×300 mm)。

(2) PVC 管 VG15:长度=(3.3-1.5-0.3)[配电箱引出、埋墙敷设两根导线]+[④轴处至③轴两根导线]+(3÷2)[③轴至②轴穿三根导线段]+(3÷2)[③轴至②轴穿四根导线段]+2.7[②轴至①轴三根导线]+1[至吊扇四根导线]+1[吊扇至灯具三根导线]+1[灯具至轴两根导线]+3×2[至花灯及壁灯两根导线]+(3.3-1.5)×2[壁灯及开关垂直方向两根导线]+(3.3-1.5)[至吊扇开关、花灯开关三根导线]=24.69 m。

(3) BV—2.5 导线:对照管段计算式子,按管段长×穿线根数计算。

[(3.3-1.5-0.3+0.5+0.3)×2]+[×2]+[(3÷2)×3]+[(3÷2)×4]+(2.7×3)+(1×4)+(1×3)+(1×2)+[3×2×2]+[(3.3-1.5)×2×2]+[(3.3-1.5)×3]=62.98 m

(4) 开关盒等:开关盒四个(灯具开关盒三个,吊扇调速开关暗装盒一个),灯头盒七个(六个灯具,一个吊扇),接线盒四个(导线分支处)。

8.4.6 照明器具安装

照明器具安装包括灯具、照明用开关、按钮、安全变压器、插座、电铃和风扇及盘管风机开关等安装，其中以灯具安装为学习重点。

1）定额内容

照明灯具种类繁多，根据它们的用途及发光方法，定额将其分为七大类，即普通灯具安装、装饰灯具安装、荧光灯具安装、工厂灯及防水防尘灯安装、工厂其他灯具安装、医院灯具安装、艺术花灯安装和路灯安装。在各大类灯具中，再按照各种灯具的安装特点将基本相同的灯具划归为同一小类，定额以小类划分项目。在应用预算定额时，如已明确某一灯具的类属，便可较容易的正确选定定额子目。

此外，照明用开关、按钮、安全变压器、插座、电铃和风扇及盘管风机开关、请勿打扰灯、须刨插座、钥匙取电器安装等项目也划归照明器具部分定额中。

以下对七大类照明灯具及其他几种电器具的安装定额分别予以介绍。

（1）普通灯具安装

普通灯具安装的预算定额按吸顶灯具和其他普通灯具分类分项。

① 吸顶灯具安装。吸顶灯具安装的预算定额根据灯罩形状划分为圆球形、半圆球形及方形三种，圆球形、半圆球形按灯罩直径的大小划分子目，方形吸顶灯具定额按灯罩形式划分子目。其工作内容包括测位、画线、打眼、埋螺栓、上木台、灯具安装、接线、接焊包头等项工作。定额的计量单位是“10 套”。成套灯价为未计价材料，另行计价。

② 其他普通灯具安装。其他普通灯具安装的预算定额根据灯的用途及安装方式分项，分为软线吊灯、吊链灯、防水吊灯、一般弯脖灯、一般壁灯、防水灯头、节能座灯头等项目。定额中的工作内容包括测位、画线、打眼、埋螺栓、上木台、支架安装、灯具组装、上绝缘子、上保险器、吊链加工、接线、接焊包头等工作。定额的计量单位是“10 套”。成套灯价为未计价材料，另行计价。

（2）装饰灯具安装

装饰灯具定额适用于新建、扩建、改建的宾馆、饭店、影剧院、商场、住宅等建筑物装饰用灯具安装。

装饰灯具定额共列九类灯具，19 个大项，184 个子目。为了减少因产品规格、型号不统一而发生争议，定额采用灯具彩色图片与子目对照方法编制，以便认定，给定额使用带来极大方便。

装饰灯具安装定额中的工作内容包括开箱清点、测位画线、打眼埋螺栓、支架制作、安装、灯具拼装固定、挂装饰部件、接焊接线包头等。定额的计量单位是“10 套”。成套灯具为未计价材料，另行计价。

（3）荧光灯具安装

荧光灯具安装的预算定额按组装型和成套型分项。定额的计量单位是“10 套”。定额中的整套灯具均为未计价材料，另行计价。

① 组装型荧光灯具安装。组装型荧光灯具安装的预算定额按吊链式、吸顶式，以及灯管数区别分项。定额内容包括测位、画线、打眼、埋螺栓、上木台、吊链、吊管加工、灯具组装、接线、接焊包头等。

② 成套型荧光灯具安装。成套型荧光灯具安装的预算定额区分吊链式、吊管式、吸顶式，按灯管数目划分定额项目。定额的工作内容与成套型荧光灯具安装的工作内容基本相同，只是灯具不需要组装。

(4) 工厂灯及防水防尘灯安装

工厂灯预算定额按吊管式、吊链式、吸顶式、弯杆式与悬挂式分别列项。防水防尘灯也按安装型式即直杆式、弯杆式与吸顶式分别列项。定额中的工作内容包括测位、画线、打眼、埋螺栓、上木台、吊管加工、灯具安装、接线、接焊包头等。定额的计量单位是“10 套”。成套灯具均为未计价材料，另行计价。

(5) 工厂其他灯具安装

工厂其他灯具安装的预算定额包括防潮灯、腰形舱顶灯、碘钨灯、管形氙气灯、投光灯，烟囱水塔独立式塔架标志灯，密闭灯具包括安全灯、防爆灯、高压水银防爆灯、防爆荧光灯等。定额内容中的工作内容包括测位、画线、打眼、埋螺栓、支架安装、灯具安装、接线、接焊包头等。定额的计量单位是“10 套”。成套灯具为未计价材料，应另行计算。

对于管形氙气灯安装，定额中不包括接触器、按钮、绝缘子安装及管线敷设，应另行计算。

此外，对于高压水银灯的外附镇流器安装，应另行套用镇流器安装定额子目。

(6) 医院灯具安装

医院灯具安装的预算定额有病房指示灯、病房暗脚灯、紫外线杀菌灯及无影灯(吊管灯)四项。定额中的工作内容包括测位、画线、打眼、埋螺栓、灯具安装、接线、接焊包头等。定额的计量单位是“10 套”、“套”。安装用的地脚螺栓按已预埋考虑，成套灯具为未计价材料，另行计价。

(7) 路灯安装

路灯安装的预算定额分为大马路弯灯安装和庭院路灯安装。前者按弯灯臂长分项，后者按三火以下柱灯和七火以下柱灯分项。定额中的工作内容包括测位、画线、支架安装、灯具组装、接线。定额中不包括支架制作及导线架设。定额的计量单位是“10 套”。成套灯具为未计价材料，另行计价。

(8) 照明开关、插座、小型电器安装

① 开关及按钮安装。照明开关安装预算定额分为拉线开关安装、扳把开关明装、单控或双控板式暗开关安装、明装或暗装一般按钮、5 A 以下密闭开关安装等。其中单控及双控板式暗开关安装分为单联、双联、三联、四联、五联、六联等。定额中的工作内容包括测位、画线、打眼、缠埋螺栓、清扫盒子、上木台、缠钢丝弹簧垫、装开关、装按钮、接线、装盖等。定额的计量单位是“10 套”。照明开关、按钮为未计价材料，另行计价。

② 插座安装。插座安装的预算定额分明插座、暗插座、防爆插座三类。每类插座又按单相和三相、是否带接地插孔以及插座的额定电流不同分别立项。定额中的工作内容包括测位、画线、打眼、缠埋螺栓、清扫盒子、上木台、缠钢丝弹簧垫、装插座、接线、装盖等。定额的计量单位是“10 套”。插座为未计价材料，另行计价。

③ 安全变压器、电铃、门铃、风扇安装。安全变压器安装的预算定额按变压器的容量分项。定额中的工作内容包括开箱、清扫、检查、测位、画线、打眼、支架安装、固定变压器、接线、接地等。定额的计量单位是“台”。安全变压器为未计价材料，另行计价。

电铃安装的预算定额中包括电铃安装和电铃号牌箱安装，前者按电铃的直径分项，后者按号牌箱上的号牌数量分项。定额包括测位、画线、打眼、埋木砖、上木底板、接电铃、接焊包头等工作内容。定额的计量单位是“套”。电铃、电铃号牌箱、电铃变压器等为未计价材料，另行计价。

门铃安装的预算定额按明装、暗装分别列项。定额中的工作内容包括测位、打眼、埋塑料胀管、上螺钉、接线、安装等。定额的计量单位是“10 个”。门铃为未计价材料，另行计价。

风扇安装的预算定额分为吊扇安装、壁扇安装、轴流排气扇安装。定额中的工作内容包括测位、画线、打眼、固定吊钩、安装调速开关、接焊包头、接地等。定额的计量单位是“台”。风扇为未计价材料，另行计价。

④ 盘管风机开关、请勿打扰灯、须刨插座、钥匙取电器安装分列项目。定额中的工作内容包括开箱、检查、测位、画线、清扫盒子、缠钢丝弹簧垫、接线、焊接包头、安装、调试等。定额的计量单位是“10 套”。其中风机三速开关、请勿打扰灯、须刨插座、钥匙取电器为未计价材料，另行计价。

2）工程量计算及定额应用

（1）照明灯具

照明灯具安装工程量计算应区别灯具的种类、型号、规格、安装方式分别列项，以“套”为计量单位。其中：

① 普通灯具安装包括吸顶灯、其他普通灯具两大类，均以“套”计量。其他灯具包括软线吊灯和吊链灯等，它们均不包括吊线盒价值，必须另计。软线吊灯未计价材料价值按下式计算：

软线吊灯未计价材料价值＝吊线盒价＋灯头价＋(灯伞价)＋灯泡价

② 荧光灯具安装分组装型和成套型两类。

a. 成套型荧光灯，凡由工厂定型生产成套供应的灯具，因运输需要，散件出厂、现场组装者，执行成套型定额。此类有吊链式、吊管式、一般吸顶式安装方式。

b. 组装型荧光灯，凡不是工厂定型生产的成套灯具，或由市场采购的不同类型散件组装起来甚至局部改装者，执行组装定额。此类有吊链式、吸顶式等安装方式。

组装型荧光灯每套可计算一个电容安装及电容器的未计价材料价值。

③ 工厂灯及防水防尘灯安装。这类灯具可分为两类，一类是工厂罩灯及防水防尘灯；另一类是其他常用碘钨灯、投光灯、混光灯等灯具安装。均以“套”计量。

④ 医院灯具安装。这类灯具分为病房指示灯、病房暗脚灯、紫外线杀菌灯、无影灯（吊管灯）四种。均以“套”计量。

⑤ 路灯安装。路灯包括两种，一是大马路弯灯安装，臂长有 1 200 mm 以下及以上；二是庭院路灯安装，分三火以下柱灯、七火以下柱灯两个子目。均以“套”计量。路灯安装不包括支架制作及导线架设，应另列项计算。

（2）装饰灯具安装工程量计算

装饰灯具安装以“套”计量，根据灯的类型和形状，以灯具直径、灯垂吊长度、方形、圆形等分档，对照灯具图片套用定额。

（3）开关、按钮、插座及其他器具安装工程量计算

① 开关安装。开关安装包括拉线开关、扳把开关、板式开关、密闭开关、一般按钮开关安装，并分明装与暗装，均以“套”计量。

应注意本处所列“开关安装”是指第二册第十三章“照明器具”用的开关，而不是指第二册第四章“控制设备及低压电器”所列的自动空气开关、铁壳开关和胶盖开关等电源用“控制开关”，故不能混用。

计算开关安装的同时应计算明装开关盒或暗装开关盒，套用相应开关盒安装子目。

第二册第十三章定额所列的一般按钮、电铃安装，应与第二册第四章的普通按钮、防爆按钮、电铃安装分开，前一个用于照明工程，后一个用于控制，注意区别。

② 插座安装。定额分普通插座和防爆插座两类，又分明装与暗装，均以“套”计量。计算插座安装的同时应计算明装或暗装插座盒安装，执行开关盒安装定额。

③ 风扇、安全变压器、电铃安装

a. 风扇安装，吊扇不论直径大小均以“台”计量，已包括吊扇调速器安装，壁扇、排风扇、鸿运扇安装，均以“台”计量。

b. 安全变压器安装，以容量(VA)分档，以“台”计量；但不包括支架制作，支架制作应另立项计算。

c. 电铃安装，以铃径大小分档，以“套”计量。门铃安装分明装与暗装，以“个”计量。

(4) 定额应用应注意的问题

① 各型灯具的引下线及预留线，除注明者外，均已综合在灯具安装定额内，不能另行计算。

② 路灯、投光灯、碘钨灯、氙气灯、烟囱或水塔指示灯均已考虑了一般工程的高空作业因素，不再计算工程超高费。其他器具的安装高度如超过 5 m，应按规定计算超高增加费。

③ 定额中装饰灯具项目均已考虑了一般工程的超高作业因素，并包括脚手架搭拆费用。

④ 定额内已包括利用摇表测量绝缘及一般灯具的试亮工作，但不包括调试工作。

⑤ 装饰灯具项目与示意图号配套使用。

⑥ 灯具安装定额包括灯具和灯管的安装。但灯具的未计价材料计算，以各地灯具预算价或市场价为准。灯具预算价格材料价格包括灯具和灯泡(管)时不分别计算，若不包括灯泡(管)时应另计算灯泡(管)的未计价材料价值，计算式如下：

灯具未计价材料价值＝灯具套数×定额消耗量×灯具单价＋灯泡(管)未计价价值

灯泡(管)未计价材料价值＝灯泡(管)数×(1＋定额规定损耗率)×灯泡(管)单价

灯罩、灯伞未计价材料价值＝灯具套数×(1＋定额规定损耗率)×灯罩或灯伞单价

【例 8-2】 试计算例 8-1 中照明器具安装的工程量、安装直接费及人工费。

【解】 (1) 工程量

壁灯的安装　2 套＝0.2(10 套)

吊式花灯安装 4 套＝0.4(10 套)

扳把开关安装 3 套＝0.3(10 套)

吊扇安装 1 台

(2) 安装直接费及人工费(套用《全国统一安装工程预算定额 2000》计算)

① 壁灯安装用定额 2-1393

安装直接费=0.2(10 套)×154.67 元/10 套=30.93 元

其中人工费=0.2(10 套)×46.90 元/10 套=9.38 元

② 吊链花灯安装用定额 2-1390

安装直接费=0.4(10 套)×95.33 元/10 套=38.13 元

其中人工费=0.4(10 套)×46.90 元/10 套=18.76 元

③ 单联扳把开关安装用定额 2-1637

安装直接费=0.3(10 套)×24.21 元/10 套=7.26 元

其中人工费=0.3(10 套)×19.74 元/10 套=5.92 元

④ 吊扇安装用定额 2-1702

安装直接费=1(台)×14.19 元/台=14.19 元

其中人工费=1(台)×9.98 元/台=9.98 元

复习思考题

1. 室内线路敷设方式主要有哪几种？各有什么特点？

2. 怎样阅读建筑电气动力系统施工图？

3. 某照明系统图中的线路旁边标注 VV_{22}－(3×70＋1×35)－SC70－FC，试说明标注中每个文字符号和数字符号的含义。

4. 某办公室长 15 m、宽 6 m、高 3.3 m，拟采用 YG2—2 灯具作均匀布灯，功率为 2～40 W，试画出照明线路平面布置图。

5. 简述照明工程量计算程序。

9 建筑弱电系统及预算

教学要求： 通过本章的学习，应当了解共用天线电视系统的分类和组成；掌握建筑电话通信系统；能够识读建筑弱电系统施工图；了解建筑弱电系统工程量计算及定额的应用。

9.1 共用天线电视系统

9.1.1 共用天线电视系统的组成

共用天线电视系统简称为CATV(Community Antenna Television)系统，是指共用一组优质天线接收电视台的电视信号，并通过同轴电缆传输、分配给各电视机用户的系统。

在共用天线的基础之上出现了通过同轴电缆、光缆或其组合来传输、分配、交换声音和图像信号的电视系统，称为电缆电视(Cable Television)系统，其简写也是CATV，习惯上又常称为有线电视系统。

共用天线电视系统一般由前端、干线、分配分支三个部分组成，如图 9-1 所示。

1) 前端部分

前端部分的主要任务是接收电视信号，并对信号进行处理，如滤波、变频、放大、调制和混合等。主要设备有接收天线、放大器、滤波器、频率变换器、导频信号发生器、调制器、混合器以及连接线缆等。

(1) 接收天线

接收天线主要有以下作用：

① 磁电转换。接收电视台向空间发射的高频电磁波，并将其转换为相应的电信号。

② 选择信号。在空间多个电磁波中，有选择地接收指定的电视射频信号。

③ 放大信号。对接收的电视射频信号进行放大，提高电视接收机的灵敏度，改善接收效果。

④ 抑制干扰。对指定的电视射频信号进行有效地接收，对其他无用的干扰信号进行有效地抑制。

⑤ 改善接收的方向性。电视台发射的射频信号是按水平方向极化的水平极化波，具有近似于光波的传播性质，方向性强，这就要求接收机必须用接收天线来对准发射天线的方向才能最佳接收。

接收天线主要有以下几种分类：

① 按工作频段分类，主要有 VHF(甚高频)天线、UHF(特高频)天线、SHF(超高频)天线和 EHF(极高频)天线。

② 按工作频道分类，主要有单频道天线、多频道天线和全频道天线等。

③ 按结构分类，主要分为基本半波振子天线、折合振子天线、多单元天线、扇形天线、环

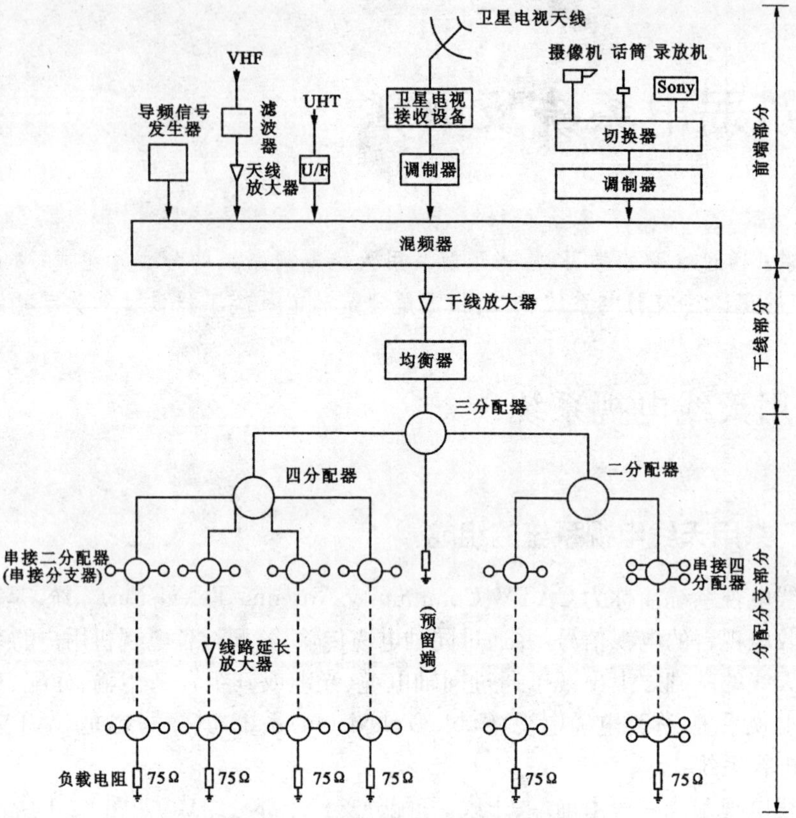

图 9-1 共用天线电视系统的组成

形天线和对数周期天线等。

④ 按方向性分类,一般分为定向天线和可变方向天线。

⑤ 按增益大小分类,一般分为低增益天线和高增益天线。

(2) 导频信号发生器

若干线传输距离较长,由于电缆对不同频道信号衰减不同,使用导频信号发生器能进行自动增益控制和自动斜率控制。

(3) 天线放大器

天线放大器主要用于放大微弱信号。采用天线放大器可提高接收天线的输出电平,以满足处于弱场强区电视传输系统主干线放大器输入电平的要求。

(4) 频率变换器

频率变换器是将接收的频道信号变换为另一频道信号的器件,因此,其主要作用是电视频道信号的变换。

由于电缆对高频道信号的衰减很大,若在 CATV 系统中直接传送 UHF 频道的电视信号,则信号损失太大,因此常使用 U/V 变换器将 UHF 频道的信号变成 VHF 频道的信号,再送入混合器和传输系统。这样,整个系统的器件(如放大器、分配器、分支器等)就只采用 VHF 频段的,可大大降低 CATV 系统成本。

在电视台附近的高场强区,电视台的强直射信号会直接进入电视机,与通过 CATV 系统进入电视机的信号叠加形成严重的重影。用频率变换器后,直射信号会因其频道与转换后的接收频道不同而被电视机的高放、中放等电路滤掉。也就是说，为避免一个功率强的VHF电视频道的干扰，可以把收到的某个VHF频道信号转换为另外一个VHF频道信号后再送入CATV系统的混合器中。

频率变换器按变换的频段不同可分为U/V频率变换器、V/V频率变换器、V/U频率变换器和U/U频率变换器。

(5) 调制器

调制器的作用是将来自摄像机、录像机、激光、电视唱盘、卫星接收机、微波中继等设备输出的视频、音频信号调制成电视频道的射频信号后送入混合器。

调制器一般有两种分类方式：一是按工作原理分为中频调制式和射频调制式；二是按组成器件分为分离元调制器和集成电路调制器。

(6) 混合器

混合器是将两路或多路不同频道的电视信号混合成一路的部件。

在CATV系统中，混合器可将多个电视和声音信号混合成一路，用一根同轴电缆传输，达到多路复用的目的。如果不用混合器，将两路（或多路）不同频道的天线直接在其输出端并接，再由同轴电缆向下传输，则会破坏系统的匹配状态。由于系统内部信号的来回反射会使电视图像出现重影，并使图像（或伴音）产生失真，因此会影响收视效果。

分波器和混合器的功能相反，具有可逆性。如果将混合器的输入端和输出端互换，则混合器就变成了分波器。混合器按电路结构可分为滤波器式和宽带变压器式两大类。滤波器式混合器又可分为频道混合器（几个单频道的混合）和频段混合器（某一频段信号与另一频段信号的混合）等。

2) 干线部分

干线部分是把前端接收、处理、混合后的电视信号传输给分配分支系统的一系列传输设备，主要包括干线、干线放大器、均衡器等。干线放大器是安装在干线上，用以补偿干线电缆传输损耗的放大器。均衡器的作用是补偿干线部分的频谱特性，保证干线末端的各个频道信号电平基本相同。

3) 分配分支部分

分配分支部分是共用天线电视系统的最后部分，其主要作用是将前端部分、干线部分送入的信号分配给建筑物内各个用户电视机。它主要包括放大器、分配器、分支器、系统输出端和电缆线路等。

(1) 分配放大器

分配放大器安装在干线的末端，用以提高干线末端信号电平，以满足分配、分支的需要。

(2) 线路延长放大器

线路延长放大器安装在支干线上，用来补偿支线电缆传输损耗和分支器的分支损耗与插入损耗。

(3) 分配器

分配器是用来分配电视信号并保持线路匹配的装置，主要作用有：

① 分配作用。将一路输入信号均匀地分配成多路输出信号，并且插入损耗要尽可能地小。

② 隔离作用。所谓隔离，是指分配器各路输出端之间的隔离，以避免相互干扰或影响。

③ 匹配作用。主要指分配器与线路输入端和线路输出端的阻抗匹配，即分配器的输入

阻抗与输入线路的匹配。各路的输出阻抗必须与输出线路匹配才能有效地传输信号。

分配器按输出路数的多少可分为二分配器、三分配器、四分配器、六分配器和八分配器等;按分配器的回路组成可分为集中参数型和分布参数型两种;按使用条件又可分为室内型、室外防水型和馈电型等。

(4) 分支器

分支器是从干线或支线上取出一部分信号馈送给用户电视机的部件,它的作用是:

① 以较小的插入损耗从传输干线或分配线上分出部分信号经衰减后送至各用户。

② 从干线上取出部分信号形成分支。

③ 反向隔离与分支隔离。

分支器可根据分支输出端的个数分为一分支器、二分支器、四分支器等,也可根据其使用场合不同分为室内型、室外防水型、馈电型和普通型等。

4) 传输线路

目前,共用天线电视系统中的传输线路均使用同轴电缆。同轴电缆由内导体、外导体、绝缘体和护套层四部分组成,它是用介质材料来使内、外导体之间绝缘,并且始终保持轴心重合的电缆。在 CATV 系统中,各国都规定采用特性阻抗为 75 Ω 的同轴电缆作为传输线路。

同轴电缆标注的含义如图 9-2 所示,其型号的符号含义见表 9-1 所示。

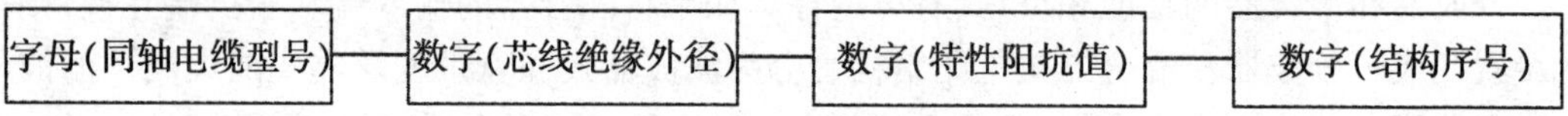

图 9-2　同轴电缆的标注

9.1.2　共用天线电视系统工程图

图 9-3 为某建筑共用天线电视系统图,从图中可以看出,该共用天线电视系统的系统干线选用 SYKV-75-9 型同轴电缆,穿管径为 25 mm 的水煤气管埋地引入,在三层处由二分配器分为两条分支线,分支线采用 SYKV-75-7 型同轴电缆,穿管径为 20 mm 的硬塑料管暗敷设。在每一楼层用四分支器将信号传输至用户端。

对应的平面图如图 9-4 所示。

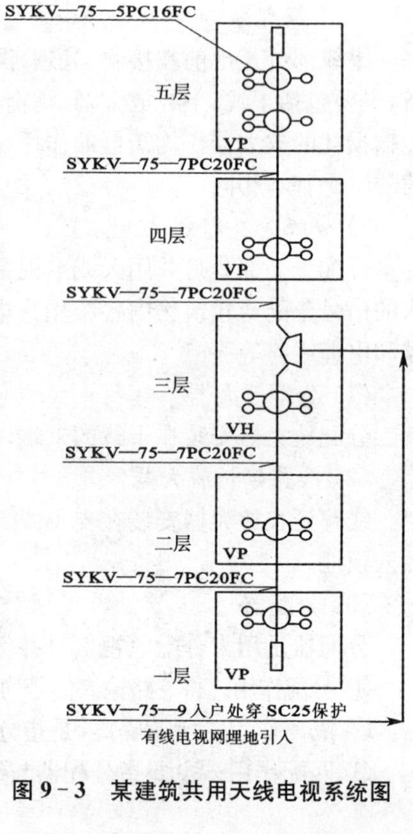

图 9-3　某建筑共用天线电视系统图

9.2　建筑电话通信系统

9.2.1　建筑电话通信系统的组成

建筑电话通信系统的基本目标是实现某一地区内任意两个终端用户之间进行通话,因此电话通信系统必须具备三个基本要素:一是发送和接收话音信

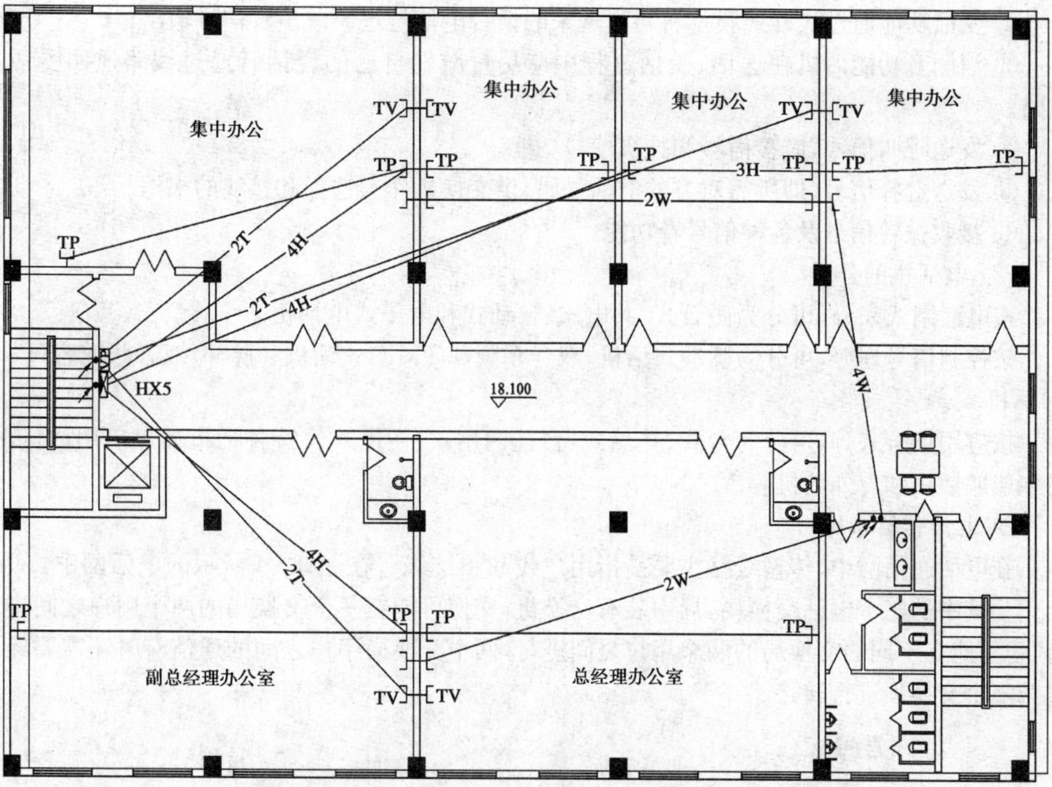

图 9-4　某建筑共用天线电视系统平面图

号；二是传输话音信号；三是话音信号的交换。这三个要素分别由用户终端设备、传输设备和电话交换设备来实现。一个完整的电话通信系统是由终端设备、传输设备和交换设备三大部分组成的，如图 9-5 所示。

图 9-5　电话通信系统示意图

1）用户终端设备

常见的用户终端设备有电话机、传真机等，随着通信技术与交换技术的发展，又出现了各种新的终端设备，如数字电话机、计算机终端等。

(1) 电话机的组成

电话机一般由通话部分和控制系统两大部分组成。通话部分是话音通信的物理线路连接，以实现双方的话音通信，它由送话器、受话器、消侧音电路组成；控制系统实现话音通信建立所需要的控制功能，由叉簧、拨号盘、极化铃等组成。

(2) 电话机的基本功能

① 发话功能通过压电陶瓷器件将话音信号转变成电信号向对方发送。

② 受话功能通过炭砂式膜片将对方送来的话音电信号还原成声音信号输出。

③ 消侧音功能话机在送话、受话过程中应尽量减轻自己的说话音通过线路返回受话电路。

④ 发送呼叫信号、应答信号和挂机信号功能。

⑤ 发送选择信号(即所需对方的电话号码)供交换机作为选择和接线的根据。

⑥ 接收振铃信号及各种信号音功能。

(3) 电话机的分类

按电话制式来分,可分为磁石式、共电式、自动式和电子式电话机。

按控制信号划分,可分为脉冲式话机、双音多频(DTMF)式话机和脉冲/双音频兼容(P/T)话机。

按应用场合来分,可分为台式、挂墙式、台挂两用式、便携式及特种话机如煤矿用话机、防水船舶话机和户外话机等。

2) 电话传输系统

在电话通信网中,传输线路主要是指用户线和中继线。在图 9-6 所示的电话网中,A、B、C 为其中的三个电话交换局,局内装有交换机,交换可能在一个交换局的两个用户之间进行,也可能在不同的交换局的两个用户之间进行,两个交换局用户之间的通信有时还需要经过第三个交换局进行转接。

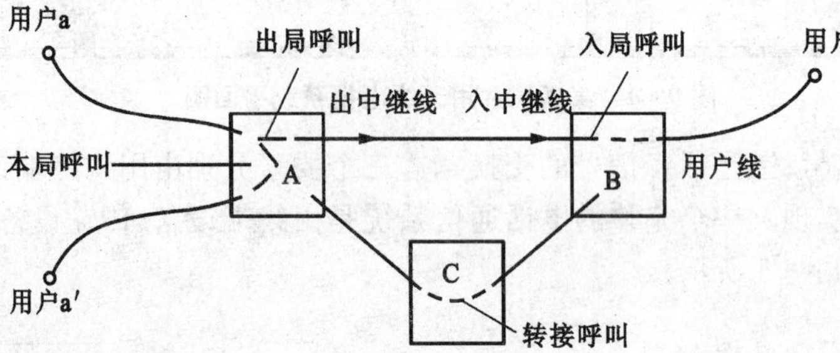

图 9-6 电话传输示意图

常见的电话传输媒体有市话电线电缆、双绞线和光缆。为了提高传输线路的利用率,对传输线路常采用多路复用技术。

3) 电话交换设备

电话交换设备是电话通信系统的核心。电话通信最初是在两点之间通过原始的受话器和导线的连接由电的传导来进行的,如果仅需要在两部电话之间进行通话,只要用一对导线将两部电话机连接起来就可以实现。但如果有成千上万部电话机之间需要互相通话,则不可能采用个个相连的办法。这就需要有电话交换设备,即电话交换机,将每一部电话机(用户终端)连接到电话交换机上,通过线路在交换机上的接续转换,就可以实现任意两部电话机之间的通话。

目前主要使用的电话交换设备是程控交换机。程控是指控制方式,即存储程序控制,其英文名称是 Stored Program Control,简称为 SPC,它是把电子计算机的存储程序控制技术引入到电话交换设备中。这种控制方式是预先把电话交换的功能编制成相应的程序(或称软件),并把这些程序和相关数据都存入到存储器内。当用户呼叫时,由处理机根据程序所发出的指令来控制交换机的操作，以完成接续功能。

在现代化建筑大厦中的程控用户交换机，除了基本的线路接续功能之外，还可以完成建筑物内部用户与用户之间的信息交换，以及内部用户通过公用电话网或专用数据网与外部用户之间的话音及图文数据传输。程控用户交换机通过控制机配备的各种不同功能的模块化接口，可组成通信能力强大的综合数据业务网（ISDN）。程控用户交换机的一般性系统结构如图 9-7 所示。

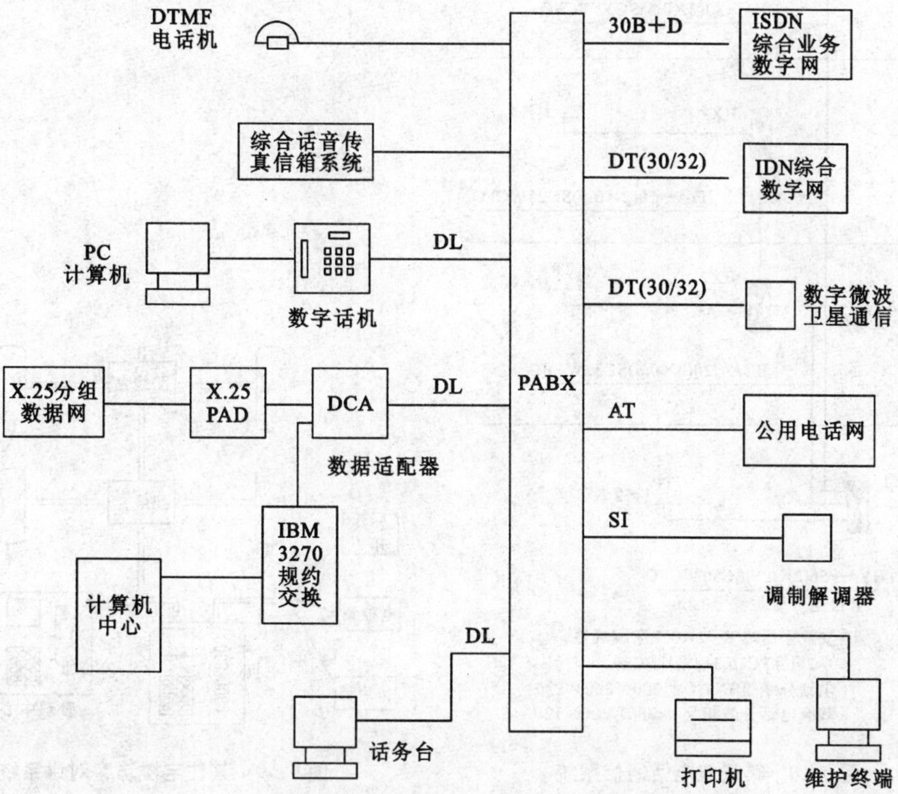

图 9-7　程控用户交换机一般性系统结构

9.2.2　建筑电话通信系统工程图

建筑电话通信系统工程图同样由系统图和平面图组成，是指导具体安装的依据。建筑电话通信系统通常是通过总配线架和市话网连接。在建筑物内部一般按建筑层数、每层所需电话门数以及这些电话的布局，决定每层设几个分接线箱。自总配线箱分别引出电缆，以放射式的布线形式引向每层的分接线箱，由总配线箱与分接线箱依次交接连接。也可以由总配线架引出一路大对数电缆，进入一层交接箱，再由一层交接箱除供本层电话用户外，引出几路具有一定芯线的电缆，分别供上面几层交接箱。

图 9-8 为某建筑电话系统图，该电话通信系统是采用 HYA-50(2×0.5)SC50 WCFC 自电信局埋地引入建筑物，埋设深度为 0.8 m。再由一层电话分接线箱 HX1 引出三条电缆，其中一条供本楼层电话使用，一条引至二、三层电话分接线箱，还有一条供给四、五层电话分接线箱，分接线箱引出的支线采用 RVB-2×0.5 型绞线穿塑料 PC 管敷设。

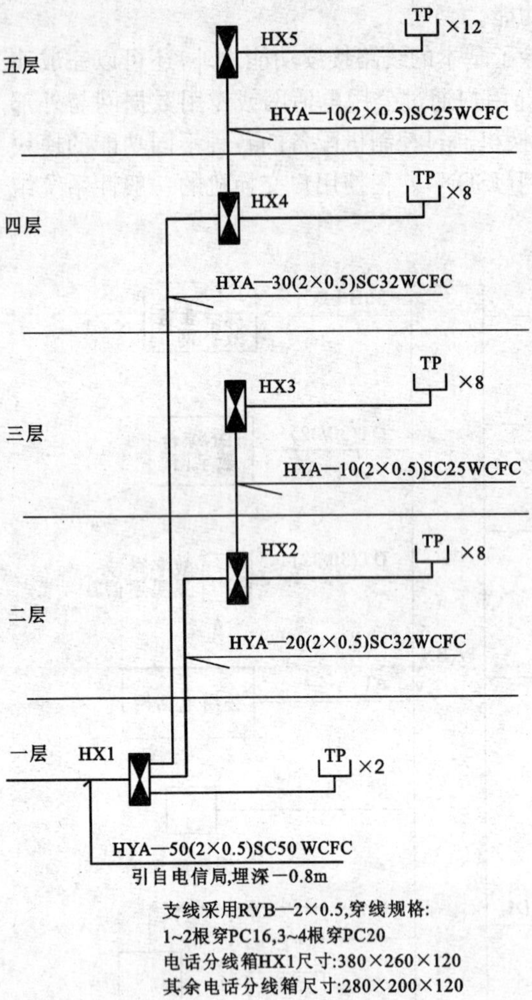

图 9-8　某建筑电话通信系统

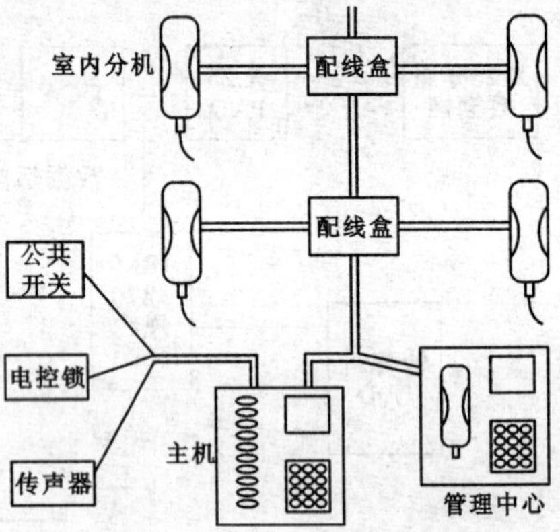

图 9-9　某住宅楼访客对讲系统

9.3　楼宇对讲系统

9.3.1　访客对讲系统

访客对讲系统是指来访客人与住户之间提供双向通话或可视通话,并由住户遥控防盗门的开关及向保安管理中心进行紧急报警的一种安全防范系统。它适用于单元式公寓、高层住宅楼和居住小区等。

图 9-9 为一访客对讲系统,该系统由对讲系统、控制系统和电控防盗安全门组成。

(1) 对讲系统

对讲系统主要由传声器、语言放大器及振铃电路等组成,要求对讲语言清晰、信噪比高、失真度低。

(2) 控制系统

控制系统一般采用总线制传输、数字编码解码方式控制，只要访客按下户主的代码，对应的户主摘机就可以与访客通话，并决定是否打开防盗安全门；而户主则可以凭电磁钥匙出入该单元大门。

(3) 电控安全防盗门

对讲系统用的电控安全门是在一般防盗安全门的基础上加上电控锁、闭门器等构件组成。

9.3.2 可视对讲系统

可视对讲系统除了对讲功能外，还具有视频信号传输功能，使户主在通话的同时可以观察到来访者的情况。因此，系统增加了一部微型摄像机，安装在大门入口处附近，用户终端设一部监视器。可视对讲系统如图 9-10 所示。

可视对讲系统主要具有以下功能：

(1) 通过观察监视器上来访者的图像，可以将不希望见到的来访者拒之门外。

(2) 按下“呼出”键，即使没人拿起听筒，屋里的人也可以听到来客的声音。

(3) 按下“电子门锁打开”按钮，门锁可以自动打开。

(4) 按下“监视”按钮，即使不拿起听筒，也可以监听和监看来访者长达 30 s，而来访者却听不到屋里的任何声音；再按一次，解除监视状态。

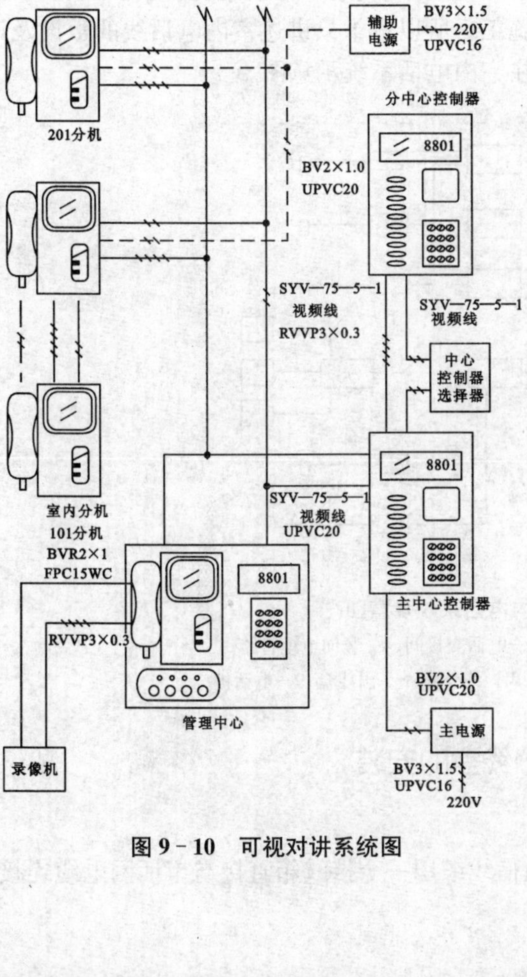

图 9-10　可视对讲系统图

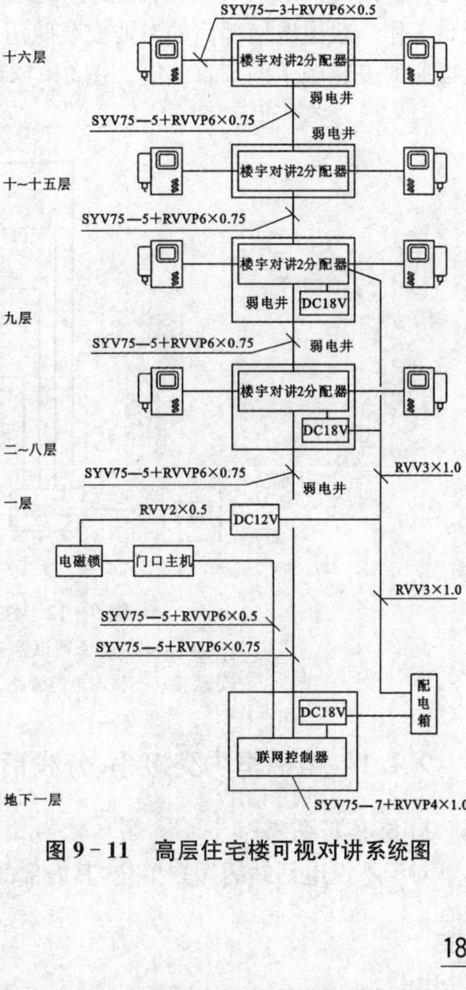

图 9-11　高层住宅楼可视对讲系统图

9.3.3 楼宇对讲系统图

图 9-11 为某高层住宅楼楼宇对讲系统图。通过识读系统图可以知道，该楼宇对讲系统为联网型可视对讲系统。

每个用户室内设置一台可视电话分机，单元楼梯口设一台带门禁编码式可视梯口机，住户可以通过智能卡和密码开启单元门，来客可通过门口主机实现在楼梯口与住户的呼叫对讲。

楼梯间设备采用就近供电方式，由单元配电箱引一路 220 V 电源至梯间箱，实现对每个楼层楼宇对讲 2 分配器及室内可视分机供电。

从图 9-11 中还可得知，视频信号线型号分别为 SYV75-5＋RVVP6×0.75 和SYV75-5＋RVVP6×0.5，楼梯间电源线型号分别为 RVV3×1.0 和 RVV2×0.5。

9.4 室内电话系统工程量计算及定额应用

建筑物电话系统随电话门数和分配方案的不同，一般由交接间（交接箱）、电缆管路、壁龛、分线箱（盒）、用户线管路、过路箱（盒）和电话出线盒等组成。

由于工程性质和行业管理的要求，对于建筑物电话系统工程，建筑安装单位一般只作室内电话线路的配管配线、电话机插座以及接线盒的安装，交接箱、通信电缆的安装、敷设以及调试工作一般由电信部门的专业安装队伍来施工。所以本章只讲述室内电话线的敷设及话机插座的安装施工图预算编制。图 9-12 为住宅内电话系统示意图。

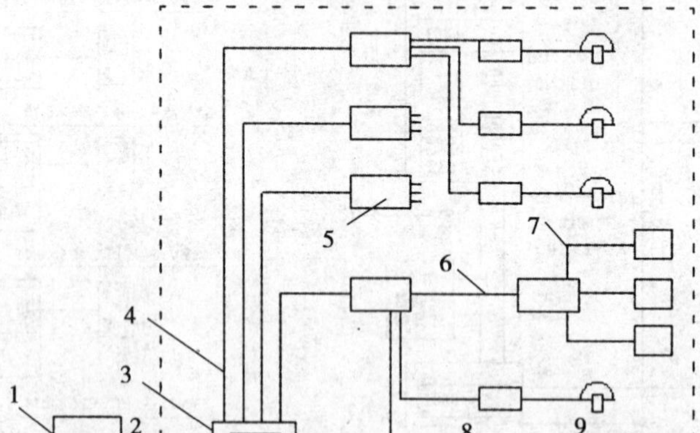

图 9-12 住宅内电话系统示意图

1—电话局；2—地下通讯管道；3—电话交接间；4—竖向电缆管路；5—分线箱；6—横向电缆管路；7—用户线管路；8—出线盒；9—电话机

9.4.1 电话室内交接箱、分线箱、分线盒的安装

1）交接箱安装

对于不设电话站的用户单位，其内部的通信线缆用一个接线箱直接与市话网电缆连接，

并通过箱子内部的端子分配给单位内部分线箱（盒），该箱称为交接箱。交接箱主要由接线模块、箱架结构和接线组成。交接箱设置在用户线路中主干电缆和配线电缆的接口处，主干电缆线对可在交接箱内与任意的配线电缆线对连接。

交接箱按容量（进、出接线端子的总对数）可分为150、300、600、900、1 200、1 800、2 400、3 000、6 000对等规格。

交接箱内的接头一般采用端子或针式螺钉压接结构形式，且箱体具有防尘、防水、防腐作用并有闭锁装置。

交接箱、组线箱安装以“台”为单位计量，定额根据电缆线对不同来划分子目，区分明装和暗装。市话电缆进交接箱的接头，一般由市话安装队伍制作与安装，因此可以不计算。

2）分线箱、分线盒安装

室内电话线路在分配到各楼层、各房间时需采用分线箱，以便电缆在楼层垂直管路及楼层水平管路中分支、接续、安装分线端子板用。分线箱有时也称为接头箱、端子箱或过路箱，暗装时又称为壁龛，如图9-13所示。

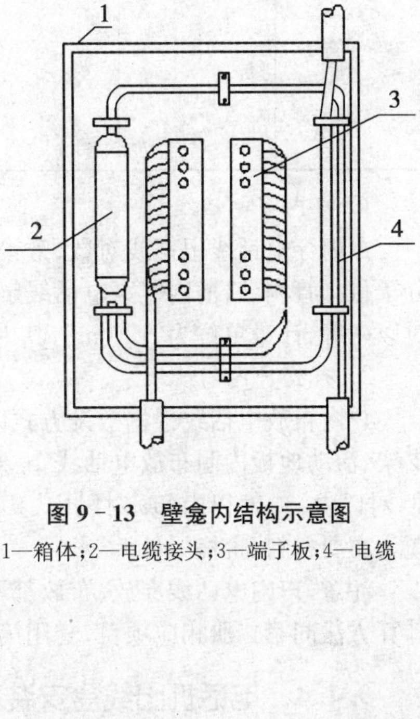

图9-13　壁龛内结构示意图

1—箱体；2—电缆接头；3—端子板；4—电缆

分线箱和分线盒的区别在于前者带有保护装置而后者没有，因此分线箱主要用于用户引入线为明线的情况，保护装置的作用是防止雷电或其他高压电磁脉冲从明线进入电缆。分线盒主要用于引入线为小对数电缆等不大可能有强电流流入电缆的情况。

过路箱一般作暗配线时电缆管线的转接或接续用，箱内不应有其他管线穿过。过路盒应设置在建筑物内的公共部分，宜为底边距地面0.3～0.4 m。住户的过路盒安装设置在门后。

9.4.2　电话线路配管

电话线路配管的定额套用和工程量计算方法与室内电气照明系统中叙述的内容相同，即套用现行第二册第十二章“配管”项目。

9.4.3　户内布放电话线

户内电话线主要采用双绞线布放线，双绞线由两根22～26号的绝缘线芯按一定密度（绞距）的螺旋结构相互绞绕组成，每根绝缘芯线由各种颜色塑料绝缘层的多芯或单芯金属导线（通常为铜导线）构成。将两根绝缘的金属导线按一定密度相互绞绕在一起，每根导线在传输过程中辐射的电波会被另一根导线在传输过程中辐射的电波抵消，可降低信号的相互干扰程度。

将一对或多对双绞线安置在一个封套内便形成了屏蔽双绞线电缆。由于屏蔽双绞线电缆外加金属屏蔽层，因此其消除外界干扰的能力更强。通信电缆常用的型号见表9-1所示。

表 9-1 通信电缆常用的型号

类别、用途	导 体	绝缘层	内护层	特 征	外护层	派 生
H—市内话缆 HB—通信线 HD—铁道电气化电缆 HE—长途通信电缆 HJ—局用电缆 HO—同轴电缆 HR—电话软线 HP—配线电缆	G—铁心线 L—铝芯线 T—铜芯线	F—复合物 SB—纤维 V—聚氯乙烯塑料 X—橡皮 Y—聚乙烯 YF—泡沫聚乙烯	B—棉纱编织 F—复合物 H—橡套 HF—非燃型橡套 L—铝包 LW—皱纹铝管 Q—铅包 V—塑料 VV—双层塑料 Z—纸(省略)	C—自乘式 D—带形 E—话务员耳机用 G—工业用 J—交换机用 P—屏蔽 P—鱼泡式 R—柔软 S—水下 T—弹簧型 Z—综合型	0—相应的裸外护层 1—一级防腐，麻被防护 2—二级防腐，钢带铠装麻被 3—单层细钢丝铠装麻被 4—双层细钢丝铠装麻被 5—单层粗钢丝铠装麻被 6—双层粗钢丝铠装麻被	1—第一种 2—第二种

1）户内穿电话线

户内穿电话线根据线对数、敷设方法不同，区分 1 对以内以及管内、暗槽内穿电话线划分子目。管内、暗槽内线穿电话线定额子目，又根据线对数不同有 10 对以内、20 对以内、30 对以内等，计量单位为“100 m”，其中电缆为主要材料，价格另计。

2）布放户内电话线

户内布放电话线根据敷设方式以及线对数不同划分子目，定额有 1 对以内，线槽、桥架、支架、活动地板内明布放电话线 10 对以内，以及线槽、桥架、支架、网络地板内明布放电话线 20 对以内、30 对以内、50 对以内、100 对以内、200 对以内等。计量单位为“100 m”，其中电缆为主要材料，价格另计。

注意，户内电话线穿放、布放都不包括管材以及线槽、支架、桥架等项目，需要另外计算，计算方法同第二册相应项目，套用第二册相应定额子目。

9.4.4 电话机出线盒安装

住宅楼电话机出线盒宜暗装，电话机出线盒应是专用出线盒或插座，不得用其他插座替代。如果在顶棚安装，其安装高度应为上边距顶棚 0.3 m；如在室内安装，出线盒为距地面0.2～0.3 m；如果采用地板式电话机出线盒时，宜设置在人行通路以外的隐蔽处，其盒口应与地面平齐。

电话机一般是由用户将电话机直接连接在电话机出线盒上。

电话机出线盒定额区分为普通型和插座型两种形式，每种类型按单联和双联划分子目，定额不论明装和暗装，均套用“电话出线口”定额，计量单位为“个”，其中电话出线口为未计价材料，主材价需另计。

9.5 室内电视系统工程量计算及定额应用

共用天线电视系统是多台电视机共用一套天线的装置，英文缩写为“CATV”。由于系统各部件之间采用了大量的同轴电缆作为信号传输线，因而“CATV”系统也称为电缆电视系统，也就是目前城市的有线电视系统。电缆电子系统是一个有线分配网络，除收看当地电视台的电视节目外，还可以通过卫星地面站接收卫星传播的电视节目。

9.5.1 电视系统的组成

电缆电视系统主要由接收天线、前端设备、传输分配网络以及用户终端组成。如图 9-14 所示。

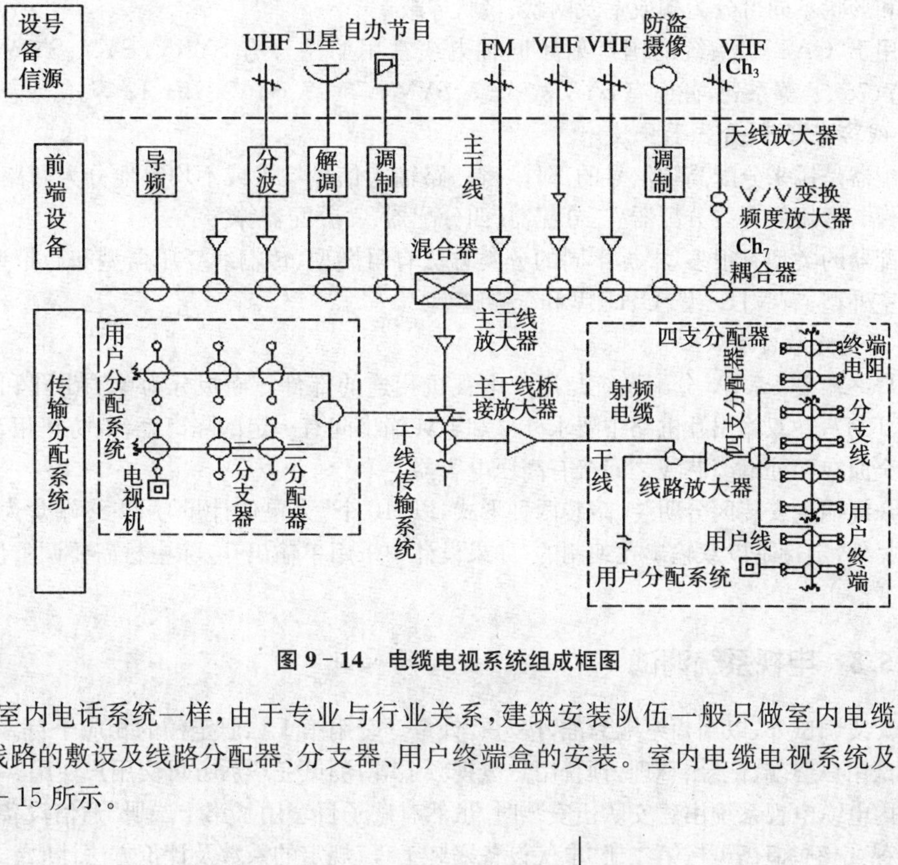

图 9-14　电缆电视系统组成框图

和室内电话系统一样，由于专业与行业关系，建筑安装队伍一般只做室内电缆电视系统，即线路的敷设及线路分配器、分支器、用户终端盒的安装。室内电缆电视系统及平面图见图 9-15 所示。

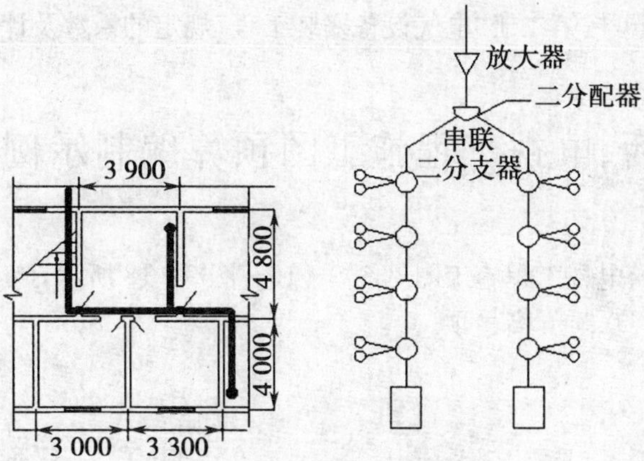

图 9-15　室内电缆电视示意图

9.5.2 室内电视线路敷设

室内电视线路一般使用同轴电缆。同轴电缆是用介质材料使内、外导体之间绝缘，并且始终保持轴心重合的电缆，它由内导体（单实芯导线/多芯铜绞线）、绝缘层、外导体和护套层四部分组成。现在普遍使用的是宽带型同轴电缆，阻抗为75 Ω，这种电缆既可以传输数字信号也可以传输模拟信号。

同轴电缆按直径大小可分为粗缆和细缆，按屏蔽层不同可分为二屏蔽、四屏蔽等，按屏蔽材料和形状不同可分为铜或铝及网状、带状屏蔽。

适用于“CATV”系统的国产射频同轴电缆常用的型号有SYKV、SYV、SYWV(Y)、SYWLY(75 Ω)等系列，截面有SYV－75－5、SYV－75－7、SYV－75－12等。

1）线路分配器、分支器安装

分配器是用来分配高频信号的部件，将一路输入信号均等或不均等地分为两路以上信号的部件。常用的有二分配器、三分配器、四分配器、六分配器等。

分配器的类型有很多，根据不同的分类方法有阻燃型、传输线变压器型和微带型；有室内型和室外型；有VHF型、UHF型和全频道型。

2）用户终端盒安装

用户终端是CATV分配系统与用户电视机相连的部件。面板分为单输出孔和双输出孔(TV、FM)，在双输出孔电路中要求TV和FM输出间有一定的隔离度，以防止相互干扰。为了安全而在两处电缆芯线之间接有高压电容器。

用户终端盒安装区分明装、暗装两种形式，以“10个”为单位计量，用户终端盒为未计价材料。另外，定额是以双输出孔编制的，如果设计中采用单输出孔，除主材需要调整价值外，其余不变。

9.5.3 电视系统调试

除天线调试外，以用户终端为准，按“户”计量。套用第十二册定额的相应子目。工作内容是测试用户终端、记录、整理、预置用户电视频道等，测试完毕后方可交用户使用。

室内电缆电视系统由建安队伍安装时，虽然有些子目套用了第十二册“通信设备及线路安装工程”定额，但仍可按第二册“电气设备安装工程”规定的系数及计价方法计取。

9.6 室内电话、电视工程施工图预算编制示例

某住宅室内电话、电视工程施工图见图9－16～图9－18所示，该工程为六层砖混结构，层高3.2 m，房间均有0.3 m高吊顶。

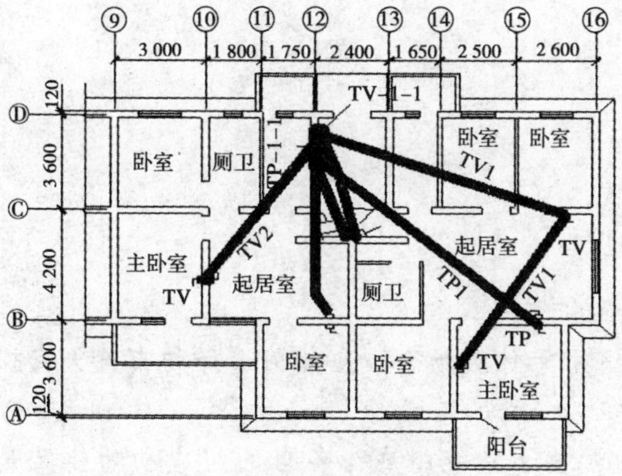

图 9-16 平面布置图

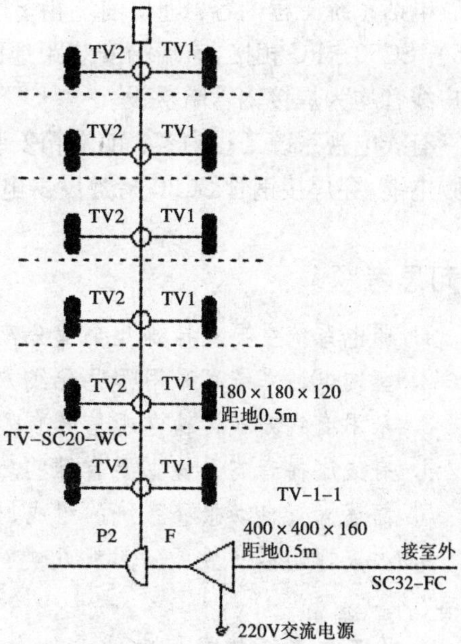

图 9-17 室内电视系统图

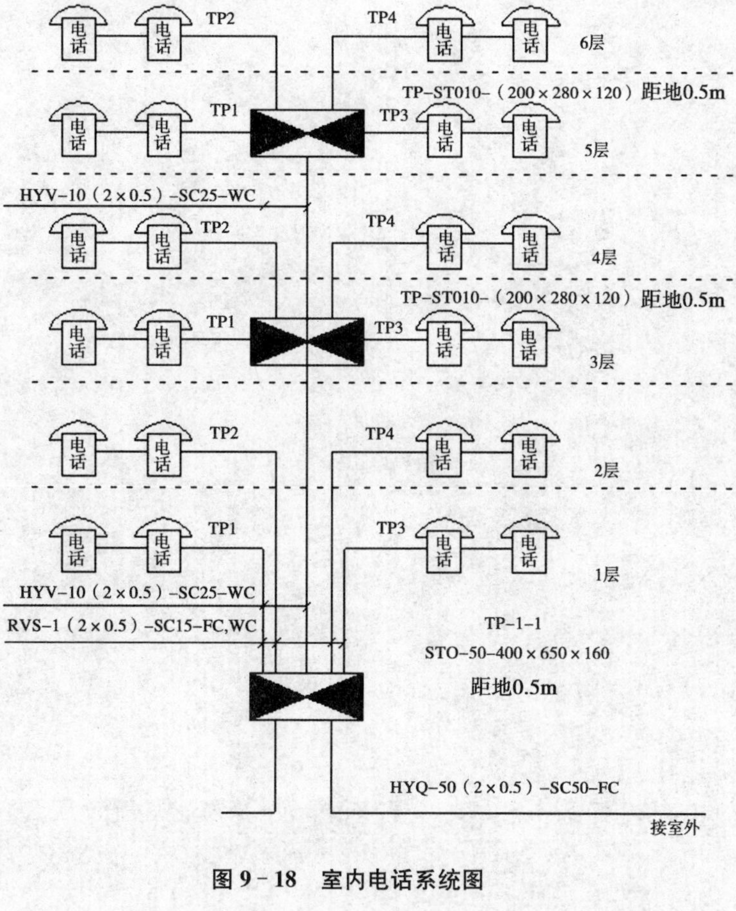

图 9-18 室内电话系统图

电话系统工程内容：进户前端箱 STO－50－400×650×160 与市话电缆 HYQ－50(2×0.5)－SC50－FC 相接，前端箱安装距地面 0.5 m。分配箱(盒)安装距地面 0.5 m，干管及到各户线管均为焊接钢管暗敷设。

有线电视系统工程内容：前端箱安装在底层距地面 0.5 m 处，用 SYV－75－5－1 同轴射频电缆、穿焊接钢管 SC20 暗敷设。电源接自每层配电箱。

复习思考题

1. 弱电系统主要包括哪几个部分？

2. 室内电话系统可采用哪些配线方式？

3. 采用有线方式传输电视信号有哪些优点？

4. 有线广播音响系统主要有哪些功能？

5. 简述火灾自动报警系统的组成、分类及工作原理。

6. 火灾探测器一般可分为哪几类？分别适用于什么场合？应如何选择和布置火灾探测器？

7. 合布线系统的主要功能是什么？它由哪些子系统组成？各自的组成和功能又是什么？

10　火灾自动报警控制系统

教学要求：通过本章的学习，应当了解火灾自动报警控制系统的组成；掌握火灾自动报警控制系统的动作原理；能够识读火灾自动报警控制系统施工图。

10.1　火灾自动报警控制系统的组成及动作原理

火灾自动报警系统是一种用来保护人民生命和财产安全的技术设施。设置火灾自动报警系统的目的是能早期发现和通报火灾，以便及时采取有效措施控制和扑灭火灾，防止和减少火灾造成的损失，保护人民的生命和财产安全。

10.1.1　火灾自动报警系统保护对象及分级

1）民用建筑防火类别的确定

建筑物按高度可分为高层、低层及地下建筑。

(1) 高层建筑

《高层民用建筑设计防火规范》规定：10 层及 10 层以上的住宅建筑(包括首层设置商业服务网点的住宅)和建筑高度超过 24 m 的非单层民用建筑为高层建筑。

(2) 低层建筑

建筑高度不超过 24 m 的单层或多层建筑和单层主体建筑超过 24 m 的体育馆、会堂、影剧院等公共建筑为低层建筑。

(3) 地下建筑

凡是在室外地平面以下的建筑，无论是在高层建筑或低层建筑下部的建筑或独立的建筑物，均为地下建筑。

根据建筑物的使用性质、用途、规模、耐火要求对高层和低层建筑进行分类，确定建筑物的防火类别，如表 10－1、表 10－2 所示。

表 10－1　高层建筑物的分类

保护等级	一级	二级
防火等级	一类	二类
居住建筑	高级住宅，19 层及 19 层以上的普通住宅	10 层至 18 层的普通住宅

续表 10-1

保护等级	一级	二级
公共建筑	① 医院 ② 高级旅馆 ③ 建筑高度超过 50 m 或每层建筑面积超过1 000 m^2 的商业楼、展览楼、综合楼、电信楼、财贸金融楼 ④ 建筑高度超过 50 m 或每层建筑面积超过 1 500 m^2 的商住楼 ⑤ 中央级和省级(含计划单列市)广播影视楼 ⑥ 网局级和省级(含计划单列市)电力调度楼 ⑦ 省级(含计划单列市)邮政楼、防火指挥调度楼 ⑧ 藏书超过 100 万册的图书馆、书库 ⑨ 重要的办公楼、科研楼、档案楼 ⑩ 建筑高度超过 50 m 的教学楼和普通的旅馆、办公楼、科研楼、档案楼等	① 除一类建筑以外的商业楼、展览楼、综合楼、电信楼、财贸金融楼、商住楼、图书馆、书库 ② 省级以下的邮政楼、防灾指挥调度楼、广播电视楼、电力调度楼 ③ 建筑高度不超过 50 m 的教学楼和普通的旅馆、办公楼、科研楼、档案楼等

注：① 高级住宅是指建筑装修复杂、室内满铺地毯、家具和陈设高档、设有空调系统的住宅。
② 高级旅馆是指建筑标准高、功能复杂、火灾危险较大和设有空气调节系统的具有星级条件的旅馆。
③ 综合楼是指两种及两种以上用途的楼层组成的公共建筑。
④ 商住楼指底部作商业营业厅、上面作普通或高级住宅的高层建筑。
⑤ 网局级电力调度楼指可调度若干个省(区)电力业务的工作楼，如东北电力调度楼、中南电力调度楼、华北电力调度楼。
⑥ 重要的办公楼、科研楼、档案楼指这些楼的性质重要，如有关国防、国计民生的重要科研楼等。
⑦ 建筑装修标准高，即与普通建筑相比，造价相差悬殊。
⑧ 设备、资料贵重，主要指高、精、尖的设备，机密性大、价值高的资料。
⑨ 火灾危险性大、发生火灾后损失大、影响大，一般指可燃物多，火源或电源多，发生火灾后也容易造成大的损失影响。

表 10-2　低层建筑物的分类

保护等级	二级	三级
防火等级	一类	二类
建筑名称	① 电子计算中心 ② 300 张床位以上的多层病房楼 ③ 省(市)级广播楼、电视楼、电信楼、财贸金融楼 ④ 省(市)级档案馆 ⑤ 省(市)级博展馆 ⑥ 藏书超过 100 万册的图书楼 ⑦ 3 000 座以上体育馆 ⑧ 2.5 万以上座位大型体育场 ⑨ 大型百货商场 ⑩ 1 200 座以上的电影院 ⑪ 1 200 座以上的剧场 ⑫ 三级以上旅馆 ⑬ 特大型和大型铁路旅客站 ⑭ 省(市)级及重要开放城市的航空港 ⑮ 一级汽车及码头客运站	① 大、中型电子计算站 ② 每层面积超过 3 000 m^2 的中型百货商场 ③ 藏书 50 万册及以上的中型图书楼 ④ 市(地)级档案馆 ⑤ 800 座以上的中型剧场

2) 火灾自动报警系统保护对象

火灾自动报警系统的基本保护对象是工业与民用建筑和场所。根据不同保护对象的使用性质、火灾危险性、人员疏散和火灾扑救难度的不同，以及火灾自动报警系统的特点和实际需要，需采用相应的保护措施。

(1) 高层建筑

10 层及 10 层以上的住宅(包括底层设置商业服务网点的住宅)；建筑高度超过 24 m 的其他民用建筑；与高层建筑直接相连且高度不超过 24 m 的裙房。

(2) 多层建筑

建筑高度不超过 24 m 的单层及多层的有关公共建筑；单层主体建筑高度超过 24 m 的体育馆、会堂、剧院等公共建筑；人民防空工程，地下铁道、地下建筑和城市道路隧道、铁路隧道。

3) 火灾自动报警系统保护对象的分级

各类民用建筑的防火保护等级是按建筑物的高度、火灾的危险性、疏散和扑救难度进行划分的，分为特级、一级、二级及三级保护对象。

(1) 超高层建筑(建筑物高度超过 100 m)为特级保护对象，应采用全面保护方式。

(2) 高层中的一类建筑为一级保护对象，应采用总体保护方式。

(3) 高层中的二类和低层中的一类建筑为二级保护对象，应采用区域保护方式；重要的也可采用总体保护方式。

(4) 低层中的二类建筑为三级保护对象，应采用场所保护方式；重要的也可采用区域保护方式。

(5) 地下建筑按其规模及使用情况，分别属一级保护对象或二级保护对象。

10.1.2 火灾自动报警控制系统的组成

火灾自动报警系统一般由触发器件、火灾报警装置、火灾警报装置和电源四部分组成，复杂的火灾自动报警系统还包括消防控制设备。触发器件(火灾探测器)将现场火灾信息(烟、温度、光)转换成电气信号传送至自动报警控制器，火灾报警控制器将接收到的火灾信号经过处理、运算和判断后认定火灾，输出指令信号。一方面启动火灾警报装置，如声、光报警等；另一方面启动消防联动装置和连锁减灾系统，用以驱动各种灭火设备和减灾设备。

1) 触发器件

在火灾自动报警系统中，自动或手动产生火灾报警信号的器件称为触发器件，主要包括火灾探测器和手动火灾报警按钮。

(1) 火灾探测器

根据火灾探测器探测火灾参数的不同，可分为感烟式、感温式、感光式、可燃气体探测式和复合式等主要类型。

① 感烟式火灾探测器

感烟式火灾探测器是一种检测燃烧或热解产生的固体或液体微粒的火灾探测器。感烟式火灾探测器作为初期火灾报警是非常有效的。对于要求火灾损失小的重要地点，火灾初期有阴燃阶段，产生大量的烟和少量的热，很少或没有火焰辐射的火灾都适合选用。感烟火灾探测器分为点型感烟火灾探测器和线型感烟火灾探测器。

② 感温式火灾探测器

感温式火灾探测器是响应异常温度、温升速率和温差等火灾信号的火灾探测器。根据其感温效果和结构形式可分为定温式、差温式和差定温式三种。

a. 定温式探测器：环境温度达到或超过预定值时响应。

b. 差温式探测器：环境温升速率超过预定值时响应。

c. 差定温式探测器：兼有定温、差温两种功能。

③ 感光式火灾探测器

感光式火灾探测器又称火焰探测器或光辐射探测器，感光火灾探测器就是通过检测火焰中的红外光、紫外光来探测火灾发生的探测器。按照火灾的规律，发光是在烟生成及高温之后，因而感光式探测器属于火灾晚期报警的探测器，适用于火灾发展迅速，有强烈的火焰和少量的烟、热，基本上无阴燃阶段的火灾。

④ 可燃气体火灾探测器

可燃气体火灾探测器是一种能对空气中可燃气体浓度进行检测并发出报警信号的火灾探测器。它通过测量空气中可燃气体爆炸下限以内的含量，以便当空气中可燃气体浓度达到或超过报警设定值时自动发出报警信号，提醒人们及早采取安全措施，避免事故发生。可燃气体火灾探测器除具有预报火灾、防火、防爆功能外，还可以起到监测环境污染的作用，目前主要用于宾馆厨房或燃料气储备间、汽车库、压气机站、过滤车间、溶剂库、炼油厂、燃油电厂等存在可燃气体的场所。

⑤ 复合式火灾探测器

复合式火灾探测器是可以响应两种或两种以上火灾参数的火灾探测器，主要有感温感烟型、感光感烟型、感光感温型等。

(2) 手动火灾报警按钮

手动火灾报警按钮主要安装在经常有人出入的公共场所中明显和便于操作的部位。当有人发现有火情的情况下，手动按下按钮，向报警控制器送出报警信号。手动火灾报警按钮比探测器报警更紧急，一般不需要确认。

2) 火灾报警装置

在火灾自动报警系统中，用于接收、显示和传递火灾报警信号并能发出控制信号和具有其他辅助功能的控制指示设备称为火灾报警装置。火灾报警控制器就是其中最基本的一种，它具有对火灾探测器供电、接收、显示和传输火灾报警信号，对自动消防设备发出控制指令的功能，是火灾自动报警系统的核心。火灾报警控制器具备故障报警、火灾报警、火灾报警优先功能、火灾报警记忆功能、声光报警消声及再响功能、时钟单元功能、输出控制单元。

3) 火灾警报装置

在火灾自动报警系统中，用于发出区别于环境的声、光信号的装置称为火灾警报装置。火灾警报器就是一种最基本的火灾警报装置，它以声、光音响方式向报警区域发出火灾警报信号，以警示人们采取安全疏散、灭火救援等措施。

现代消防系统的报警装置通常分为预告报警与紧急报警两个部分。两者的区别在于：预告报警是在火灾处于燃烧的初期探测到火灾信息，此时采用人工方法，火灾可及时扑灭而不必动用消防系统的灭火设备；紧急报警则表示火灾已被确认，需动用消防系统的灭火设备快速扑灭火灾。

4）消防控制设备

在火灾自动报警系统中，当接收到来自触发器件的火灾报警信号并经确认后，能自动或手动启动相关的消防设备并显示其状态的设备，称为消防控制设备。主要包括火灾报警器，室内消火栓系统的控制装置，自动灭火系统的控制装置，通风空调和防排烟设备的控制装置，防火门、防火卷帘的控制装置，电梯回降控制装置以及火灾应急广播、火灾应急照明等设备。消防控制设备一般设置在消防控制中心，以便进行集中控制。也有些消防控制装置设置在被控消防设备的现场，但是它的动作信号亦必须返回消防控制室，实行集中与分散相结合的控制方式。

5）电源

火灾自动报警系统属于消防用电设备，其主电源应当采用消防电源，备用电源采用专用蓄电池，并应保证在消防系统处于最大负载状态下不影响报警控制器的正常工作。

10.1.3 火灾自动报警控制系统的基本形式

火灾自动报警控制系统有区域报警系统、集中报警系统和控制中心报警系统三种基本形式。

1）区域报警系统

区域报警系统由火灾探测器、手动火灾报警按钮、区域火灾报警控制器、火灾报警装置和电源组成，图 10－1 为区域报警系统示意图。区域报警系统较简单，使用很广泛，适用于建筑面积较小、规模小、消防末端设备较少、报警控制点不超过300个的建筑区域；区域报警控制器不应超过三台，宜设置在有人值班的房间。

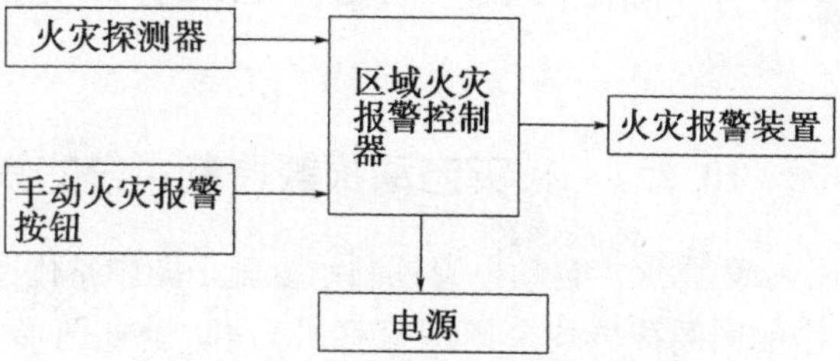

图 10－1 区域报警系统

2）集中报警系统

集中报警系统是由火灾探测器、手动火灾报警按钮、警报装置、区域火灾报警控制器、集中火灾报警控制器等组成的功能较复杂的火灾自动报警系统，如图 10－2 所示。

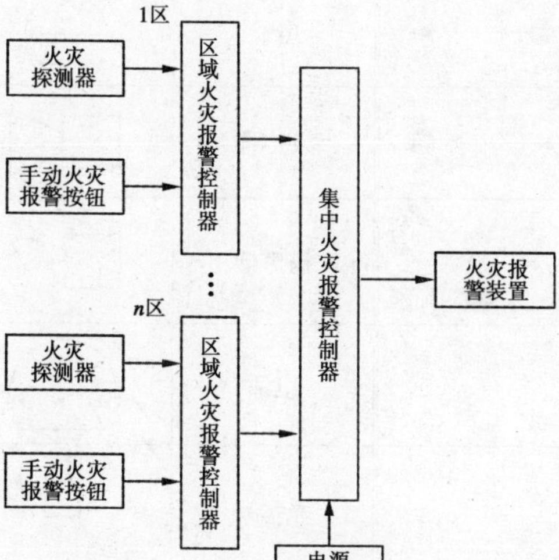

图 10－2 集中报警系统

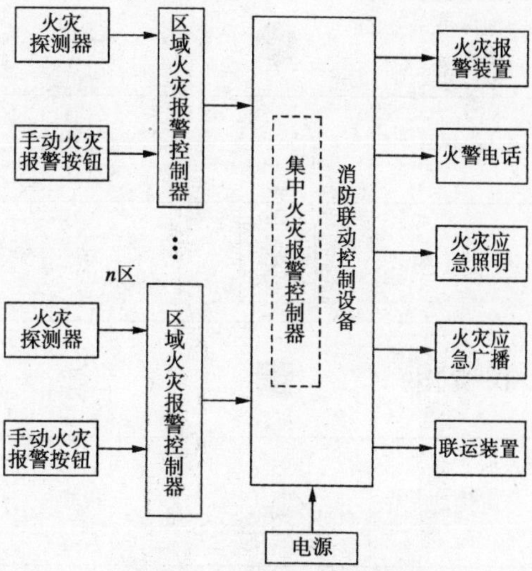

图 10－3 控制中心报警系统

集中报警系统应由一台集中火灾报警控制器和两台以上区域火灾报警控制器组成，系统中应设置消防联动控制设备。集中火灾报警控制器应能显示火灾报警部位的信号和联动控制状态信号，亦可进行联动控制。集中报警系统适用于中型建筑物，如高层宾馆、饭店等场合，控制点以不超过500个为宜。这时，集中火灾报警控制器应设置在有专人值班的消防控制室或值班室内，区域火灾报警控制器设置在各层的服务台处。

3）控制中心报警系统

控制中心报警系统是由设置在消防控制室的消防控制设备、集中火灾报警控制器、区域火灾报警控制器、火灾探测器、手动火灾报警按钮等组成的功能复杂的火灾自动报警系统。其中消防控制设备主要包括：火灾警报装置，火警电话，火灾应急照明，火灾应急广播，防排烟、通风空调、消防电梯等联动装置，固定灭火系统的控制装置等。控制中心报警系统如图10－3所示。控制中心报警系统适用于规模大的一级以上的保护对象，消防末端设备较多，控制系统在500～1 000个报警控制点。

10.2　火灾自动报警控制系统施工图

10.2.1　火灾自动报警控制系统的常用图例符号

熟悉火灾自动报警控制系统施工图中常用图例符号是识读和绘制施工图的基础。施工图中的图例符号均采用国家标准《消防设施图形符号》（GB 4327－84）和《火灾报警设备图形》（GA/T 229－1999）规定的图形符号，见表10－3所示。常用附加文字符号见表10－4所示。

表10－3　常用火灾报警系统图形符号

名称	符号	名称	符号	名称	符号
水	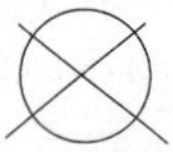	阀		手动启动	
泡沫或泡沫液		出口		电铃	
无水		入口		发声器	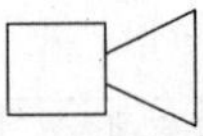
BC类干粉		热		扬声器	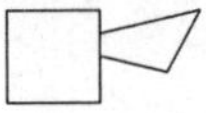
ABC类干粉		烟		电话	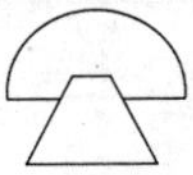
卤代烷	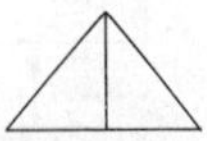	火焰		光信号	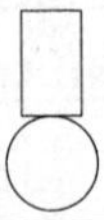

续表 10－3

名　称	符　号	名　称	符　号	名　称	符　号
二氧化碳		易燃气体	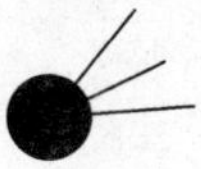	BC 类干粉灭火系统	
清水灭火器	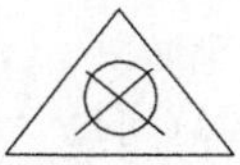	卤代烷灭火器	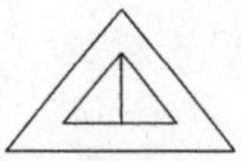	推车式 ABC 类干粉灭火器	
泡沫灭火器		二氧化碳灭火器		推车式卤代烷灭火器	
BC 类干粉灭火器	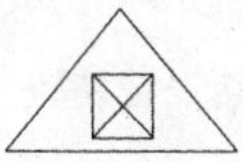	推车式泡沫灭火器		水桶	
ABC 类干粉灭火器	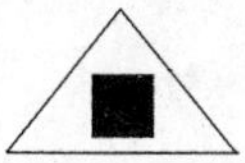	推车式 BC 类干粉灭火器	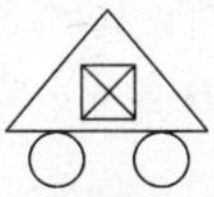	沙桶	
水灭火系统（全淹没）		ABC 类干粉灭火系统		手动控制灭火系统	
泡沫灭火系统（全淹没）		卤代烷灭火系统		二氧化碳灭火系统	
干式立管	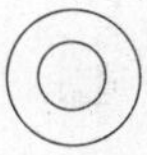	消防水管线	—— FS ——	消防水罐（池）	
干式立管	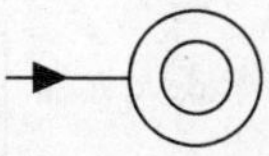	泡沫混合液管线	—— FB ——	报警阀	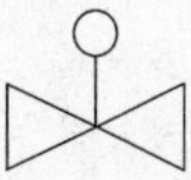
干式立管	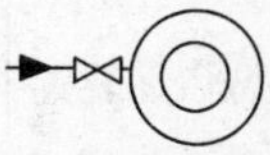	消火栓		开式喷头	
干式立管	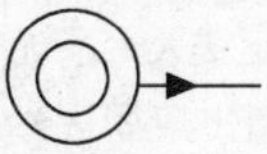	消防泵	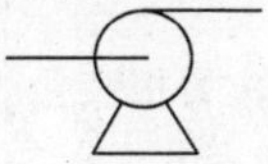	闭式喷头	
干式立管	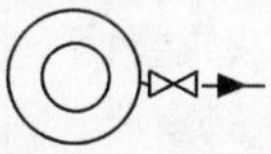	泡沫比例混合器	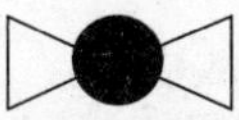	水泵接合器	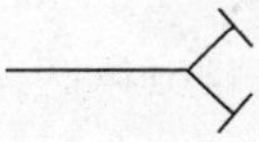

续表 10－3

名　称	符　号	名　称	符　号	名　称	符　号
湿式立管		泡沫产生器	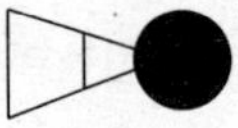	泡沫液罐	
泡沫混合液立管		BC 干粉灭火罐站(间)	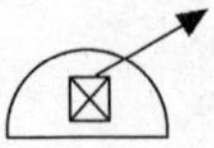	消防泵站(间)	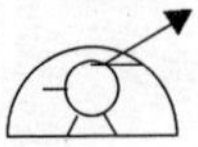
二氧化碳瓶站(间)	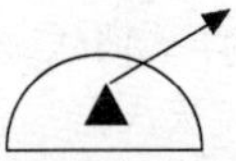	ABC 干粉罐站(间)	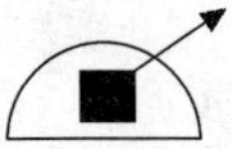	泡沫罐站(间)	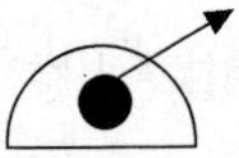
感温探测器		感光探测器		手动报警装置	
感烟探测器		气体探测器	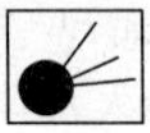	报警电话	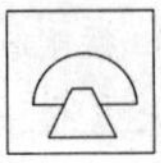
电警笛报警器		警卫信号区域报警器	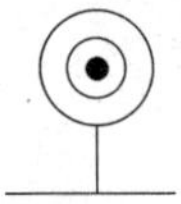	警卫信号探测器	
警卫信号总报警器	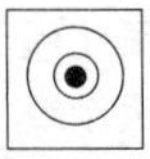	消防控制中心	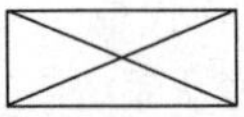	火灾报警装置	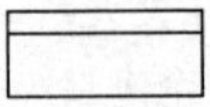
热启动消防泄放口	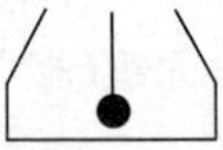	手动消防泄放口	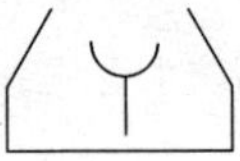	爆炸泄压口	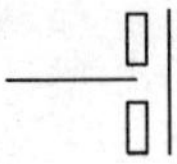
手提式灭火器	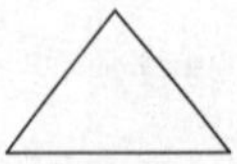	灭火设备安装处	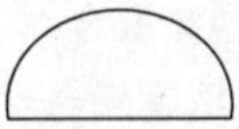	推车式灭火器	
控制和指示设备	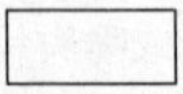	固定式灭火系统(全淹没)		报警启动装置	
固定式灭火系统(局部应用)		火灾警报装置	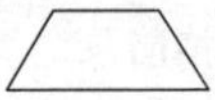	固定式灭火系统(指出应用区)	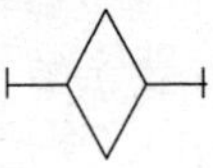
消防通风口	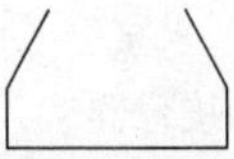	火灾警铃	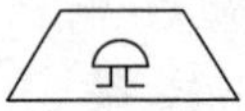	火灾警报扬声器	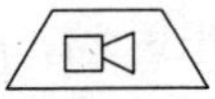

续表 10－3

名　称	符　号	名　称	符　号	名　称	符　号
火灾警报发声器	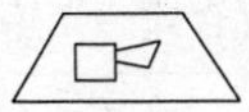	火灾光信号装置	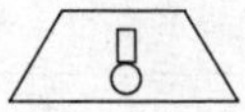	疏散通道干线	—— ——
疏散通道备用线	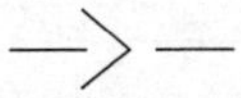	疏散方向	— — —	疏散通道终端出口	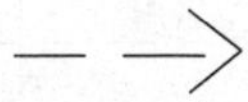
有易燃物场所	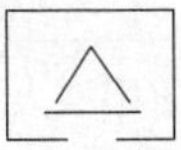	有氧化剂场所	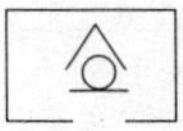	有爆炸材料场所	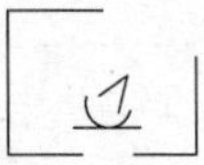
消防用水立管	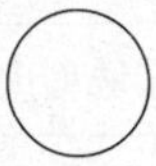	消火栓给水管	—— XH ——	室外消火栓（白色为开启面）	
自动喷水灭火给水管	—— ZP ——	室内消火栓（单口）		室内消火栓（双口）	
水炮灭火给水管	—— SP ——	水泵接合器	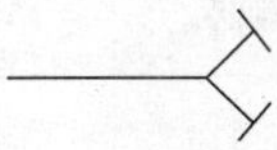	干式报警阀	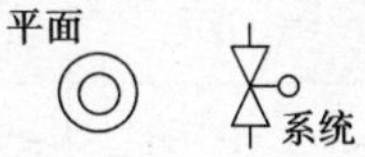
自动喷洒头（开式）	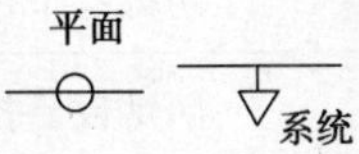	水炮	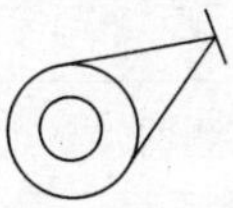	自动喷洒头（闭式，下喷）	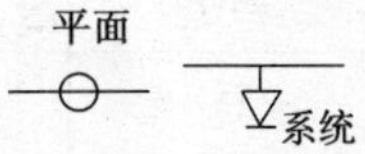
湿式报警阀	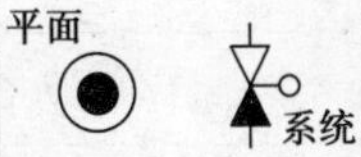	自动喷洒头（闭式，上喷）	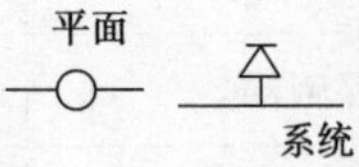	预作用报警阀	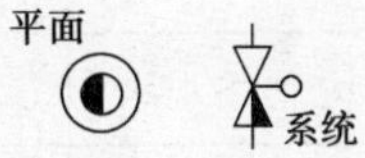
自动喷洒头（闭式，上下喷）	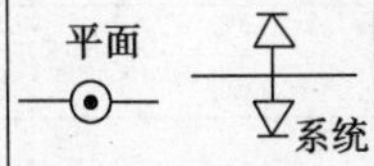	遥控信号阀		侧墙式自动喷洒头	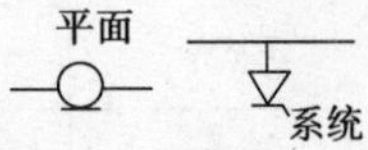
水流指示器	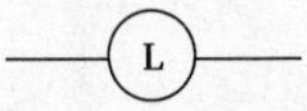	侧喷式喷洒头	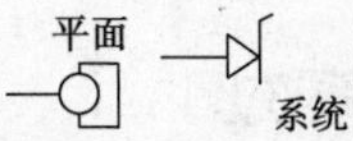	水力警铃	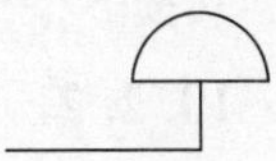
雨淋灭火给水管	—— YL ——	雨淋阀	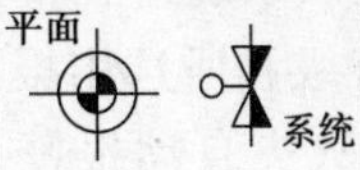	水幕灭火给水管	—— SM ——
末端测试水阀	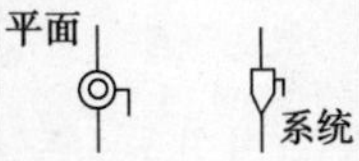				

表 10-4 火灾报警常用文字符号

符号	名　称	符号	名　称
W	感温火灾探测器	FGW	复合式感光感温火灾探测器
WC	差温火灾探测器	AN	手动火灾报警按钮
WO	差定温火灾探测器	ANS	消火栓启泵按钮
Y	感烟火灾探测器	YK	压力开关
YL	离子感烟火灾探测器	B	火灾报警控制器
YG	光电感烟火灾探测器	BT	通用型火灾报警控制器
YX	吸气型感烟火灾探测器	BJ	集中型火灾报警控制器
YD	独立式感烟火灾探测器	BQ	区域型火灾报警控制器
YH	线型光束感烟火灾探测器	BL	火灾报警控制器(联动型)
G	感光火灾探测器	BW	无线火灾报警控制器
GH	红外火焰探测器	BX	光纤火灾报警控制器
GZ	紫外火焰探测器	X	火灾显示盘
GU	多波段火焰探测器	KL	消防联动控制设备
KQ	可燃气体	KJL	防火卷帘控制器
Q	气体敏感火灾探测器	KFY	防烟设备控制器
T	图像摄像方式火灾探测器	KPY	排烟设备控制器
S	感声火灾探测器	KMH	自动灭火控制器
F	复合式火灾探测器	KFM	防火门控制器
FYW	复合式感烟感温火灾探测器	M	输入/输出模块
FGY	复合式感光感烟火灾探测器	MR	输入模块

10.2.2 火灾自动报警系统图

火灾自动报警系统图主要反映系统组成和功能以及组成系统的各设备之间的连接关系等。系统的组成随保护对象的分级和所选用报警设备的不同，其基本形式也有所不同。图10-4和图10-5分别为某建筑火灾自动报警系统及联动控制系统图和火灾自动报警系统图。

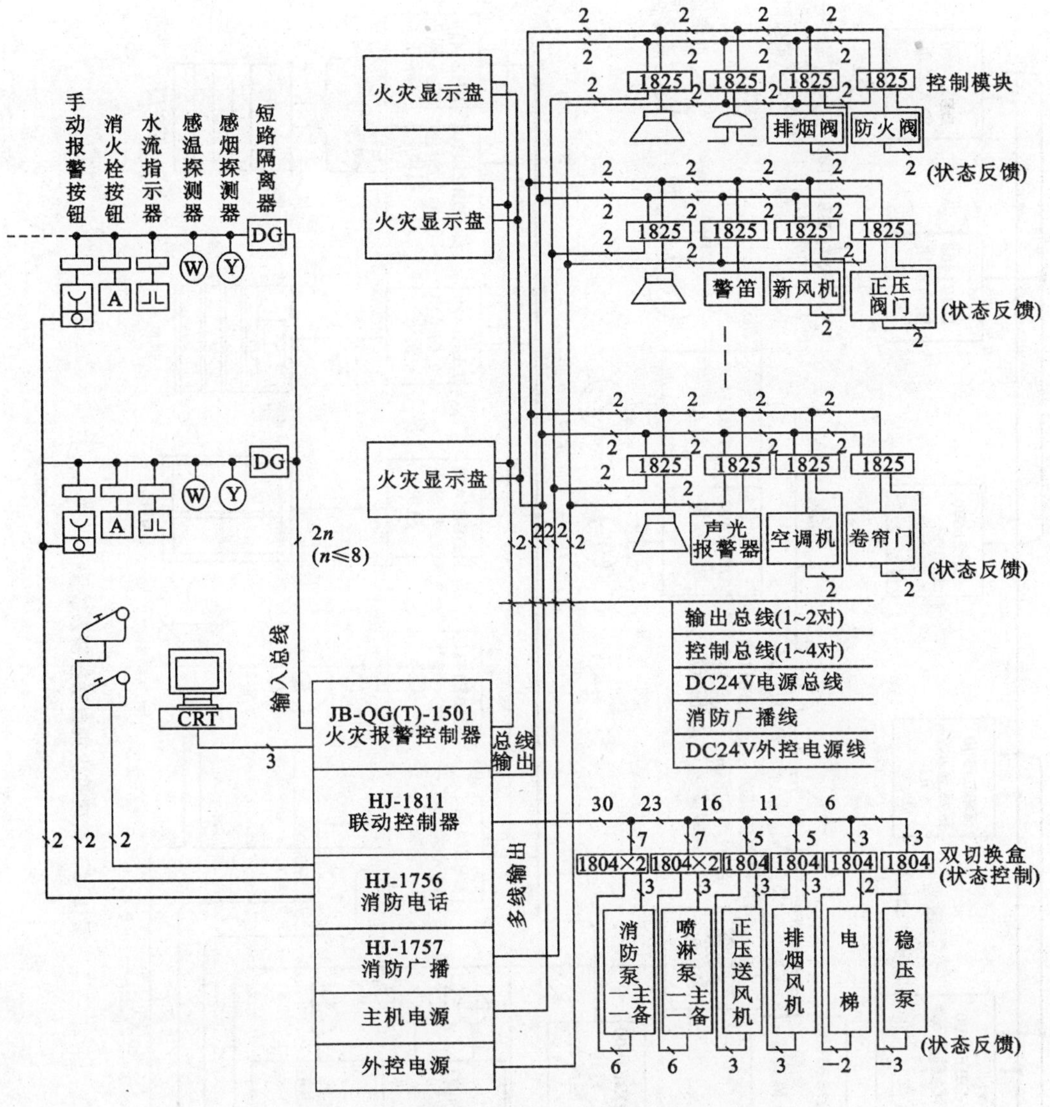

图 10－4　火灾自动报警系统及联动控制系统图

10.2.3　火灾自动报警控制系统平面布置图

火灾自动报警控制系统平面布置图主要反映火灾探测器、火灾报警装置以及联动设备的平面布置、消防供电线路的敷设情况等，是指导施工人员进行火灾自动报警控制系统施工的重要依据。

图 10－6 为某综合楼楼层火灾自动报警系统及联动控制平面布置图，读者可结合表 10－3 所示的图例符号进行阅读。

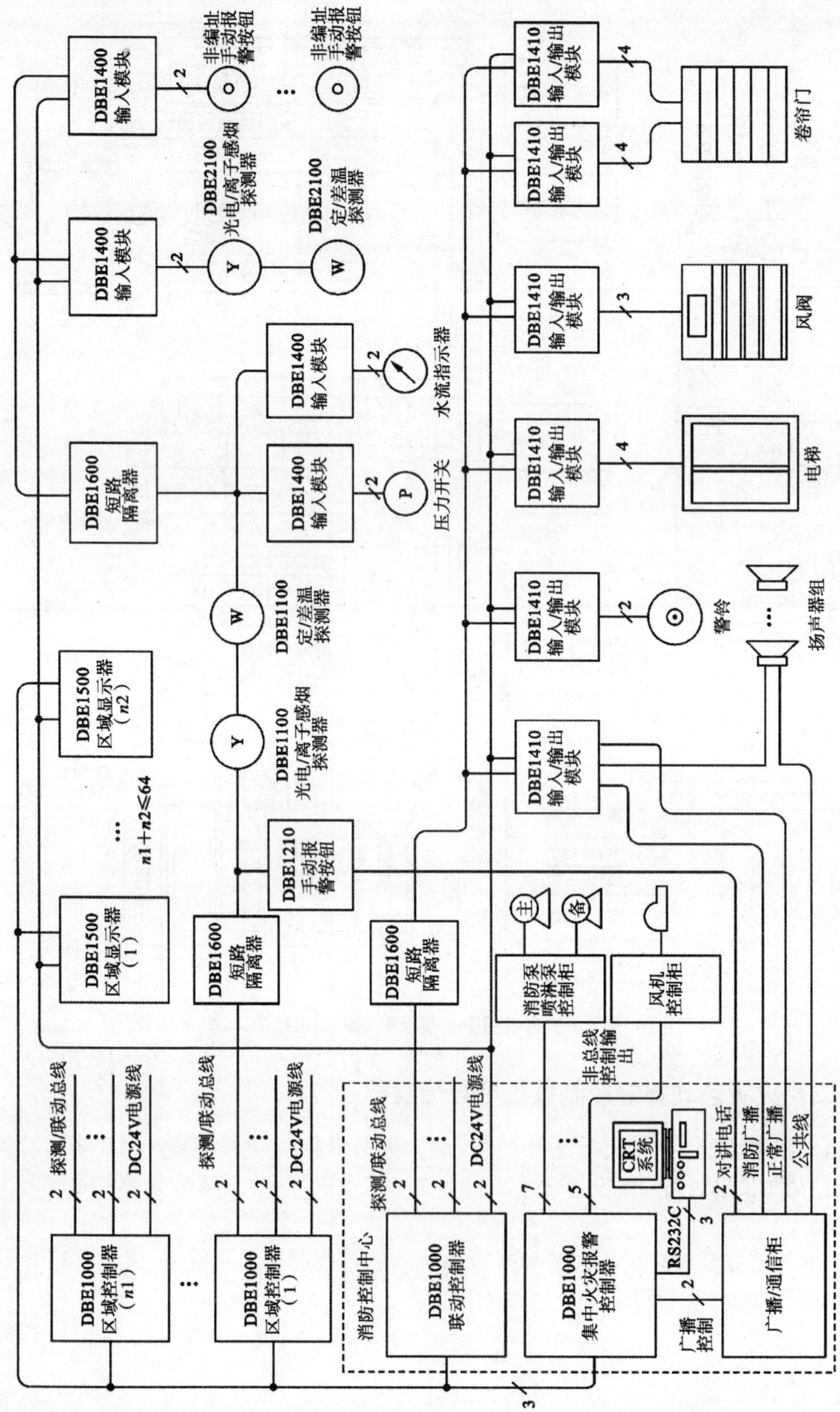

图10-5　某建筑火灾自动报警系统图

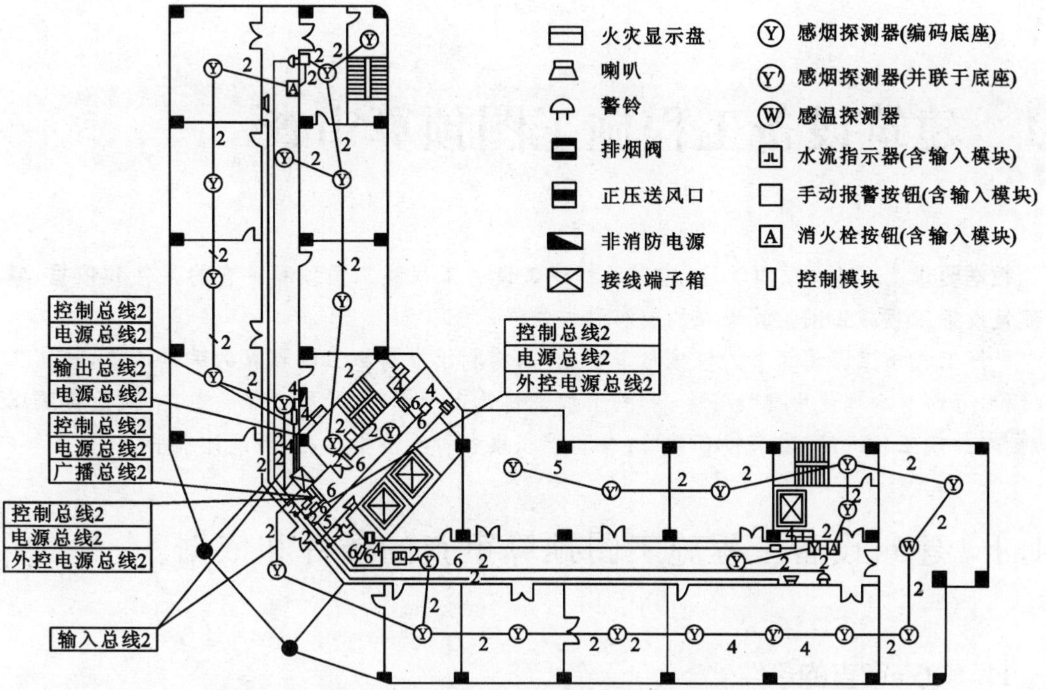

图 10-6　某综合楼楼层火灾自动报警系统及联动控制平面布置图

复习思考题

1. 火灾自动报警系统由哪几部分组成？各有什么作用？
2. 什么是火灾自动报警系统的触发器件？它有哪些类型？
3. 手动火灾报警按钮的设置和安装应注意什么问题？
4. 火灾自动报警系统有哪几种基本形式？各适用于何种级别的保护对象？

11　建筑设备工程施工图预算审查

教学要求：通过本章的学习，应当了解建筑设备工程施工图预算审查的条件和依据；掌握建筑设备工程施工图预算审查的内容和方法。

做好工程施工图预算书的校核与审查工作，有利于提高施工图预算的编制质量，核实工程造价，节约与合理使用建设资金；有利于加强建筑市场管理，开展平等竞争；有利于提高工程质量、加快工程进度、发挥投资效益；有利于积累各种经济指标，提高设计水平。

11.1　建筑设备工程施工图预算审查的条件和依据

11.1.1　审查的条件

进行施工图预算审查必须具备以下条件：

(1) 编制人员按照工程项目施工图预算编制的要求和工程造价计算程序完成了完整的预算造价。

(2) 编制人员对所承担的工程施工图预算进行了自我校核。

(3) 编制人员应对工程量计算底稿、完整的预算书初稿、图纸、定额等原始资料已整理好。

11.1.2　审查的依据

施工图预算审查的依据和施工图编制的依据一样，主要有：

(1) 工程施工图纸、设备材料表、设计说明书等。

(2) 安装工程预算定额或地区单位估价表。

(3) 部门或地区颁发的工程材料预算价格、市场价格等。

(4) 部门或地区颁发的工程间接费定额和工程造价计算程序。

(5) 部门或地区颁发的工程造价动态管理文件和价差调整规定。

(6) 部门或地区颁发的有关编制工程预算的其他文件。

(7) 施工图预算的编制要求、编制原则和编制方法。

11.2　建筑设备工程施工图预算审查的内容和方法

11.2.1　施工图预算审查的内容

施工图预算审查的主要内容有工程量、定额单价、直接费、设备材料价格、间接费、调价系数、利润和税金、预算造价、单位造价等。

1）审查工程量

工程量是单位工程施工图预算造价形成的重要因素，应当逐项进行审查。根据施工图纸和工程量计算规则，查对各分项工程量的计算是否正确，是否符合工程量计算规则的规定，计算内容有无漏算、重算和错算的现象等。

工程量审查时，应抓住那些单价高、数量多的项目进行，例如给排水采暖工程中的管道敷设长度、散热器、卫生器具等；电气工程中的线路敷设长度、灯具等，而对那些单价低、数量少的项目不必进行细查细审。

为了做好施工图预算工程量审查工作，审查人员必须熟悉图纸、定额内容和工程量计算规则。

2）审查定额单价

安装工程预算定额单价是一定计量单位分项工程或构件所消耗工料的货币表现形式，是决定工程造价的又一个重要因素。因此，对安装预算定额或单位估价表中单价的审查，主要是审查单价套用及换算是否符合要求，套用、换算是否正确。如果套错、换算错单价就会造成工程直接费偏高或偏低，从而使工程造价不准，不能正确反映工程实际造价情况。还应注意计量单位的审查，每一分项工程预算单价都与它的计量单位有密切的关系，计算单位如果错了，就要相差十倍、百倍。所以，在审查预算单价选用时，应着重于工程量项目名称、工作内容、计量单位等是否与定额规定一致。

3）审查定额直接费

审查施工图预算定额直接费，就是审查分项工程定额直接费合价、分部工程定额直接费小计、单位工程定额直接费合计计算得是否准确。它们之间的关系用计算式表示如下：

分项工程合价＝子目工程量×子目预算单价，其中人工工资＝工程量×人工单价

分部工程小计＝∑分项工程合价，其中人工工资＝∑分项人工工资合价

单位工程合计＝∑分部工程小计，其中人工工资＝∑分部人工工资小计

4）审查设备、材料的预算价格

在安装工程造价中，设备、材料的比重较大，由于设备、材料价格具有时效性和地区性，因此若掌握不好会影响到工程造价的准确性。在审查时，主要审查设备、材料的预算价格是否符合工程所在地的真实价格及价格水平，设备、材料的原价确定方法是否正确，设备的运杂费率及其运杂费的计算是否正确，材料预算价格各项费用的计算是否符合规定、是否正确。

5）审查间接费用

间接费用是安装工程施工成本的重要组成部分，计取得正确与否，直接影响着工程成本的高低。因此，审查间接费用的计算规定、计取基础、计算数值是否正确，对于提高预算编制质量、核实安装工程造价是很重要的一个方面。

6）审查调价系数

为适应工程造价的动态管理，各地区都对人工、材料、机械台班费的价差实行了定期发布调价系数的制度。但各地区发布的调价系数适用范围、系数性质、调整基础等都是各不相同的。就一个地区而言，有的是通用系数（全地区使用），有的是专用系数（专调某项费用或某一工程）；依据系数计算出的数值，有的参加应取费用的计算，有的则不参加应取费用的

计算。

7）审查利润和税金

对于利润和税金，主要是审查其计算基础、计取标准（利、税率）、计算结果是否有误，不该参与计算的数值是否参与了计算等。

8）审查预算造价

就一般情况而言，安装工程施工图预算造价＝直接费＋间接费＋利润＋税金。

9）审查单位造价

单位造价等于单位工程安装施工图预算总造价除以建筑面积。

11.2.2 施工图预算审查的要求和方法

1）审查的要求

预算编制单位（如设计、施工、建设、咨询等）对自己所编制的安装工程施工图预算都应有自校（校对）、校核和审核三道手续（即三级校审），以确保其正确性。

（1）自校

所谓自校，就是当一项安装工程预算编制完毕后，编制人对自己所编预算的自我校对。

（2）校核

所谓校核，就是由有关人员对他人所编制的预算进行全面的检查校对。校核是预算审校工作的关键环节。

（3）审核

所谓审核，就是由有关业务主管（如主任工程师、高级工程师）对本单位所编制预算的审定和核准。

2）审查的方法

（1）全面审查法

全面审查法是根据施工图纸的设计内容，结合预算定额的工程子目，一项不漏地逐项全部地进行审查的方法。具体计算方法和审查过程是：从计算工程量、选套定额，计算合价、计取各项费用，到求出预算含税总造价。

全面审查的优点是全面、细致，能及时发现所有错误，保证质量；缺点是工作量大，需要时间长，不能及时满足工程的需要。全面审查主要运用于建筑规模小、工作量不大的工程。

（2）重点审查法

重点审查法是针对预算中的重点项目进行审查的方法。所谓重点项目，是指那些工程量大，单价高，对预算造价有突出或较大影响的项目。在一个工程预算中，是什么结构，什么就是重点。如水暖工程，各种管道、设备等分项就是重点。重点与非重点是相对而言的，不能绝对化，要根据工程的实际特点和具体情况灵活掌握，因工程而宜。

重点审查法的优点是工作量较小，用时较短，主要问题能够得到纠正，能及时满足工程的需要；缺点是不全面，有些项目可能存在错误。

（3）指标审查法

指标审查法是将审查的安装工程施工图预算造价及有关技术经济指标，与具有通用性或代表性的施工图预算造价及有关技术经济指标进行比较，也称为分解对比率审查法。具体方法和步骤是：

① 选择被审查工程结构、规模、用途基本相同的参照指标。

② 被审查工程预算分解为与参照指标相同的项目。

③ 进行对比。

指标审查法的优点是简单易行，速度快，适用于中、小型一般民用建筑和公共设施；缺点是虽然各参照指标基本相同，但因建设地点、能源、材料供应的不同，会影响到造价的准确性。

(4) 经验审查法

经验审查法是根据以往审查他人所编制预算的实践经验，审查那些容易漏计和产生差错的分项、细项工程的方法。

3) 施工图预算审查注意事项

(1) 工程量方面

① 注意漏算和重算。

② 注意对总造价有较大影响的工程量。

③ 注意有无高估多算或弄虚作假现象。

④ 注意有无超出设计要求的工程内容。

⑤ 注意编制工作中常存在的问题。

(2) 选套定额单位估价表单价方面

① 注意预算书中的计量单位与定额是否一致。

② 注意有无错套定额单价的现象。

(3) 计取费用方面

① 注意计算程序是否符合工程所在地区主管部门的规定或编制预算的要求。

② 注意有关费用计算的基础或先后次序是否有错。

③ 注意各有关数值的运算是否正确。

④ 注意其他有关问题。

复习思考题

1. 简述施工图预算审查的条件和依据。
2. 简述施工图预算审查的要求和方法。

参考文献

1 汤万龙.建筑设备安装识图与施工工艺[M].北京：中国建筑工业出版社，2006
2 马铁椿.建筑设备[M].北京：高等教育出版社，2009
3 董羽蕙.建筑设备[M].重庆：重庆大学出版社，2002
4 杜渐.建筑给排水供热通风与空调专业实用手册[S].北京：中国建筑工业出版社，2004
5 孙光远.建筑设备与识图[M].北京：高等教育出版社，2005
6 徐德胜.制冷与空调[M].上海：上海交通大学出版社，2002
7 刘庆山.建筑安装工程预算[M].北京：机械工业出版社，2006
8 建设部标准定额研究所.全国统一安装工程预算定额编制说明[S].第2版.北京：中国计划出版社，2001
9 刘昌明，鲍东杰. 建筑设备工程[M].武汉：武汉理工大学出版社，2007
10 刘钦.建筑安装工程预算[M].北京：机械工业出版社，2009